ATZ/MTZ-Fachbuch

Die komplexe Technik heutiger Kraftfahrzeuge und Antriebsstränge macht einen immer größer werdenden Fundus an Informationen notwendig, um die Funktion und die Arbeitsweise von Komponenten oder Systemen zu verstehen. Den raschen und sicheren Zugriff auf diese Informationen bietet die Reihe ATZ/MTZ-Fachbuch, welche die zum Verständnis erforderlichen Grundlagen, Daten und Erklärungen anschaulich, systematisch, anwendungsorientiert und aktuell zusammenstellt.

Die Reihe wendet sich an Ingenieure der Kraftfahrzeugentwicklung und Antriebstechnik sowie Studierende, die Nachschlagebedarf haben und im Zusammenhang Fragestellungen ihres Arbeitsfeldes verstehen müssen und an Professoren und Dozenten an Universitäten und Hochschulen mit Schwerpunkt Fahrzeug- und Antriebstechnik. Sie liefert gleichzeitig das theoretische Rüstzeug für das Verständnis wie auch die Anwendungen, wie sie für Gutachter, Forscher und Entwicklungsingenieure in der Automobil- und Zulieferindustrie sowie bei Dienstleistern benötigt werden.

Wolfgang Rid · Gerhard Parzinger ·
Michael Grausam · Ulrich Müller ·
Carolin Herdtle

Carsharing in Deutschland

Potenziale und Herausforderungen,
Geschäftsmodelle und Elektromobilität

Wolfgang Rid
Fachgebiet Stadt- und Regionalökonomie
Fachhochschule Erfurt
Erfurt, Deutschland

Gerhard Parzinger
Fachgebiet Stadt- und Regionalökonomie
Fachhochschule Erfurt
Erfurt, Deutschland

Michael Grausam
humantektur
Berlin, Deutschland

Ulrich Müller
MWO
Würzburg, Deutschland

Carolin Herdtle
Städtebau-Institut
Universität Stuttgart
Stuttgart, Deutschland

ATZ/MTZ-Fachbuch
ISBN 978-3-658-15905-4
https://doi.org/10.1007/978-3-658-15906-1

ISBN 978-3-658-15906-1 (eBook)

Die Deutsche Nationalbibliothek verzeichnet diese Publikation in der Deutschen Nationalbibliografie; detaillierte bibliografische Daten sind im Internet über http://dnb.d-nb.de abrufbar.

Springer Vieweg
© Springer Fachmedien Wiesbaden GmbH 2018

Gedruckt auf säurefreiem und chlorfrei gebleichtem Papier

Springer Vieweg ist Teil von Springer Nature
Die eingetragene Gesellschaft ist Springer Fachmedien Wiesbaden GmbH
Die Anschrift der Gesellschaft ist: Abraham-Lincoln-Str. 46, 65189 Wiesbaden, Germany

Vorwort

Die Entwicklung innovativer und nachhaltiger Mobilitätsstrategien stellt heute eine kritische Determinante der Zukunftsfähigkeit moderner Industriegesellschaften dar. Ein Mangel an Mobilitätsmöglichkeiten kann soziale Exklusion fördern, der hohe Autoanteil am Modal Split bedeutet enorme Umweltbelastungen. In Folge des wachsenden Verkehrsaufkommens wird eine hohe Menge an CO_2, Feinstaub oder Lärm emittiert und hohe Mengen fossiler Ressourcen eingesetzt.

Die geteilte Nutzung von (elektromobilen) Kraftfahrzeugen verspricht Lösungen für diese Probleme: Was sind aber die Rahmenbedingungen, welches die tatsächlichen Potenziale und Erfolgsfaktoren des Carsharing? Welche Bedeutung hat elektromobiles Carsharing im Abbau der Hemmschwellen gegenüber der Nutzung von Elektrofahrzeugen und wo stößt die Elektromobilität hier an ihre Grenzen? Und nicht zuletzt: Welche Erfolgsfaktoren des (E-)Carsharing können aus der bisherigen Praxiserfahrung abgeleitet werden?

Neben einer fundierten Analyse des bestehenden (E-)Carsharing-Angebots in Deutschland werden Ergebnisse einer empirischen Untersuchung in Form von Leitfaden-gestützten Experteninterviews mit Vertreterinnen und Vertretern von (E-)Carsharing-Anbietern, aus (E-)Carsharing-Projekten, Corporate-Carsharing-Nutzern und kommunalen Vertretern präsentiert. Darüber hinaus hat ein intensiver und kontinuierlicher Austausch mit Carsharing-Experten aus der Forschung und Praxis das Buch informiert.

Die Publikation entstand aus der Bearbeitung der Begleitforschung des Förderprogramms „Modellregionen Elektromobilität" des Bundesministeriums für Verkehr und digitale Infrastruktur Invalidenstraße 44, 10115 Berlin, mit der die Forschungsgruppe Stadt|Mobilität|Energie der Universität Stuttgart und Fachhochschule Erfurt in den Jahren 2014 bis 2015 betraut war.

Wir danken daher allen Gesprächspartnern und Teilnehmern der Workshops sowie allen weiteren Akteuren, die unsere Studie als Expertinnen und Experten begleitet haben und ohne die diese Publikation nicht möglich gewesen wäre.

Stuttgart, im September 2017 Wolfgang Rid

Kontakt

Die Forschungsgruppe Stadt-Mobilität-Energie ist eine gemeinsame Forschungsgruppe der Universität Stuttgart und der Fachhochschule Erfurt unter Leitung von Prof. Dr.-Ing. Wolfgang Rid, Fachgebiet Stadt- und Regionalökonomie, Fakultät Architektur und Stadtplanung, Fachhochschule Erfurt, Schlüterstraße 1, 99089 Erfurt. E-Mail: wolfgang.rid@fh-erfurt.de

Das Themenfeld und das Förderprogramm wird koordiniert von der NOW Nationale Organisation Wasserstoff- und Brennstoffzellentechnologie, Fasanenstraße 5, 10623 Berlin. Mit der Durchführung der Begleitforschung des Themenfeldes „Flottenmanagement" wurde die Forschungsgruppe Stadt-Mobilität-Energie beauftragt, eine gemeinsame Forschungsgruppe der Universität Stuttgart und der Fachhochschule Erfurt unter Leitung von Prof. Dr.-Ing. Wolfgang Rid. Die Forschungsgruppe firmierte im Jahr 2016 zum Institut Stadt, Mobilität, Energie mit Sitz in Stuttgart (www.i-sme.de).

Autoren

Wolfgang Rid (Fachhochschule Erfurt/SI Universität Stuttgart)

Gerhard Parzinger (Fachhochschule Erfurt/SI Universität Stuttgart)

Michael Grausam (humantektur)

Ulrich Müller (MWO – Markt- und Organisationsforschung)

Carolin Herdtle (SI Universität Stuttgart)

Mitarbeit

Christian Vollrath – Fachhochschule Erfurt

Simona Zimmermann – SI Universität Stuttgart

Andreas Braun – SI Universität Stuttgart

Lektorat

Dominique Sévin – NOW GmbH

Dr. Christian Schlosser – BMVI

Michael Glotz-Richter – Freie Hansestadt Bremen

Rebecca Karbaumer – Freie Hansestadt Bremen

Inhaltsverzeichnis

1 Einleitung 1

2 Entscheidungslogiken in multioptionalen Mobilitätssystemen 7

3 Methodik 13
  3.1 Datenquellen 13
  3.2 Datenerhebung zum (E-)Carsharing-Angebot 13
  3.3 Interviews 15
  3.4 Themenfeldtreffen und Workshop 18

4 Potenziale von (E-)Carsharing 21
  4.1 Allgemeine Potenziale 21
    4.1.1 Beitrag zur Reduzierung des Gesamtfahrzeugbestands
           in Abhängigkeit des Carsharing-Systems 21
    4.1.2 Beitrag zur Reduzierung der MIV-Personenkilometer 24
    4.1.3 Beitrag zur Sensibilisierung für Kosten von Mobilität 24
    4.1.4 Beitrag zur Änderung von Mobilitätsroutinen 24
    4.1.5 Beitrag zum Abbau von Hemmschwellen
           gegenüber Elektromobilität 25
  4.2 Potenziale für Kommunen 26
    4.2.1 Beitrag zur Schaffung eines innovativen Images 26
    4.2.2 Aufwandsreduzierung mittels Substitution
           von Fuhrparkfahrzeugen durch die Nutzung von (E-)Carsharing . 26
    4.2.3 Ergänzung des ÖPNV und Stärkung des Umweltverbundes 28
  4.3 Potenziale mit besonderer Bedeutung für Kommunen
       im städtischen/verdichteten Raum 32
    4.3.1 Risiko der Kannibalisierung des ÖPNV 32
    4.3.2 Beitrag zur Reduzierung des Parkraumbedarfs 33
    4.3.3 Beitrag zur Reduzierung lokaler Emissionen 34
    4.3.4 Beitrag zur Aufwertung von Wohnquartieren 35

4.4   Potenziale mit besonderer Bedeutung für Kommunen im ländlichen Raum   37
       4.4.1   Ansätze für einen wirtschaftlichen Betrieb (s. auch Kap. 6)   37
       4.4.2   Gemeinschaftsbildung und lokale Identifikation   40
       4.4.3   Lokale Nutzung lokal erzeugter und regenerativer Energie   41
       4.4.4   Verbindung der (E-)Carsharing-Nutzung mit der Nutzung
               als Bürgerbus   42

5   Aktuelle (E-)Carsharing-Systeme und -akteure   45
       5.1   Akteure, Stakeholder   45
              5.1.1   (E-)Carsharing-Anbieter   45
              5.1.2   Kooperationen und neue Geschäftsmodelle   46
              5.1.3   Nachfrage nach (E-)Carsharing   48
              5.1.4   Input-Marktdefault]Input-Markt/Dienstleister   49
              5.1.5   Rahmenbedingungen   50
       5.2   Systematik für die Charakterisierung von (E-)Carsharing-Angeboten . .   54
              5.2.1   Charakterisierung von (E-)Carsharing-Angeboten – Überblick . .   54
              5.2.2   Charakterisierung von (E-)Carsharing-Angeboten – Kriterien . . .   56
       5.3   Anbieter   62
              5.3.1   Methodik und Grunddaten   62
              5.3.2   Detailauswertungen   64

6   Handreichungen für den Weg zur Wirtschaftlichkeit   73
       6.1   Wirtschaftlichkeit von (E-)Carsharing – Erfolgsfaktoren, mögliche
              Hemmnisse, Strategien   73
              6.1.1   Organisation   75
              6.1.2   Marketing   78
              6.1.3   Standort   84
              6.1.4   Ladeinfrastruktur und Fahrzeuge   87
       6.2   Wirtschaftlichkeits-Tool   92
              6.2.1   Ertrag/Möglichkeiten zur Aufwandsminderung   93
              6.2.2   Aufwand   96

7   Übersicht ausgewählter (E-)Carsharing Anbieter in Deutschland   107

8   Zusammenfassung   149

Glossar   153

Literatur   155

Sachverzeichnis   171

Abbildungsverzeichnis

Abb. 1.1   Postkarten aus der Carsharing-Imagekampagne der Stadt Bremen   2
Abb. 1.2   Wesentliche Unterschiede zwischen klassischen Miet- und Carsharing-
            Angeboten gemäß Bundesverband Carsharing e. V.   3
Abb. 3.1   Methodik   14
Abb. 3.2   Standorte der interviewten (E-)Carsharing-Betreiber   17
Abb. 4.1   Durch Carsharing induzierte Pkw-Reduzierungsquoten nach unter-
            schiedlichen Quellen, in unterschiedlichen Räumen und nach dem
            Unterschied stationsgebunden/FreeFloating   22
Abb. 4.2   Potenziale von (E-)Carsharing, ÖPNV – Ergänzung und Stärkung des
            Umweltverbundes   29
Abb. 5.1   Stakeholdermodell (E-)Carsharing   46
Abb. 5.2   Charakterisierung von (E-)Carsharing-Angeboten – Kriterien und deren
            Ausprägungen   55
Abb. 5.3   Anzahl und Rechtsformen der E-Carsharing-Angebote 1999 und 2015
            im Vergleich   63
Abb. 5.4   Anzahl der Elektrofahrzeuge pro Carsharing-Anbieter   65
Abb. 5.5   Zusammenhang zwischen der Flottengröße und dem Angebot von
            E-Fahrzeugen   66
Abb. 5.6   Zusammenhang zwischen dem Angebot von E-Fahrzeugen und der
            Rechtsform der Anbieter   66
Abb. 5.7   Anzahl der Carsharing-Angebote und der E-Carsharing-Angebote im
            städtischen, verstädterten und ländlichen Raum   67
Abb. 5.8   Anzahl der Carsharing-Angebote und der Carsharing-Angebote mit
            Elektrofahrzeugen im städtischen, verstädterten und ländlichen Raum
            (nach Rechtsform)   68
Abb. 5.9   Ausdehnung des Angebotsraums von E-Carsharing-Anbietern   69
Abb. 5.10   Buchungsformen bei E-Carsharing-Anbietern   70
Abb. 5.11   Abrechnungsmodus bei Carsharing-Angeboten ohne und bei Carsharing-
            Angeboten mit Elektrofahrzeugen   70

Abb. 6.1   Prinzip der Gliederung von Erfolgsfaktoren und möglichen Hemmnissen für die Wirtschaftlichkeit von (E-)Carsharing-Angeboten am Beispiel des Aspektes „Ladeinfrastruktur und Fahrzeuge" 74

Abb. 6.4   Sichtbarkeit verschiedener Gruppen von Carsharing-Anbietern im Straßenraum 84

Abb. 6.5   Erfolgsfaktoren und mögliche Hemmnisse im Hinblick auf Standorte von (E-)Carsharing 86

Abb. 6.6   Möglichkeiten zur Gestaltung der Ladezyklen von E-Carsharing-Fahrzeugen 89

Abb. 6.8   Beispiele für monatliche Stellplatzmietpreise in verschiedenen Städten   100

E-Carsharing verbindet zwei Entwicklungen, die Teil des gegenwärtigen Wandels der Mobilität sind: Elektromobilität als neue Mobilitätstechnologie und Carsharing als neue Organisationsform von Mobilität.[1]

Elektromobilität als Mobilitätstechnologie bietet die Möglichkeit, Fahrzeuge unabhängig von fossilen Brennstoffen anzutreiben. Gleichzeitig ist die Umweltbilanz von Elektrofahrzeugen bereits nach gegenwärtigem Stand der Technik unter bestimmten Voraussetzungen (hohe Laufleistung, Verwendung von Strom aus regenerativen Energiequellen) besser als die vergleichbarer konventioneller Fahrzeuge (vgl. BMVI 2015a: 26 ff; KIT 2015: 37). Weiter verbessern wird sich die Umweltbilanz von Elektrofahrzeugen mit der prognostizierten Änderung des deutschen Strommix (vgl. BMUB 2015: 2). Hinzu kommt der Effekt der weiteren technischen Entwicklung der Fahrzeuge. Andererseits ist eine hohe Laufleistung nicht nur für eine im Vergleich zu konventionellen Fahrzeugen bessere Umweltbilanz erforderlich, sondern auch für eine bessere Wirtschaftlichkeit. So zeigt eine Studie von FHE/SI aus dem Jahr 2015 im Gesamtkostenvergleich zwischen Fahrzeugen mit Verbrennungsmotor und Elektrofahrzeugen, dass ein batterieelektrisches Kauffahrzeug ab ca. 23.000 km Jahresfahrleistung geringere Gesamtkosten aufweist als ein Kauffahrzeug mit Benzinmotor (vgl. BMVI 2015a).

Die große Mehrheit der Pkw-Nutzer erreicht jedoch jeweils nur eine Jahreskilometerzahl, bei der ein Elektrofahrzeug noch deutlich unwirtschaftlicher ist als ein vergleichbares konventionelles Fahrzeug. 2014 belief sich die Laufleistung des Hauptanteils der Pkws in Deutschland auf 5000 bis 15.000 Jahreskilometern. Nur 4 % der PKW-Fahrer in Deutschland fuhren als Selbstfahrer mehr als 20.000 Jahreskilometer (vgl. VuMa 2015).

---

[1] Elektromobiles Carsharing lässt sich nur unter Berücksichtigung von Aspekten betrachten, die auch für Carsharing allgemein von Bedeutung sind. Im Folgenden wird immer dann, wenn Carsharing allgemein betrachtet wird, von „Carsharing" gesprochen. Wenn einerseits Carsharing allgemein, darüber hinaus aber insbesondere elektromobiles Carsharing Gegenstand der Betrachtung ist, wird der Begriff „(E-)Carsharing" verwendet. Wenn ausschließlich elektromobiles Carsharing Gegenstand einer Betrachtung ist, wird der Begriff „E-Carsharing" verwendet.

© Springer Fachmedien Wiesbaden GmbH 2018

W. Rid et al., *Carsharing in Deutschland*, ATZ/MTZ-Fachbuch,

https://doi.org/10.1007/978-3-658-15906-1_1

Um die Elektromobilität gemäß den Zielen der Bundesregierung dennoch weiter voranzubringen und vermehrt konventionelle Fahrzeuge durch Elektrofahrzeuge zu ersetzen, müssen Strategien entwickelt werden, die die Laufleistung der E-Fahrzeuge erhöhen. Dies kann dadurch gelingen, dass verschiedene Nutzer, die jeweils nur eine geringe Jahresfahrleistung erreichen, gemeinsam auf ein Fahrzeug zugreifen. Carsharing ermöglicht dies in organisierter Form. Kommunen und Carsharing-Anbieter greifen teils gezielt den Share-Economy-Boom und die Problematik knappen Parkraums auf, um Nutzer zu aktivieren und Carsharing aktiv zu unterstützen (s. Abb. 1.1; Kap. 6)

Carsharing „ist die organisierte, gemeinschaftliche Nutzung von Kraftfahrzeugen. Dabei spielt es keine Rolle, in welcher Rechtsform der Anbieter organisiert ist" (bcs 2015a). Stationsbasiertes Carsharing unterscheidet sich gemäß Bundesverband Carsharing in einigen wesentlichen Punkte von der Fahrzeugmiete (s. Abb. 1.2)

Neben den Unterschieden zur Fahrzeugmiete bestehen auch zwischen einzelnen Carsharing-Angeboten teilweise große Unterschiede, die sich nicht auf die Unterscheidung zwischen stationsgebundenem Carsharing und FreeFloating-Carsharing beschränken. Einer entsprechend differenzierten Betrachtung der bestehenden Carsharing-Angebote widmet sich Kap. 5.

Von seinen Ursprüngen in der Schweiz und in Deutschland hat sich Carsharing ab den 1990er-Jahren nach Nordamerika und Asien verbreitet. Ab 2003 entstehen auch erste Angebote in Australien und Südamerika. Derzeit wächst der Carsharing-Markt weltweit jährlich um 30 % (vgl. Roland Berger Strategy Consultants 2014: 8). Verbunden mit der stetigen Expansion des Marktes ist auch eine zunehmende Professionalisierung der Carsharing-Anbieter (s. Abschn. 5.3). Im Jahr 2014 waren weltweit rund fünf Millionen Nutzer zum Carsharing angemeldet und teilten sich fast 100.000 Fahrzeuge (vgl. Frost & Sullivan 2014). Der größte Anteil der Fahrzeuge ist dabei mit Verbrennungsmotoren betrieben. Der Anteil der Hybrid- und Elektro-Fahrzeuge steigt jedoch stetig. Stationsbasierte Carsharing-Angebote sind noch immer vorherrschend, wenngleich die Bedeutung des FreeFloating-Carsharing stark wächst.

Abb. 1.1 Postkarten aus der Carsharing-Imagekampagne der Stadt Bremen. (Quelle: Freie Hansestadt Bremen, Der Senator für Umwelt, Bau und Verkehr)

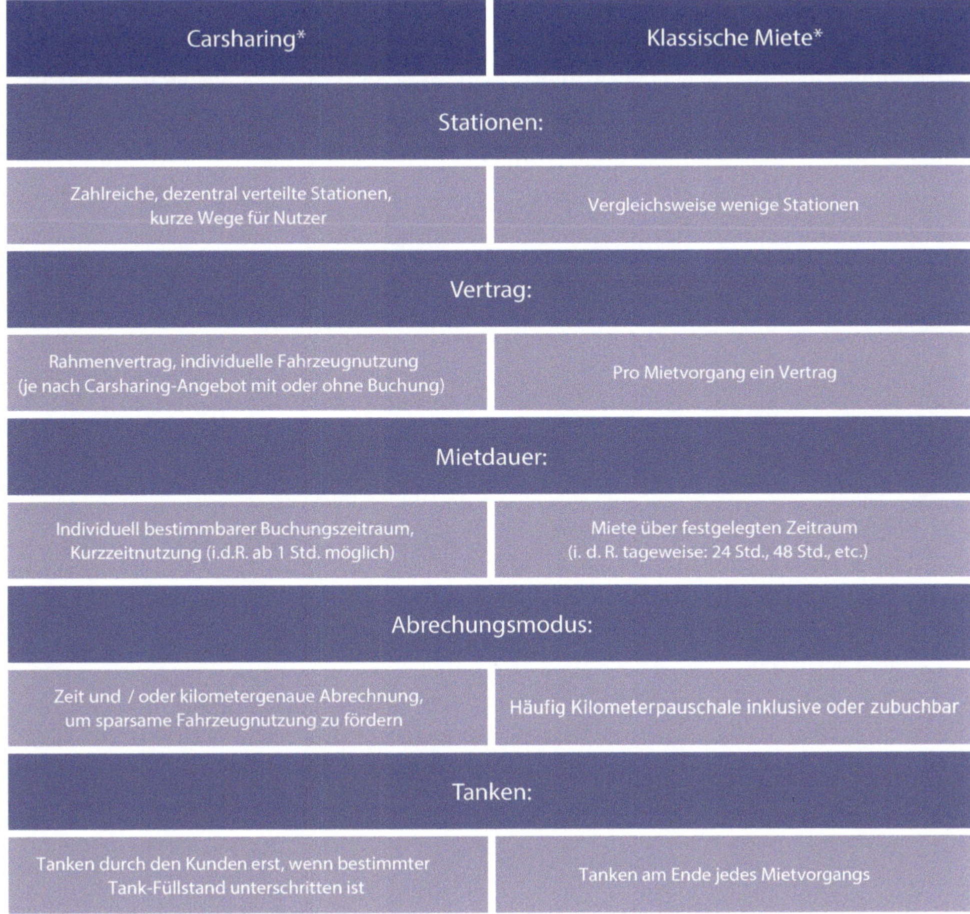

Abb. 1.2 Wesentliche Unterschiede zwischen klassischen Miet- und Carsharing-Angeboten gemäß Bundesverband Carsharing e. V. (Eigene Darstellung; Quelle: bcs 2015a)

Die steigenden Carsharing-Nutzerzahlen machen deutlich: Die Bedeutung des Carsharing für die private Mobilität steigt. Auch durch die Vernetzung von Carsharing mit dem ÖPNV ergeben sich Potenziale (s. Kap. 4) (vgl. Rid & Profeta 2011). Eine Studie des Fraunhofer ISI zeigt, dass Carsharing mehrheitlich von jüngeren Personen genutzt wird, die selbst kein Auto besitzen, in Paarhaushalten leben und ein multimodales Mobilitätsverhalten haben (vgl. BMVI 2016). Zudem kann (E-)Carsharing das Flottenmanagement in großen Unternehmen oder Kommunen ergänzen: Einer Umfrage von FHE/SI zufolge beurteilen Flotten-Experten (E-)Carsharing überwiegend positiv. So sehen sie beim Carsharing einen deutlichen Vorteil gegenüber Kauf- oder Leasingfahrzeugen in der größeren Flexibilität. Zudem stelle Carsharing ein geringeres finanzielles Risiko dar als der Fahrzeugkauf, als Leasing oder als Kauf- bzw. Leasingangebote mit Batteriemiete (bei Elektrofahrzeugen). Auch fallen kaum Initialkosten an. Mögliche Nachteile sehen Flotten-Experten lediglich bei den Betriebskosten und bezüglich der Planungssicherheit (vgl. BMVI 2015a: 57; s. auch Kap. 4 Potenziale).

Ziel der vorliegenden Veröffentlichung
Das Ziel der vorliegenden Veröffentlichung ist die Beantwortung der folgenden Fragen:

- Welche Potenziale bietet die Verbindung von Carsharing und Elektromobilität im Hinblick auf eine nachhaltige Mobilität unter verschiedenen Rahmenbedingungen? (s. Kap. 4)
- Welche etablierten und welche neuen Formen von (E-)Carsharing-Angeboten gibt es? Nach welchen Kriterien lassen sich diese Angebote charakterisieren? (s. Kap. 5)
- Wie müssen (E-)Carsharing-Systeme unter verschiedenen Rahmenbedingungen (z. B. unter unterschiedlichen räumlichen Kontexten) gestaltet sein? (s. Kap. 6)
- Welche Erfolgsfaktoren und welche möglichen Hemmnisse beeinflussen den Erfolg eines (E-)Carsharing-Angebots? Welche dieser Erfolgsfaktoren und möglichen Hemmnisse lassen sich anbieterseitig unmittelbar beeinflussen und welche sind als externe Rahmenbedingungen weitgehend gegeben? (s. Kap. 6)
- Welche Kriterien definieren die Wirtschaftlichkeit von (E-)Carsharing-Angeboten? (s. Kap. 6)

Zielgruppe

Die vorliegende Veröffentlichung richtet sich grundsätzlich an Carsharing-Anbieter und alle Stakeholder von Carsharing-Angeboten (Kommunen, Nutzer, Mitarbeiter, Multiplikatoren/Medien/Öffentlichkeit, Lieferanten, Länder/Bund, Kooperationspartner, Kredit-/Kapitalgeber; siehe Abschn. 5.1). Insbesondere sollen mit dem Thema nachhaltiger (Elektro-)Mobilität betraute Akteure in Kommunen, kommunalen Unternehmen und Regionalverwaltungen angesprochen werden sowie Akteure in Organisationen oder Institutionen, die ihr Mobilitätsmanagement neu aufstellen möchten und dabei mit der Nutzung von (E-)Carsharing planen. Da die Erfahrungswerte von (E-)Carsharing-Anbietern aus verschiedensten räumlichen Kontexten in die Studie eingeflossen sind (Anbieter, die in Ballungsräumen aktiv sind wie auch Anbieter, die nur oder auch im ländlichen Raum aktiv sind), richtet sich die vorliegende Veröffentlichung dementsprechend auch gleichermaßen an Akteure aus Ballungsräumen wie aus ländlichen Regionen.

Struktur der vorliegenden Veröffentlichung

Die vorliegende Veröffentlichung ist in drei inhaltliche Teile gegliedert, (1) Potenziale des (E-)Carsharing, (2) Aktuelle (E-)Carsharing-Systeme und -Akteure und (3) Erfolgsfaktoren und mögliche Hemmnisse für die Wirtschaftlichkeit von (E-)Carsharing.

Potenziale des (E-)Carsharing (Kap. 4): Auf der Grundlage aktueller Studien und Experteneinschätzungen werden in diesem Kapitel Potenziale behandelt, die (E-)Carsharing aus gesellschaftlicher und ökologischer Sicht sowie aus der Sicht von Betreibern und der öffentlichen Hand bietet. Zu diesen Potenzialen zählen zum Beispiel der Beitrag des (E-)Carsharing zur Reduzierung des Gesamtfahrzeugbestands, der Beitrag zur Änderung von Mobilitätsroutinen oder die Ergänzung des ÖPNV und die damit verbundene Stärkung des Umweltverbundes.

Aktuelle (E-)Carsharing-Systeme und -Akteure (Kap. 5): In diesem Kapitel werden die wesentlichen in (E-)Carsharing-Angebote involvierten Stakeholdergruppen vorgestellt. Ferner wird eine Systematik der Kriterien vorgestellt, nach denen sich Carsharing-Angebote charakterisieren lassen. Daneben werden auf Basis dieser Systematik einzelne (E-)Carsharing-Anbieter aus verschiedenen Bereichen mit ihren wichtigsten Eckdaten vorgestellt. Schließlich wird die aktuelle Struktur des (E-)Carsharing-Angebots in Deutschland anhand relevanter Merkmale dargestellt.

Erfolgsfaktoren und mögliche Hemmnisse für die Wirtschaftlichkeit von (E-)Carsharing (Kap. 6): Hier werden Erfolgsfaktoren und mögliche Hemmnisse für die Wirtschaftlichkeit von (E-)Carsharing beschrieben, die entweder vom Carsharing-Anbieter selbst beeinflusst werden können oder aber der Umwelt zuzuordnen und damit aus Sicht des Anbieters weitgehend gegeben sind. Neben den eindeutig quantifizierbaren Aspekten, die die Wirtschaftlichkeit im (E-)Carsharing direkt beeinflussen (z. B. Tarife, Instandhaltungskosten) werden dabei auch weitere, „weiche" Faktoren berücksichtigt (z. B. lokale Verankerung des Angebots mittels Unterstützung durch externe Multiplikatoren).

In der Vergangenheit wurde eine Vielzahl an unterschiedlichen Maßnahmen vorgeschlagen, um den negativen Effekten des motorisierten Individualverkehrs entgegenzutreten. Diese Strategien werden üblicherweise dem „Vermeiden", „Verlagern" oder „Verbessern" einer nicht-nachhaltigen Mobilität zugeordnet (vgl. Bräuninger et al. 2012: 24). Während Strategien zum „Vermeiden" die Verkehrsnachfrage insgesamt reduzieren wollen, fokussieren sich Strategien zum „Verlagern" und „Verbessern" auf die Bereitstellung von ökologisch nachhaltigeren Alternativen zum privaten Kraftfahrzeug. Das Carsharing ist ein wichtiger Bestandteil dieser Mobilitätsstrategien. Eine Verkehrsverlagerung und -verbesserung wird beispielsweise durch die Förderung einer effizienteren Fahrzeugnutzung in Folge des Teilens eines Pkw mit mehreren Nutzern sowie den Einsatz alternativer Antriebssysteme (z. B. Elektroautos) erreicht. Außerdem können Carsharing-Angebote Versorgungslücken des ÖPNV schließen (vgl. Abschn. 4.2.3) und auf diese Weise die Unabhängigkeit vom privaten Pkw stärken. Auch die Verkehrsvermeidung wird gefördert, indem Carsharing-Angebote zu einer Reduzierung der individuellen MIV-Personenkilometer beitragen können (vgl. Abschn. 4.1.2).

Sowohl das Angebot, als auch die Nachfrage nach Carsharing nehmen derzeit stetig zu (vgl. Kap. 5). Geprägt ist die positive Entwicklung des Carsharing auch von gesellschaftlichen Wandlungsprozessen (vgl. Braun et al. 2016): Besonders in städtischen Regionen ist der Trend zum Besitz eines eigenen Pkw rückläufig und vor allem junge Menschen zwischen 18 und 29 Jahren haben eine veränderte Grundeinstellung in Bezug auf Mobilität und die symbolische Bewertung des Pkw-Besitzes (vgl. ifmo 2011). Im Gegensatz zu früheren Generationen dient das eigene Auto für diese Generation nur in geringem Maße als Statussymbol. Stattdessen wird der Pkw zu einem Gebrauchsgegenstand und die Stilisierung von sozialer Zugehörigkeit und Prestige über materielle Güter erfolgt beispielsweise über Smartphones oder Tablets etc. (vgl. Deffner et al. 2014: 205). An die Stelle des individuellen Besitzes und Konsums treten zunehmend auch Formen des Teilens und Leihens von Gegenständen. Für Rifkin (2000) kennzeichnet sich das zukünftige gesellschaftliche Zusammenleben dadurch, dass das Eigentum zugunsten des Zugangs zu

© Springer Fachmedien Wiesbaden GmbH 2018
W. Rid et al., *Carsharing in Deutschland*, ATZ/MTZ-Fachbuch,
https://doi.org/10.1007/978-3-658-15906-1_2

Gebrauchsgütern zurücktritt und soziale Netzwerke an die Stelle von Märkten treten. Das Leihen und Teilen von Gütern wurde als „kollaborativer Konsum" in den vergangenen Jahren vor allem durch die erweiterten Möglichkeiten der Informations- und Kommunikationstechnologien geprägt (vgl. Heinrichs 2013: 100). Technologische Entwicklungen, wie Apps und virtuelle Netzwerke ermöglichen neue Formen der sozialen Interaktion und Informationsbereitstellung, die das Teilen von Gütern vereinfachen (vgl. Heinrichs & Grunenberg 2012: 8). Unterschiedliche Akteure können sich damit unabhängig von zeitlichen und räumlichen Beschränkungen organisieren, um beispielsweise Tauschbeziehungen zu bilden oder sich über verfügbare Sharing-Angebote zu informieren.

Gesellschaftliche Wandlungsprozesse eröffnen daher im Zusammenspiel mit technischen Innovationen neue Möglichkeiten für die Gestaltung individueller Mobilität. Sowohl Intermodalität als Kombination verschiedener Verkehrsmittel auf einem Weg, als auch Multimodalität als Varianz der gesamten Verkehrsmittelnutzung wird vereinfacht, indem verschiedene Mobilitätsangebote (z. B. Bahn und Bus, Car- und Bikesharing) mit Hilfe von mobilen Apps in Echtzeit koordiniert werden (vgl. zu den Begriffen „Inter- und Multimodalität" Kagerbauer et al. 2015: 568). Verkehrsmittel können auf diese Weise als „multioptionales Mobilitätssystem" (Deffner et al. 2016: 4) arrangiert werden und ermöglichen eine umweltverträglichere Umsetzung individueller Mobilitätsbedürfnisse. Ein multioptionales Mobilitätssystem entsteht aus dem Vorhandensein verschiedener Verkehrsmitteloptionen, mit Hilfe derer ein Akteur die individuellen Mobilitätsbedürfnisse erfüllen kann. Dem Entscheider eröffnen sich auf diese Weise neue Freiheitsgrade für die Wahl eines zu den eigenen Anforderungen passendes Verkehrsmittel (vgl. Deffner et al. 2014: 202 f). Indem Verkehrsmittel in multioptionalen Mobilitätssystemen situationsspezifisch und kombiniert genutzt werden, kann auch der Anteil der Multimodalität im Sinne einer Kombination verschiedener Verkehrsmittel im Mobilitätsalltag gestärkt werden. (E-)Carsharing-Angebote stellen einen wichtigen Bestandteil multioptionaler Mobilitätssysteme dar. Als „Auto-Baustein" einer umweltverträglicheren Mobilität wird das Carsharing zu einem Komplement des Umweltverbundes aus Bus und Bahn, Fahrrad und dem Zu-Fuß-Gehen (vgl. Braun et al. 2016). Dies verdeutlicht auch die wachsende Popularität der Carsharing-Angebote.

Trotz der wachsenden Nachfrage und der steigenden Nutzerzahlen ist Carsharing fernab urbaner Zentren jedoch noch wenig verbreitet (vgl. Shaheen & Cohen 2007: 81). Auffallend ist zudem, dass die Carsharing-Nutzer durch ein distinktives sozioökonomisches Profil gekennzeichnet sind: Nutzer stationsbasierten Carsharing sind meist männlich, zwischen 25 und 40 Jahre alt, tendenziell höher gebildet und leben in kinderlosen Haushalten mit mittleren bis höheren Einkommen (vgl. Le Vin et al. 2014; Loose 2010). Martens et al. (2015) fordern daher Wege, um neue potenzielle Carsharing-Nutzer zu finden und die Popularität des Angebots weiter zu steigern (vgl. ebd: 26). Ein Hindernis für die Verbreitung von Carsharing-Angeboten liegt darin, dass das individuelle Mobilitätsverhalten auf Grund seiner Routinegebundenheit sehr veränderungsresistent ist. Eine Integration neuer Mobilitätsalternativen wird dadurch zu einer großen Herausforderung. Verkehrsmittelwahlentscheidungen werden in der Regel nicht jeden Tag aufs Neue getroffen, sondern sind stark habituiert (vgl. z. B. Aarts et al. 1997; Vij 2013; Gorr 1997; Bamberg 2009). Der Ablauf des individuellen Alltags basiert auf einer Reihe von wiederkehrenden, typischen Situationen, für die Menschen spezifische Routinen ausgebildet haben (vgl. Scheiner 1998: 12). Für Harms et al. (2007) wäre ein Alltagsablauf ohne diese Routinen gar nicht möglich. Wenn jeder Verkehrsteilnehmer/jede Verkehrsteilnehmerin stets alle Vor- und Nachteile der zur Verfügung stehenden Mobilitätsalternativen bewusst abwägen würde, wäre fraglich „ob den Betreffenden überhaupt noch Zeit bliebe, ihr Haus jemals zu verlassen" (ebd: 744). Mobilitätsroutinen bilden sich als erlernte Verhaltensdispositionen auf der Basis früherer Handlungen und sind stark mit dem spezifischen Verhaltenskontext verknüpft (vgl. Wood & Neal 2007; Verplanken & Wood 2006). Beispielsweise wird vor Antritt der Fahrt zur Arbeitsstätte nicht jeden Morgen erneut verschiedene Verkehrsmittel und Routinen miteinander verglichen, sondern der Gang aus dem Haus führt „automatisch" zum routinemäßig genutzten Verkehrsmittel. Die Auswirkungen von Verhaltensroutinen zeigen sich nicht nur in der habituierten Nutzung der Verkehrsmittel, sondern auch darin, dass Informationen zu Verhaltensalternativen geringer wahrgenommen werden (vgl. Verplanken et al. 1997). Die Stabilität des Verhaltenskontextes ist von entscheidender Bedeutung für die Aufrechterhaltung der Routine. Eine Änderung der Verkehrsmittelnutzung wird meist erst im Zusammenhang mit spezifischen Kontextveränderungen beobachtet, die das Auslösen der Verhaltensroutinen unterbrechen (vgl. z. B. Harms 2003; Franke 2001; Zwick 2013b). Dabei sind es besonders Veränderungen im privaten und räumlichen Lebenskontext (z. B. Umzug, Änderung der Familiensituation), die zu Gelegenheitsfenstern für die Änderung des Mobilitätsverhaltens werden und neue Suchprozesse in Gang setzen (vgl. Franke 2001). Da es sich beim Mobilitätsverhalten im Sinne von Diekmann und Preisendörfer (1998) um einen spezifischen High-Cost-Handlungsbereich handelt und Verhaltensänderungen im Bereich der Verkehrsmittelnutzung mit hohem kognitivem Aufwand verbunden sind, prägen vor allem „harte" Faktoren, wie Kosten, Nutzen, Zeit und Flexibilität die Wahl einer Handlungsalternative (vgl. Zwick 2013b).

Verkehrsmittelwahlentscheidungen wurden in der Vergangenheit in der Regel vor dem Hintergrund eines rationalen Wahlentscheidungsverhaltens untersucht. Entgegen der ökonomischen Modellvorstellung eines Homo Oeconomicus, der vollständig informiert und ohne kognitive Limitationen alle Verhaltensalternativen in eine Rangreihenfolge ordnet und die mit dem höchsten individuellen Nutzerwert wählt, zeigen empirische Befunde der Sozialwissenschaften und Verhaltensökonomie zahlreiche Anomalien des auf diesem Menschenbild basierenden Entscheidungsmodells. Der reale Mensch ist im Entscheidungsprozess Restriktionen in Bezug auf Zeit, Wissen, Ressourcen und kognitiven Kapazitäten ausgesetzt (vgl. Gigerenzer & Selten 2001: 37). Herbert Simon (2000) stellt daher mit dem Konzept der „bounded rationality" (begrenzten Rationalität) ein anderes Erklärungsmodell individueller Wahlentscheidungen vor. Entgegen dem Homo Oeconomicus ist der begrenzt rationale Entscheider nicht vollständig über alle Entscheidungsalternativen und deren Konditionen informiert und einer Unsicherheit der Umweltzustände und Konsequenzen der Handlungen ausgesetzt (vgl. ebd: 25). Simon ersetzt außerdem das Maximierungsparadigma durch das Konzept des „satisficing" (Zufriedenstellen). Demzufolge wird der Prozess der Entscheidungsfindung von einem individuellen Anspruchsniveau („aspiration level") bestimmt, das eine Verhaltensoption überschreiten muss. Die Evaluation von Verhaltensalternativen und Suche nach Informationen erfolgt in der Regel nur so weit, bis diese zufriedenstellende Lösung erreicht ist (vgl. ebd.: 33 f). Fraglich ist auch die Annahme, dass Akteure stets alle vorhandenen Handlungsalternativen im Entscheidungsprozess kalkulieren. Die Evaluation der Verkehrsmittel ist im Entscheidungsprozess stattdessen davon abhängig, inwieweit die verfügbaren Handlungsoptionen im interpretativen Prozess des Akteurs generiert werden, das heißt, sich eine Person überhaupt gedanklich mit ihnen auseinandersetzt. Meist wird der Anteil der verfügbaren Handlungsoptionen aber systematisch unterschätzt (vgl. Tanner 1998). Für die Förderung von Carsharing-Angeboten bedeutet dies, dass Akteure unter Umständen trotz vorhandenen Carsharing-Angeboten diese im gegebenen Moment nicht unmittelbar auch in die Evaluation der Verkehrsmittelangebote einkalkulieren. Die Nutzung des Carsharing ist demnach auch davon abhängig, dass das Carsharing dem Akteur in der konkreten Entscheidungssituation auch „'in den Sinn kommt'" (ebd: 38; Hervorhebung im Original).

(Sozial-)Psychologische Studien argumentieren ähnlich und weisen nach, dass Wahlentscheidungen sehr häufig nicht über numerische Nutzenfunktionen abzubilden sind (vgl. Gigerenzer 2010; Jungermann et al. 2013: 169 f). Stattdessen liegen Wahlentscheidungen häufig Heuristiken (z. B. Faustregeln, Abkürzungen) zugrunde, um Urteile über Entscheidungsoptionen zu bilden (vgl. Tversky & Kahneman 1981)[1]. Heuristiken sind einfache mentale Strategien, die dem Akteur helfen, in komplexen Entscheidungssituationen auch bei unvollständiger Information und begrenzter Zeit eine Wahlentscheidung zu treffen und zu adäquaten Lösungen zu gelangen (vgl. Kahneman 2014: 127). Anstatt alle verfügbaren Informationen zur Bewertung von Entscheidungsalternativen heranzuziehen, fokussieren sich Heuristiken nur auf Teilaspekte der Handlungsoptionen und bilden intuitivere Bewertungen komplexer Sachverhalte. Besonders durch die Unsicherheit der Handlungskonsequenzen und Umweltzustände werden Heuristiken sogar zu Entscheidungsstrategien, die unter Umständen zu akzeptableren Lösungen führen, als statistische Algorithmen (vgl. Gigerenzer 2011: 196). Durch den selektiven Einbezug von Informationen (ebd.: 197) resultieren Heuristiken teilweise jedoch in systematischen Urteilsfehlern des menschlichen Denkens (vgl. Kahneman 2014; Tversky & Kahneman 1981). Im Bereich der Verkehrsmittelnutzung können Heuristiken beispielsweise dazu führen, dass Verkehrsteilnehmer eine kognitiv leicht verfügbare Handlungsalternative wählen, selbst wenn eine andere Mobilitätsalternative einen höheren individuellen- oder Umwelt-Nutzen aufweisen wür-

---

[1] Eine systematische Untersuchung dieser Heuristiken, die zu Abweichungen und Verzerrungen des menschlichen Entscheidungsverhaltens führen, bieten Tversky und Kahneman (1981) im „heuristics and biases"-Programm. Kahneman und Tversky gehen dabei prinzipiell von zwei Denksystemen des Menschen aus. Während das „automatische Denksystem" alltägliche Aufgaben schnell und häufig intuitiv löst, spricht das „reflexive System" bei komplexeren Denkaufgaben an, beinhaltet aber auch einen kognitiv anspruchsvolleren Denkprozess. Erst das Zusammenspiel der Denksysteme macht den Menschen überhaupt handlungsfähig.

de. Tversky und Kahneman (1981) weisen außerdem darauf hin, dass Akteure in ihrem Entscheidungsverhalten weitaus stärker durch die Vermeidung von potenziellen Verlusten, als durch das Erhalten von (gleichwertigen) Gewinnen motiviert sind (ebd: 454). Die Tendenz, Verlusten in Wahlentscheidungen höher als Gewinne zu gewichten, ist auch in Bezug auf das Mobilitätsverhalten festzustellen (vgl. z. B. Avineri 2011; Avineri 2012; Rose & Masiero 2010). Entscheider reagieren weitaus sensibler auf Informationen, die sich auf Verluste in Bezug auf die aufzuwendende Zeit und Kosten beziehen, als auf solche, die mögliche Gewinne hervorheben (vgl. Avineri 2011). Dies ist auch bei der Aufbereitung von Informationen zum (E-)Carsharing zu beachten, die in diesem Sinne die ökonomischen Mehrkosten des Pkw-Besitzes hervorheben können.

Um Wahlentscheidungen im Verkehrsmittelbereich zugunsten umweltverträglicherer Alternativen, wie dem (E-)Carsharing, zu fördern, können Kommunen vor allem das Umfeld der individuellen Entscheidungsfindung gestalten. Wichtig erscheint vor allem eine hohe Sichtbarkeit der verfügbaren Sharing-Angebote und eine Bereitstellung umfassender Informationen zu deren Konditionen, um das Sharing auch als kognitiv verfügbare Mobilitätsalternative zu verankern. Neue Konzepte in der Verhaltensökonomie zielen auf die Veränderung des Umfeldes bzw. des Kontextes individueller Wahlentscheidungen: mit Hilfe von ‚Nudges‘ soll die Entscheidungsarchitektur als Umfeld, in dem ein Akteur Entscheidungen trifft, beeinflusst werden (vgl. Thaler & Sunstein 2008). Nudges setzen an den beschriebenen systematischen Verzerrungen durch den Einsatz von Urteilsheuristiken an und wollen diese korrigieren oder für die Akzeptanzförderung umweltverträglicherer Handlungsalternativen „nutzbar“ machen. Ohne Verhaltensverbote oder ökonomischen Anreize sollen Nudges als möglichst einfache Interventionen (z. B. Setzung einer Standardeinstellung) das Verhalten von Akteuren in spezifischer Weise beeinflussen (vgl. ebd: 6–8). Der Einsatz von Nudges kann zum einen dazu beitragen, die kognitiven Verzerrungen, denen Akteure in diesen Situationen unterliegen, zu reduzieren und sie dabei unterstützen, ihre eigenen Präferenzen in Handlungen zu übersetzen. Zum anderen können Nudges auch gestaltet werden, um spezifische Handlungsweisen zu fördern und Akteure durch „weiche“ Maßnahmen zu bestimmten Verhaltensweisen zu motivieren. Das Nudging kann daher ein wertvolles Konzept darstellen, um die Nutzung von Carsharing-Angeboten zu fördern und sollte in Zukunft auch im Mobilitätsbereich größere Beachtung finden. Daher wurde in der vorliegenden Untersuchung eine Analyse der externen Rahmenbedingungen als Kontext der Entscheidungsfindung einbezogen (vgl. Abschn. 6.1).

3.1 Datenquellen

Als Datenquellen zur Erstellung der vorliegenden Veröffentlichung dienten Informationen aus folgenden Erhebungen:

1. Umfangreiche eigene Datenerhebung zum Carsharing-Angebot in Deutschland
2. Leitfadeninterviews mit 16 Vertretern von (E-)Carsharing-Anbietern, aus E-Carsharing-Projekten und von Corporate-Carsharing-Nutzern sowie mit sechs kommunalen Akteuren (Auswahlkriterien s. u.)
3. Themenfeldtreffen der Begleitforschung Flottenmanagement der Modellregionen Elektromobilität; angegliederter Experten-Workshop
4. Stand der Wissenschaft aus Sekundärliteratur

Daneben fand ein ständiger informeller Austausch aus Carsharing-Experten (Verbands- und Kommunalvertreter, sowie Vertreter aus der Forschung und der Carsharing-Praxis) statt.

Die durch Interviews, Themenfeldtreffen und Workshop erhobenen Daten erheben keinen Anspruch auf Repräsentativität; dennoch liefern sie ein fundiertes und aktuelles Bild zu den Themen „Carsharing" und „Elektromobilität im Carsharing".

3.2 Datenerhebung zum (E-)Carsharing-Angebot

Durchführung

Zwischen Juni und Oktober 2015 wurde von FHE/SI eine detaillierte Bestandsaufnahme der derzeitigen (E-)Carsharing-Anbieter in Deutschland durchgeführt. Zunächst wurden vorhandene Carsharing-Studien und -Statistiken, die Ergebnisse des Workshops sowie der regelmäßige Austausch mit Vertretern aus der Carsharing-Praxis herangezogen, um zu

© Springer Fachmedien Wiesbaden GmbH 2018
W. Rid et al., *Carsharing in Deutschland*, ATZ/MTZ-Fachbuch,
https://doi.org/10.1007/978-3-658-15906-1_3

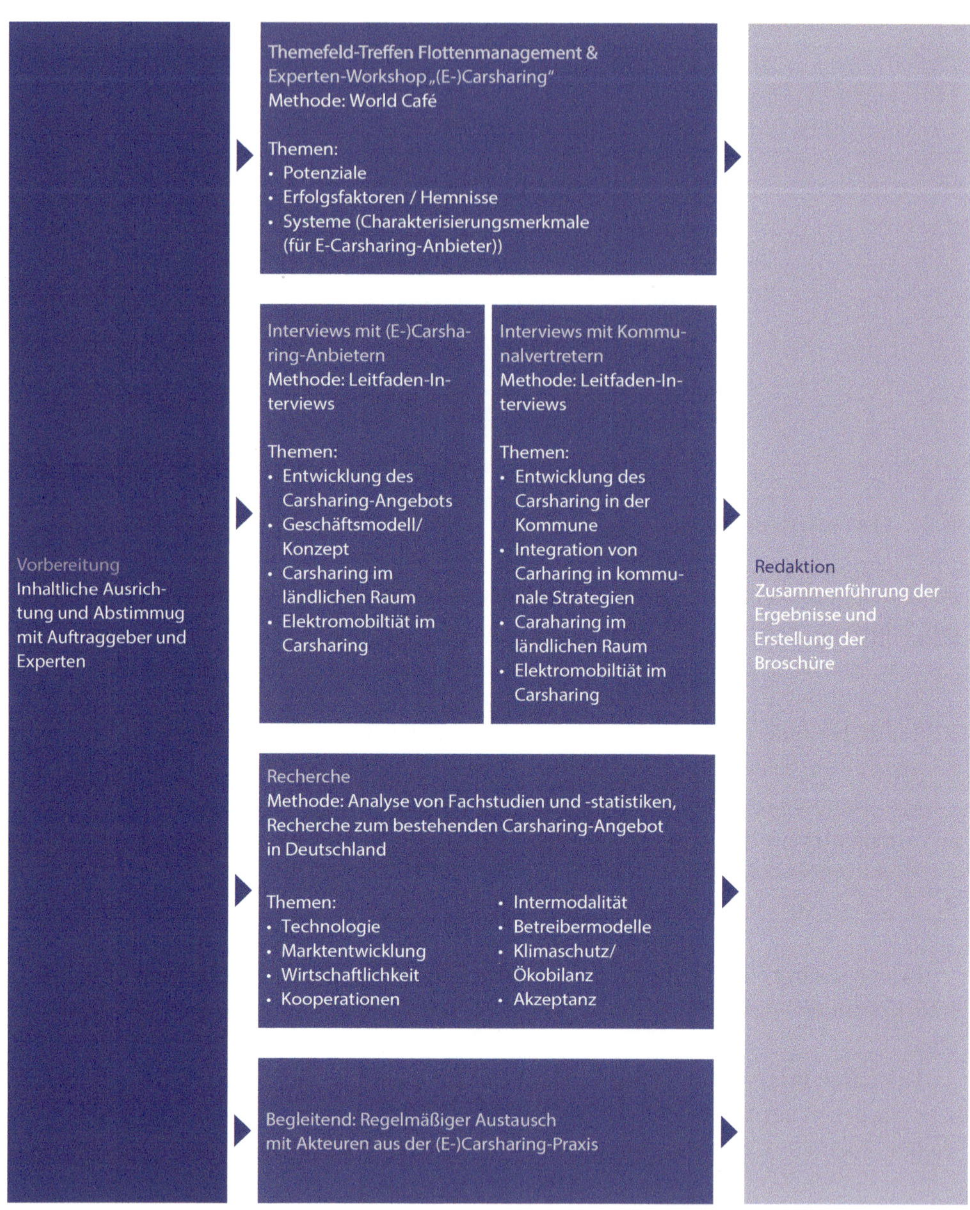

Abb. 3.1 Methodik. (Quelle: Eigene Darstellung)

bestimmen, in welchen Kategorien Informationen zu den Anbietern gesammelt werden sollten (hierzu s. Abschn. 5.2). Anschließend wurden die Daten durch Literatur- und Internetrecherche sowie durch gezieltes Erfragen von anders nicht ermittelbaren Daten bei einzelnen Anbietern erhoben. In der Erhebung wurden somit Daten gesammelt, die in bislang bestehenden Studien und Statistiken nicht bzw. nicht in aggregierter Form enthalten sind, vgl. Abb. 3.1.

Verwertung der Ergebnisse
Die Ergebnisse der Erhebung sind in die Erstellung von verschiedenen Auswertungen zum Status quo des Carsharing- und E-Carsharing-Angebots in Deutschland eingeflossen. Die Ergebnisse dieser Auswertungen sind in Kap. 5 dargestellt.

3.3 Interviews

Auswahl der Interviewpartner
Die Auswahl der 16 (E-)Carsharing-Interviewpartner (s. Infobox „Interviewpartner") erfolgte auf Basis der ersten Ergebnisse der Datenerhebung zum aktuellen (E-)Carsharing-Angebot in Deutschland. Um ein möglichst breites Spektrum an Anbietern und Projekten abzudecken, wurde die Auswahl anhand der folgenden Kriterien getroffen:

- Art der Organisation (z. B. Carsharing-Unternehmen, P2P-Carsharing-Vertreter und Anbieter von P2P-Plattformen, „neue" Anbieter wie Tourismusverbände, Wohnungsbau-Unternehmen oder ÖPNV-Anbieter), Corporate-Carsharing-Projekte
- Kommunengröße des Angebotsgebiets (Großstadt, Mittelstadt, Kleinstadt/Landgemeinde)[1]
- Raumtyp (städtisch, verstädtert, ländlich)
- Kommerziell/nicht kommerziell
- Standortbezug (stationsbasiert, FreeFloating)
- Nutzerkreis (offen, geschlossen (z. B. Corporate Carsharing))
- Einsatz von Elektrofahrzeugen (ja/nein)

Die Auswahl der kommunalen Interviewpartner (s. Infobox „Interviewpartner") erfolgte anhand der Kommunengröße und des Raumtyps, dem die Kommunen zugeordnet sind (städtischer, verstädterter, ländlicher Raum). Ziel war auch hier, ein möglichst breites Spektrum verschiedener Kommunengrößen und Raumtypen abzudecken.

---

[1] Kategorisierung der Kommunen und Raumtypen nach Kommunengrößenklassen und Raumtypen des BBSR: http://www.bbsr.bund.de/BBSR/DE/Raumbeobachtung/Downloads/downloads_node.html.

Interviewpartner

Vertreter von (E-)Carsharing-Anbietern, aus E-Carsharing-Projekten sowie von Corporate-Carsharing-Nutzern $(n = 16)$[2]

- BSMF – Beratungsgesellschaft für Stadterneuerung und Modernisierung mbH (Projekt „Leben im Westen", Frankfurt/M., Hessen)
- DriveNow GmbH & Co. KG (Berlin; Düsseldorf; Hamburg; Köln; München)
- DB Rent GmbH („Flinkster"; bundesweit)
- E-Wald GmbH (als Dienstleister diverse Regionen in Bayern; Baden-Württemberg; Hessen; Nordrhein-Westfalen; Rheinland-Pfalz; Schleswig-Holstein; eigenes Angebot in Bayern, v. a. im Bayerischen Wald)
- FN-Dienste GmbH (Projekt „emma", Region Bodensee/Oberschwaben, Baden-Württemberg)
- Goethe-Universität Frankfurt am Main (Begleitforschungsinstitut lokaler Carsharing-Projekte im Vogelsbergkreis, Hessen)
- Hochschwarzwald Tourismus GmbH (Baden-Württemberg)
- Infineon Technologies AG (Corporate Carsharing, München)
- Move About GmbH (v. a. Bremen; Niedersachsen)
- Privat organisierte P2P-Carsharer im ländlichen Niedersachsen (Flecken Steyerberg, Landkreis Nienburg, Niedersachsen)
- Regional Versorgt eG (Uffenheim, Landkreis Neustadt an der Aisch – Bad Windsheim, Bayern)
- Sparda Immobilien GmbH/Sparda-Bank Hamburg eG („Sparda E-Carsharing", Hamburg)
- Stadtflitzer Carsharing (Kempten, Bayern)
- Stadtwerke Metzingen (Landkreis Reutlingen, Baden-Württemberg)
- tamyca GmbH (bundesweit, P2P-Plattform-Anbieter)
- Vaterstettener Auto-Teiler e. V. (VAT) (Landkreis Ebersberg, Bayern)

Kommunen $(n = 6)$:

- Stadt Berlin (Senatsverwaltung für Stadtentwicklung und Umwelt)
- Hansestadt Bremen (Referat Imissionsschutz und nachhaltige Mobilität)
- Markt Emskirchen (Bürgermeister)
- Stadt Fellbach (Abteilung Umwelt- und Mobilitätsplanung)
- Stadt Kempten (Klimaschutzbeauftragter)
- Gemeinde Werther und FH Erfurt: Institut Verkehr und Raum (Bürgermeister. Projekt „Werthermobil", Landkreis Nordhausen, Thüringen.)

---

[2] Die in der Karte in Abb. 3.2 dargestellten Anbieter haben neben den dargestellten Haupt-Standorten teilweise einzelne Angebote in anderen Regionen. Daher dient die Karte als optische Orientierungshilfe, erhebt aber nicht den Anspruch auf vollständige Darstellung des gesamten Angebotsraums der interviewten Anbieter.

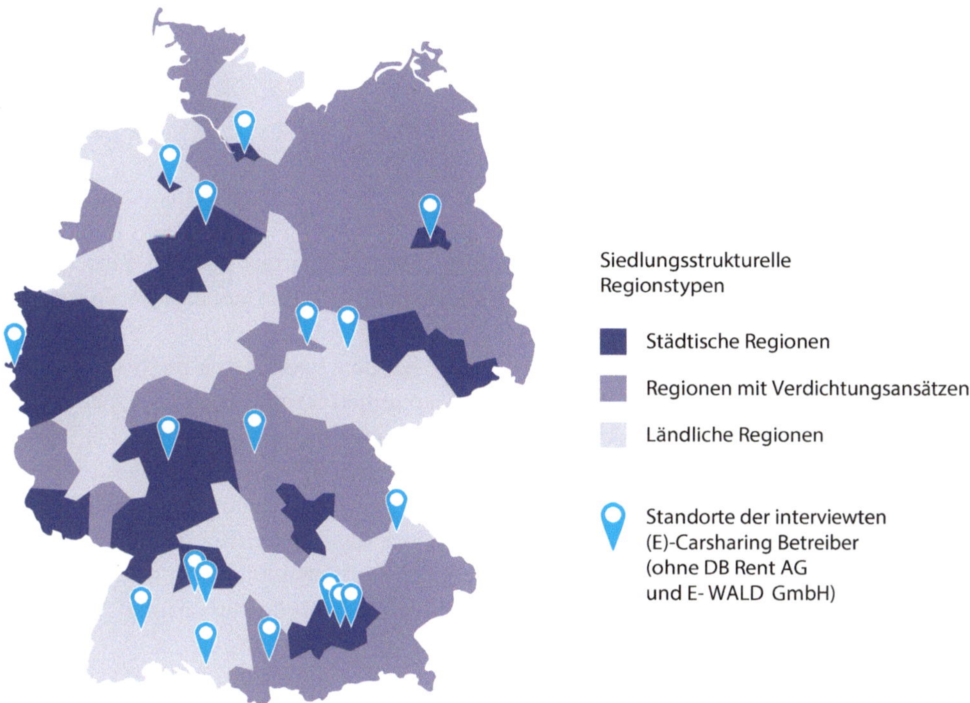

Abb. 3.2 Standorte der interviewten (E-)Carsharing-Betreiber. (Quelle: Eigene Darstellung; Kartographische Grundlage: BBSR Bonn 2014)

Konzipierung, Durchführung und Auswertung

Für jede der beiden Interviewgruppen – (E-)Carsharing-Anbieter und Vertreter der Kommunen – wurde ein Interview-Leitfaden entwickelt. Den einzelnen Themenbereichen war jeweils eine Impulsfrage zugeordnet. Zudem waren im Interviewleitfaden zu jedem Themenbereich weitere Aspekte vermerkt, die – falls sie nicht schon selbst vom Interviewten zur Sprache gebracht wurden – vom Interviewer angesprochen wurden.

In den Interviews mit (E-)Carsharing-Anbietern wurden vor allem folgende Aspekte thematisiert:

- Die bisherige Entwicklung des jeweiligen Carsharing-Angebots
- Das Geschäftsmodell und die Handlungsstrategien des Anbieters
- Die Besonderheiten des Angebots vor dem Hintergrund der herrschenden Rahmenbedingungen
- Die Rolle der Elektromobilität im Angebot
- Abschließend wurden die Interviewpartner um ihre Einschätzung zur weiteren Entwicklung der Rolle von Elektromobilität im Carsharing gebeten.

In den Interviews mit Vertretern von Kommunen wurden vor allem folgende Aspekte thematisiert:

- Die bisherige Entwicklung von Carsharing in der Kommune
- Die Einbindung von Carsharing in die kommunale Mobilitätsstrategie
- Die zur Unterstützung von (E-)Carsharing-Angeboten bestehenden und notwendigen Rahmenbedingungen
- Abschließend wurden auch die kommunalen Interviewpartner zu ihrer Einschätzung der weiteren Entwicklung der Rolle von Elektromobilität im Carsharing befragt.

Die Interviews fanden in den meisten Fällen bei den Interviewpartnern vor Ort statt (face-to-face) und hatten eine Länge von durchschnittlich 60 min. Die Gespräche wurden aufgezeichnet und später transkribiert. Die Transkriptionen wurden schließlich mithilfe des Programms MAXQDA ausgewertet (Inhaltsanalyse). Die Aussagen wurden mittels eines Codesystems strukturiert, das heißt, alle inhaltlich relevanten Textstellen wurden konkreten Themenbereichen (Codes und Subcodes) zugeordnet. Bei der Erstellung des Codesystems wurde zum einen die Gliederung der Leitfäden zugrunde gelegt, zum anderen das Antwortverhalten der Interviewten (Aspekte, die besonders häufig thematisiert wurden).

Verwertung der Ergebnisse
Die Ergebnisse der Interviews mit (E-)Carsharing-Anbietern und Kommunalvertretern flossen vor allem in die Darstellung von Erfolgsfaktoren und möglichen Hemmnissen für (E-)Carsharing in Kap. 6 ein, aber auch in die Darstellung der Potenziale von (E-)Carsharing in Kap. 4.

3.4 Themenfeldtreffen und Workshop

Durchführung
Das Themenfeldtreffen fand im Juli 2015 statt. In Input-Vorträgen mit anschließender Diskussionsrunde wurden mehrere E-Carsharing-Angebote vorgestellt, die sich bezüglich ihrer Rahmenbedingungen und Zielsetzungen deutlich voneinander unterscheiden. Anwesend waren rund 30 Vertreter von Carsharing-Anbietern, Verbänden, regionalen Projektleitstellen der Modellregionen Elektromobilität, Multiplikatoren sowie Vertreter von Fahrzeugherstellern und aus der Wissenschaft. Der Experten-Workshop wurde im Anschluss an das Themenfeldtreffen nach der Methode des World-Café durchgeführt. Das World-Café ist eine qualitative Forschungsmethode, bei der in moderierten Kleingruppen Wissen gesammelt und strukturiert werden kann. Die möglichst heterogen zusammengesetzten Gruppen diskutieren dabei an mehreren Tischen jeweils unter der Leitung eines Tisch-Hosts einen bestimmten Teilbereich eines Themas. Ziel des durchgeführten Experten-Workshops war es, Erfolgskriterien für E-Carsharing-Angebote, deren Effekte sowie

mögliche Geschäftsmodelle und Maßnahmen für E-Carsharing-Anbieter zu bestimmen beziehungsweise zu konkretisieren.

Verwertung der Ergebnisse

Die Ergebnisse des Themenfeldtreffens und des Experten-Workshops bilden die Grundlage für die Darstellung der Potenziale von (E-)Carsharing aus gesellschaftlicher und kommunaler Sicht in Kap. 4.

Potenziale von (E-)Carsharing

4

(E-)Carsharing bietet sowohl in ökologischer Hinsicht als auch hinsichtlich des Stadt- und Verkehrsraums und auf gesellschaftlicher Ebene Potenziale für positive Entwicklungsimpulse. In einem von FHE/SI im Juli 2015 durchgeführten Experten-Workshop (FHE/SI 2015a) wurden diese Potenziale diskutiert und analysiert. Im Folgenden werden die Analyseergebnisse im Hinblick auf „Allgemeine Potenziale", „Potenziale für Kommunen", „Potenziale für Kommunen speziell im städtischen/verdichteten Raum" und „Potenziale für Kommunen im ländlichen Raum" vorgestellt. Die Ergebnisdiskussion wird jeweils durch Beispiele aus der (E-)Carsharing-Praxis oder durch Ergebnisse anderer Forschungsprojekte veranschaulicht und in den Zusammenhang des aktuellen Standes der Wissenschaft und Technik gestellt.

4.1 Allgemeine Potenziale

4.1.1 Beitrag zur Reduzierung des Gesamtfahrzeugbestands in Abhängigkeit des Carsharing-Systems

Carsharing insgesamt; stationsgebundenes Carsharing

Unabhängig vom räumlichen Kontext der verschiedenen Carsharing-Angebote (Stadt/Land) sehen die Teilnehmer des von FHE/SI 2015 durchgeführten Workshop ein hohes Potenzial des Carsharing für die Reduzierung des Gesamtfahrzeugbestands (vgl. FHE/SI 2015a), was durch andere aktuelle Forschungsergebnisse bestätigt wird (vgl. z. B. BMVI 2014: 47). Darin liegt laut Bundesverband Carsharing und Deutschem Städtetag auch das größte Potenzial des Carsharing für die Kommunen, die in der Folge frei werdenden Parkraum für andere Nutzungen umgestalten können (s. unten: Parkraum) (vgl. bcs 2015a; bcs o. J.b; Loose und Glotz-Richter 2012 S: 38).

Einer aktuellen Studie zufolge, die von Fraunhofer ISI im Auftrag des BMVI durchgeführt wurde (BMVI 2016; s. Infobox „Studien zur Nutzerakzeptanz" unter Abschn. 5.1.5),

© Springer Fachmedien Wiesbaden GmbH 2018

W. Rid et al., *Carsharing in Deutschland*, ATZ/MTZ-Fachbuch,

https://doi.org/10.1007/978-3-658-15906-1_4

verfügen 57 % der E-Sharing-Nutzer[1] über keinen eigenen Pkw im Haushalt. Weniger als 30 % verfügen über einen und 15 % über zwei oder mehr Pkw im Haushalt. Das ist eine signifikant geringere Ausstattung mit Pkw als bei Nutzern privater Elektrofahrzeuge (12 %) beziehungsweise bei der Gesamtbevölkerung mit Führerschein (10 %) (vgl. BMVI 2016). Ein Fahrzeug des stationsgebundenen Carsharing ersetzt vier bis 13 private Pkw (s. Abb. 4.1). In einer Fallstudie von Shaheen und Stocker (2015) wurden 24.000 aktive Carsharing-Kunden in Nordamerika zu ihren Mobilitätsgewohnheiten befragt. Laut dieser Studie verkaufen 40 % der Corporate-Carsharing-Kunden in Folge ihrer Carsharing-Mitgliedschaft einen oder mehrere private Pkw oder sehen vom Kauf eines neuen Pkw ab (vgl. Shaheen & Stocker 2015). Bei Carsharing-Kunden insgesamt (nicht nur Corporate) sind es sogar 50 % (vgl. Martin & Shaheen 2011). Andere Studien aus dem Kontext europäischer Innovationsforschung stellten unter Einsatz qualitativer Methoden ebenfalls fest: Die verstärkte Nutzung von Carsharing basiert u. a. darauf, dass die Zahl von Haushalten, die über einen eigenen Pkw verfügen, abnimmt (vgl. z. B. Zwick 2013, Harms 2003). Das AIM Carsharing-Barometer 2013 des Automotive Institute for Management, das sich auf die Befragung von 1200 Carsharing-Kunden in Deutschland stützt, kommt zu dem Ergeb-

Quelle	Geographischer Bezug	Stationsgebunden/ FreeFloating	Pkw-Reduzierungsquote (1 CS-Fahrzeug ersetzt X Privat-Pkw)
Bundesverband Carsharing e.V. (vgl. bcs 2015a; bcs o.J.b)	Deutschland	stationsgebunden	1:4 – 1:10
Stadt Bremen (vgl. Glotz-Richter, Karbaumer 2015)	cambio-Angebotsraum	stationsgebunden	1:15
Shaheen & Cohen (vgl. Shaheen & Cohen 2013: 9)	Australien	stationsgebunden	1:7 – 1:10
Martin et al. (vgl. Martin et al. 2010: 157)	Nordamerika	stationsgebunden	1:9 – 1:13
6-t bureau de recherche (vgl. 6-t 2014: 4)	Paris	FreeFloating	1:3
6-t bureau de recherche (vgl. 6-t 2014: 4)	Paris	stationsgebunden	1:6
team red GmbH (vgl. team red GmbH 2015: 21)	München	FreeFloating	1:2,0 – 1:3,6
Stadt Amsterdam (vgl. Suiker, van den Elshout 2013)	Amsterdam	FreeFloating	1:1

Abb. 4.1 Durch Carsharing induzierte Pkw-Reduzierungsquoten nach unterschiedlichen Quellen, in unterschiedlichen Räumen und nach dem Unterschied stationsgebunden/FreeFloating. (Eigene Darstellung, Quellen s. Abb.)

---

[1] Neben Carsharing-Nutzern wurden in der von Fraunhofer ISI für das BMVI durchgeführten Studie auch Pedelec-Sharing-Nutzer berücksichtigt.

nis, dass 23,5 % der Nutzer von stationsbasierten Anbietern zwischenzeitlich die Anzahl der Fahrzeuge in ihrem Haushalt reduziert haben (vgl. AIM 2013a).

FreeFloating
Der Effekt einer Reduzierung des Gesamtfahrzeugbestandes durch FreeFloating-Carsharing scheint deutlich geringer zu sein als bei stationsgebundenem Carsharing (vgl. AIM 2013b, zit. n. imove 2014: 3). Wie eine Nutzerbefragung von über 1000 Carsharing-Nutzern in Paris ergab, werden dort pro Fahrzeug des FreeFloating-Carsharing lediglich drei Privat-Pkw ersetzt (vgl. 6-t 2014: 4). Civity Management Consultants konstatieren in einer Studie zu den verkehrlichen und ökonomischen Auswirkungen des FreeFloating-Carsharing, dass der Nutzungszeitraum von FreeFloating-Carsharing-Fahrzeugen in Berlin mit durchschnittlich 62 min pro Tag nur unwesentlich über dem Nutzungszeitraum privater Pkw (30 bis 45 min) liege (vgl. civity 2014: 7). Die Nutzungsintensität der Free-Floating-Fahrzeuge ist damit nur unwesentlich höher als die von Privatfahrzeugen; eine entsprechend geringe Reduzierung des Privat-Pkw-Bestandes lässt sich daraus ableiten. Die Ersatzquote von Privat-Pkw pro FreeFloating-Carsharing-Fahrzeug in München liegt laut einer aktuellen Studie zwischen 2,0 und 3,6 Fahrzeugen (vgl. team red 2015: 21). In Amsterdam liegt die Ersatzquote einer im Auftrag der Stadt Amsterdam durchgeführten Studie zufolge sogar lediglich bei einem privaten Fahrzeug pro Carsharing-Fahrzeug (vgl. Suiker, van den Elshout 2013).

Neben dem Unterschied zwischen stationsgebundenem und FreeFloating-Carsharing lässt sich hinsichtlich des Potenzials zur Reduzierung des Gesamtfahrzeugbestands auch ein Unterschied zwischen Stadt und Land feststellen: Carsharing-Anbieter mit langjähriger Erfahrung berichten, dass die Nutzung von Carsharing in der Stadt eher das Potenzial dazu hat, den einzigen Privat-Pkw eines Haushalts zu ersetzen, während das Potenzial auf dem Land in erster Linie im Ersatz des Zweitwagens liegt (vgl. Breindl 2014, S. 69).

tamyca (s. auch Kap. 7)

tamyca ist die Kurzform der englischen Redewendung „take my car". Seit 2010 koordiniert das Unternehmen sogenanntes privates oder peer-to-peer-(P2P-)Carsharing, also die Fahrzeugmiete und -vermietung zwischen Privatpersonen. tamyca ermöglicht auf seiner Webseite den Vergleich der Angebote und übernimmt auf Wunsch auch die Versicherung, sowie die Vertragsabwicklung. Das Geschäftsmodell ist Standort-unabhängig und überall dort verfügbar, wo es Autobesitzer gibt, die ihr Auto über die Plattform vermieten möchten. Momentan sind deutschlandweit rund 9500 Fahrzeuge gelistet.

Das Potenzial liegt in der Förderung von P2P-Carsharing und der damit höheren Auslastung des bestehenden privaten Fahrzeugbestands.

4.1.2 Beitrag zur Reduzierung der MIV-Personenkilometer

Ein weiteres Potential des Carsharing liegt in der Reduktion der individuellen MIV-Personenkilometer. Sowohl nordamerikanische als auch europäische Studien belegen einen deutlichen Rückgang der Pkw-Kilometer in Folge von Carsharing-Nutzung – selbst unter Berücksichtigung der Carsharing-Nutzer, die erst durch ihre Carsharing-Nutzung einen Zugang zum MIV erhalten, da sie selbst über keinen Privat-Pkw verfügen (vgl. bcs 2015a; Sioui et al. 2013). Basierend auf einer Umfrage unter nordamerikanischen Carsharing-Nutzern stellen Martin et al. (2010) eine durch Carsharing-Nutzung bedingte Reduktion der MIV-Personenkilometer von 27 bis 43 % fest. In europäischen Studien wurde eine Reduktion der Fahrzeugkilometer zwischen knapp 30 und 45 % ermittelt (vgl. z. B. Ryden & Morin 2005; Meijkamp 2000; Muheim 1998). In Berlin beträgt die Jahresfahrleistung aller Carsharing-Fahrzeuge durchschnittlich 18.500 Jahreskilometer. In München sind es sogar durchschnittlich 26.500 Jahreskilometer (vgl. Landeshauptstadt München & Senatsverwaltung für Stadtentwicklung und Umwelt Berlin 2015, S. 20). Dagegen weisen Pkw in Deutschland lediglich eine durchschnittliche Jahresfahrleistung von rund 14.000 Kilometern auf (vgl. BAST 2015, KBA 2015).

4.1.3 Beitrag zur Sensibilisierung für Kosten von Mobilität

Carsharing kann bei den Teilnehmern des von FHE/SI 2015 durchgeführten Workshops zufolge auch zu einer Sensibilisierung für die Kosten von Mobilität beitragen (vgl. FHE/SI 2015a). Dieser Effekt wird dadurch erzeugt, dass die Kosten anders als beim Privatfahrzeug pro Fahrzeugnutzung anfallen, meist durch Zeit- und/oder Kilometerpreis (vgl. Loose und Glotz-Richter 2012: 54; s. Kap. 5). Fixe Kosten werden in variable Kosten umgewandelt und somit bewusster wahrgenommen.

4.1.4 Beitrag zur Änderung von Mobilitätsroutinen

Mit der zunehmenden Popularisierung des Carsharing seit den 1990er-Jahren wurde auch dessen Akzeptanz und Nutzung vermehrt in Studien systematisch analysiert, so etwa in Studien zur Identifikation von Nutzungsanreizen und -hemmnissen des Carsharing von Baum & Pesch (1994) und von Muheim (1998). Während Studien damals noch in erster Linie ökologische Motive für die Nutzung von Carsharing ausmachten (vgl. Baum & Pesch 1994), werden neben Umweltaspekten in neueren Studien vor allem auch eine Vermeidung langfristiger Investitionen durch die Anschaffung eines Privat-Pkw als Gründe für die Carsharing-Nutzung genannt (vgl. Zwick 2013a). Eine Einstiegsbarriere stellen hingegen die Kosten dar, die von Carsharing-Nutzern auch gegenwärtig noch als zu hoch beurteilt werden (vgl. BMVI 2016).

Die Verkehrsmittelnutzung ist durch individuelle, gefestigte Gewohnheiten geprägt, wie zahlreiche Forschungsarbeiten belegen (vgl. z. B. Aarts, Verplanken & Knippenberg 1997; Gorr 1997; Bamberg 2009). Routinen werden in der Regel erst geändert, wenn „kritische Situationen" auftreten, die die Grundlagen für das gewohnte Verhalten bedrohen oder zerstören (vgl. Giddens 1992: 112). Bezogen auf die Verkehrsmittelnutzung bedeutet dies, dass erst veränderte äußere Einflüsse oder Änderungen im persönlichen Leben schließlich zu einer dauerhaften Änderung des Mobilitätsverhaltens führen (vgl. z. B. Canzler & Franke 2000; Harms 2003; Scheiner 2011; Lanzendorf & Tomfort 2012: 68 ff; Zwick 2013b). Etablierte Mobilitätsroutinen müssen also in einem längeren Prozess aufgebrochen werden, um dem Privat-MIV alternative Mobilitätsformen wie Carsharing und Umweltverbund[2] sowie alternative Antriebsformen wie Elektrofahrzeuge zur Seite zu stellen bzw. dort, wo dies sinnvoll ist, den Privat-MIV durch Mobilitätsalternativen zu ersetzen.

4.1.5 Beitrag zum Abbau von Hemmschwellen gegenüber Elektromobilität

Neben diesen Potenzialen sehen die Teilnehmer des von FHE/SI 2015 durchgeführten Workshops Carsharing auch als Möglichkeit, Hemmschwellen gegenüber Elektromobilität abzubauen und somit eine höhere Diffusion dieser innovativen Technologie zu erwirken (vgl. FHE/SI 2015a). Bereits heute weisen Carsharing-Flotten einen überdurchschnittlich hohen Anteil an Elektrofahrzeugen auf: Während die Anzahl in Deutschland zugelassener Elektrofahrzeuge am Stichtag 01.01.2015 bei 18.948 rein batterieelektrischen Fahrzeugen lag (vgl. KBA 2015), werden dem Bundesverband Carsharing zufolge allein 1561 (8 %) dieser Fahrzeuge von Carsharing-Anbietern betrieben (vgl. Media-Manufaktur (Hg.)(o. J.)). Carsharing bietet Nutzern die Möglichkeit, für geringe Kosten Elektrofahrzeuge zu testen. Bestehende Hemmschwellen bezüglich der Nutzung von Elektrofahrzeugen können dadurch leichter abgebaut werden. Diese Erkenntnis wurde zudem von aktuellen (E-)Carsharing-Projekten bestätigt. Vor allem die positive Wirkung des FreeFloating-E-Carsharing wird in diesem Zusammenhang hervorgehoben (vgl. InnoZ 2015).

DriveNow (s. auch Kap. 7)

DriveNow ist ein Joint Venture des Fahrzeugherstellers BMW und des Mietwagenunternehmens Sixt und bietet seit 2011 in verschiedenen deutschen und europäischen Großstädten Carsharing nach dem FreeFloating-Prinzip an. Die Fahrzeuge können innerhalb eines definierten Geschäftsgebietes stationsunabhängig angemietet und wieder abgestellt werden. Mittlerweile ist etwa jedes zehnte der über 3000 Fahrzeuge elek-

---

[2] Umweltverbund: Öffentlicher Personenverkehr, Radverkehr und Fußverkehr – im Verbund ggf. eine Alternative zum motorisierten Individualverkehr.

trisch betrieben. DriveNow hat in Europa über 350.000 Kunden und ist in Deutschland der momentan kundenstärkste Anbieter.

Potenziale des Angebots liegen vor allem im Beitrag zur Änderung von Mobilitätsroutinen, im Beitrag zum Abbau von Hemmschwellen gegenüber Elektromobilität und in der Funktion als „Türöffner" für die Akzeptanz und Nutzung von Carsharing und von Elektrofahrzeugen, insbesondere bei Jüngeren.

4.2 Potenziale für Kommunen[3]

4.2.1 Beitrag zur Schaffung eines innovativen Images

Kommunen, in denen E-Carsharing-Angebote bestehen, werden als innovativer wahrgenommen und können dadurch eine positive Imagewirkung erzielen (vgl. FHE/SI 2015a). Das Beispiel der Stadt Bremen zeigt, dass eine offensive Vermarktung von (E-)Carsharing-Angeboten dazu beiträgt, einer Stadt positive Resonanz in der öffentlichen Wahrnehmung zu verschaffen. So gilt Bremen derzeit in Deutschland als Carsharing-Vorzeigestadt und konnte sein Carsharing-Programm 2010 auf der Weltausstellung in Shanghai präsentieren (vgl. Glotz-Richter, Karbaumer 2015). Karlsruhe und Stuttgart sind laut dem Carsharing-Städteranking 2015 des Bundesverband Carsharing die Städte mit der höchsten Carsharing-Fahrzeugdichte pro 1000 Einwohner (2,15 bzw. 1,44 Carsharing-Fahrzeuge pro 1000 Einwohner) (vgl. bcs o. J. b). Diese Spitzenplätze im Ranking verschafften den beiden Städten positive Presse (vgl. Spiegel Online; Die Welt). Städte wie Berlin und München erstellen derzeit ganzheitliche Carsharing-Konzepte, die sich auf die Ergebnisse verschiedener Forschungsprojekte stützen und deren Umsetzung wissenschaftlich begleitet wird (z. B. Projekt BeMobility in Berlin, Projekt WiMobil in Berlin und München, Projekt EVA-CS in München).

4.2.2 Aufwandsreduzierung mittels Substitution von Fuhrparkfahrzeugen durch die Nutzung von (E-)Carsharing

Sollte sich eine Kommune auch selbst als (Mit-)Betreiber oder Kunde am Carsharing-Programm beteiligen, dadurch Carsharing-Fahrzeuge für die dienstliche Mobilität ihrer Mitarbeiter nutzen und im Gegenzug ihren Fuhrpark verkleinern, könnte sie den Teilnehmern des von FHE/SI 2015 durchgeführten Workshops zufolge Kosteneinsparungen durch geringere Mobilitätskosten erzielen (vgl. FHE/SI 2015a). Ein Beispiel für diesen

---

[3] Der Bundesverband Carsharing e. V. hat 2015 ein Carsharing-Städteranking veröffentlicht, in dem die für deutsche Städte mit über 50.000 Einwohnern jeweils die Carsharing-Fahrzeug-Quote pro Einwohner ermittelt wurde. Karlsruhe liegt in diesem Ranking mit 2,15 Fahrzeugen pro 1000 Einwohner an der Spitze, gefolgt von Stuttgart (1,44), Frankfurt/M. (1,21) und Köln (1,15) (vgl. bcs o. J.b).

Effekt stellt die Stadtverwaltung Düsseldorf dar, die als Corporate-Carsharing-Kunde am „Modellregionen Elektromobilität"-Förderprojekt „E-Carflex Business" beteiligt ist und dafür eigene Fuhrparkfahrzeuge abschafft (vgl. BMVI 2015: 98 ff). In Niederösterreich betreiben rund 20 Gemeinden kommunales E-Carsharing über eine Sonderförderung des Bundes (vgl. Oekonews.at o. J.).

Derselbe Kostenspareffekt gilt neben Kommunen auch für andere Institutionen und Unternehmen. Zahlreiche Carsharing-Anbieter in Deutschland bieten Corporate-Carsharing-Angebote für Unternehmen an (z. B. DB Rent, Move About und teilauto). Auch herstellergebundene Leasingfirmen bieten Corporate Carsharing an (z. B. Alphabet bei Infineon, siehe Infobox). Zahlreiche Unternehmen nehmen die Dienste dieser Anbieter auch rege wahr, so z. B. Großunternehmen wie Siemens oder Infineon, aber auch kleinere Unternehmen wie die ASB Ambulante Pflege GmbH Bremen (vgl. Buttermann, Schweitzer 2015; BMVI 2015: 130).

Belgien: Autopia

In Belgien teilen sich 15 Kommunen aus dem Raum Antwerpen 32 Fahrzeuge. Darunter befinden sich neben zwölf konventionellen Fahrzeugen auch zehn Elektrofahrzeuge sowie weitere Fahrzeuge mit alternativen Antrieben wie Erdgas. Das Programm wird von der Non-Profit-Organisation Autopia organisiert und koordiniert. Neben Kommunen aus dem städtischen Raum (z. B. Gent und Antwerpen) sind auch zahlreiche Gemeinden des ländlichen Raums an dem Programm beteiligt. Neben den Kommunen können die Fahrzeuge auch von Privatpersonen gebucht werden. Falls erforderlich, leisten Sozialarbeiter Unterstützung bei der Fahrzeugbuchung und -nutzung – zum Beispiel für Behinderte. Die Organisation kümmert sich in Abstimmung mit den assoziierten Kommunen um die Schaffung von Parkzonen auch außerhalb der Sharing-Stationen, die den Autopia-Fahrzeugen vorbehalten sind. Daneben werden Carsharing-Events mit Roadshows organisiert, um die Öffentlichkeit über die Konditionen zu informieren, die mit dem Sharing-Gedanken verbunden sind. So sollen Hemmschwellen abgebaut werden.

Potenziale des Angebots bestehen aus Sicht von Autopia vor allem im Werbeeffekt für Elektrofahrzeuge und Carsharing, der durch die Nutzung der (E-)Carsharing-Fahrzeuge durch die Kommunen erzeugt wird sowie für die privaten Nutzer in der Einsparung des Zweit- und Drittwagens (vgl. Matthijs 2015).

Infineon

In Zusammenarbeit mit dem Mobilitätsdienstleister Alphabet bietet der Technologie-Konzern Infineon seinen Mitarbeitern seit 2012 Corporate Carsharing an. An den vier Standorten stehen insgesamt 21 Fahrzeuge zur Verfügung (drei davon Batterie-elektrisch), die von den Mitarbeitern geschäftlich sowie privat genutzt werden können. Tagsüber sind sie für Dienstfahrten reserviert; nach Feierabend oder am Wochenende können sie gegen ein Entgelt auch privat genutzt werden. Alle Fahrzeuge im Pool sind mit einem Telematik-System ausgestattet und werden über eine Fleet-Management-Plattform verwaltet.

Das Potenzial des Corporate Carsharing von Infineon liegt in der vergleichsweise hohen Auslastung der Corporate-Carsharing-Fahrzeuge, die einen wichtigen Beitrag zur Wirtschaftlichkeit der Unternehmens-Flotte leistet (vgl. Buttermann, Schweitzer 2015).

4.2.3 Ergänzung des ÖPNV und Stärkung des Umweltverbundes

Durch (E-)Carsharing können nach Ansicht der Teilnehmer des von FHE/SI 2015 durchgeführten Workshops lokal auch Lücken im ÖPNV-Netz geschlossen werden. Dadurch werde das Angebot des ÖPNV sinnvoll erweitert oder ergänzt. Neben dem Lückenschluss im ÖPNV-Netz könne (E-)Carsharing auch für die Anschlussmobilität auf der „ersten und letzten Meile" zwischen Start- oder Zielort einer Reise und dem nächstgelegenen Bahnhof sorgen. ÖV und (E-)Carsharing könnten sich dadurch im Sinne einer intermodalen „End-to-End-Mobilität" ergänzen (vgl. FHE/SI 2015a). Aktuelle Studien bestätigen diese Einschätzung. Shaheen et al. kommen zu dem Ergebnis, dass durch Carsharing der Einzugsbereich des ÖPNV vergrößert werde (vgl. Shaheen et al. 2015: 3). Laut dem Deutschen Institut für Urbanistik (DIFU) nutzen Carsharing-Kunden verstärkt den Umweltverbund (vgl. Difu 2013: 78 ff). Eine bereits im Jahr 2002 durchgeführte Studie zeigt, dass Carsharing-Kunden ihr bestehendes ÖV-Abo eher upgraden und den ÖV stärker nutzen als ÖV-Abonnenten, die nicht gleichzeitig Carsharing-Kunden sind. Gleichzeitig können ÖV-Anbieter mit kombinierten Carsharing-/ÖV-Angeboten auch Kundengruppen gewinnen, die ein reines ÖV-Angebot nicht nutzen würden (vgl. Huwer 2002: 124 f, 127). Loose und Glotz-Richter sehen im Carsharing ein Mittel, das Mobilität per Auto ermöglicht, ohne dazu zu verleiten, auch dann das Auto zu nutzen, wenn für dieselbe Strecke ein ÖPNV-Angebot besteht. Daher sehen sie die Ergänzung von ÖPNV-Angeboten durch Carsharing-Angebote als Potenzial vor allem für ÖPNV-Unternehmen: Durch die Kooperation mit Carsharing-Anbietern könnten sie Bestandskunden stärker binden, neue Kunden hinzugewinnen sowie ihr Image verbessern und Lücken in ihrem Angebot schließen (vgl. Loose, Glotz-Richter 2012: 57). Dem Institut für Mobilität und Verkehr der TU Kaiserslautern (imove) zufolge führt zumindest stationsbasiertes Carsharing zu einer verstärkten Nutzung des lokalen Umweltverbundes. Dies zeigen mehrere Studien, die sich u. a. auf Umfragen von Carsharing-Nutzern im Raum München und im Raum Brüssel stützen (vgl. imove 2014: 1 ff) sowie Studien aus dem nordamerikanischen Raum (vgl. z. B. Martin & Shaheen 2011).

Möglichkeiten der Verknüpfung von ÖPNV und Carsharing
Die Möglichkeiten zur optimalen Verknüpfung von ÖPNV und Carsharing hängen stark von einer möglichst großen Barrierefreiheit der Angebote ab. Diese Barrierefreiheit wird z. B. durch intermodale Mobilitäts-Apps verschiedener Anbieter gewährleistet. Die Qualität der Verbindungen, die mit

Quelle	Art der Ergänzung des ÖPNV bzw. der Stärkung des Umweltverbundes
Workshop FHE/SI 2015 (vgl. FHE/SI 2015a)	Nahverkehr: Schließung lokaler Lücken im ÖPNV-Netz
Shaheen et al. (vgl. Shaheen et al. 2015)	Vergrößerung des ÖPNV-Einzugsbereichs
Difu (vgl. Difu 2013)	Carsharing-Kunden nutzen verstärkt den Umweltverbund
Imove (vgl. Imove 2014)	Carsharing stärkt den lokalen Umweltverbund
Huwer (vgl. Huwer 2002)	Carsharing-Kunden upgraden ihr bestehendes ÖV-Abo eher als Nicht-Carsharing-Kunden. ÖPNV kann durch CarSharing vorhandene Kunden binden und neue Kundengruppen ansprechen. Bekanntheitsgrad und Kundenzahlen von Carsharing können gesteigert werden. Carsharing eignet sich als den ÖPNV ergänzendes Verkehrsmittel.
Loose,W. & Glotz-Richter, M. (vgl. Loose, W. & Glotz-Richter, M. 2012)	Carsharing ermöglicht Mobilität per Auto, verleitet aber nicht zur Autonutzung, wenn gleichzeitig alternative Mobilitätsangebote durch den Umweltverbund bestehen. => Potenziale für ÖV-Unternehmen: stärkere Kundenbindung, Hinzugewinnung von Neukunden und Image-Verbesserung durch Kooperation mit Carsharing-Anbietern

Abb. 4.2 Potenziale von (E-)Carsharing, ÖPNV – Ergänzung und Stärkung des Umweltverbundes. (Quellen s. Abb.)

diesen Apps gefunden werden können, steht und fällt mit der Vernetzung der Verbindungsdaten der Anbieter der unterschiedlichen Mobilitätsdienstleister, vgl. Abb. 4.2.

Regionales Angebot für den Raum Leipzig/Halle und für den Raum Köln/Bonn:

- easy.go: http://www.myeasygo.de/home.html

Überregionale/Internationale Angebote:

- CarJump: http://carjump.me/de/DE/ (car2go, citeecar, DriveNow, multicity, Elektroroller-Sharing von eMio, nextbike-Bikesharing)
- FreeCars: http://freecars.hanseartic.de/ (WindowsPhone; nur Carsharing von car2go, DriveNow, multicity)
- Memobility: http://memobility.de/ (nur Carsharing, Bikesharing, ÖPNV-Stationen)
- Mobility Map: https://www.mymobilitymap.de/
- Moovel: https://www.moovel.com/de/DE
- Qixxit: https://www.qixxit.de/

(Beispielsammlung ohne Anspruch auf vollständige Erfassung aller aktuellen Angebote)

Potenziale der Verknüpfung ÖPNV und Carsharing
Das Potenzial, das die Vernetzung von Carsharing und ÖV für beide Angebote bietet, wird in einigen
Fällen aus der Praxis deutlich, in denen durch diese Vernetzung bereits Synergien geschaffen werden
konnten[4]:

Montreal und Québec City, Kanada: Communauto
Seit seiner Gründung im Jahr 1994 wächst der Carsharing-Anbieter Communauto stetig. Seine Carsharing-Flotte umfasst mehr als 12.200 Benzin-, Hybrid- und Elektro-Fahrzeuge (Stand 2014). Die
Fahrzeuge sind über die Homepage des Anbieters oder über eine App buchbar. Neben dem stationsgebundenen Angebot in Quebec City und Montreal bietet Communauto seit 2013 auch eine
elektrische One-Way-Carsharing-Flotte an (vgl. The Carsharing Association 2013). Außerdem arbeitet Communauto auch mit mehreren ÖPNV-Anbietern zusammen und bietet mit den Angeboten
DUO Auto+Bus, TRIO Bixi-Auto-Bus und Train+Auto spezielle Carsharing-Konditionen für intermodale Mobilitätsnutzer an (vgl. communauto.com).

Grenoble, Frankreich: Cité Lib
In Grenoble bietet Cité Lib, ein Carsharing-Anbieter aus der Region, seit Anfang 2015 80 batterieelektrische Kleinstfahrzeuge an, für die auf von der Stadt speziell ausgewiesenen Flächen 27 Ladestationen errichtet wurden. In diesem Angebot arbeitet Cité Lib eng mit dem örtlichen ÖPNV-
Anbieter und dem Fahrzeughersteller zusammen. Der Ansatz geht über eine lose Kooperation hinaus und zielt auf eine möglichst optimale Verknüpfung der Carsharing-Fahrzeuge mit dem ÖPNV zu
einem intermodalen Mobilitätssystem. Die Fahrzeuge sind über eine intermodale Mobilitäts-Plattform (Website, App) buchbar, die ebenfalls vom Fahrzeughersteller entwickelt wurde. Die Plattform
ist vollständig mit dem IT-System des ÖPNV-Anbieters verknüpft. Daneben sind auch aktuelle Informationen z. B. über das Verkehrsaufkommen abrufbar, sodass der Nutzer das unter den jeweiligen
Bedingungen und für den jeweiligen Fahrtzweck für ihn optimale Verkehrsmittel wählen kann (vgl.
Cité Lib und Green-Motors.de).

Dänemark: LetsGo
Die Non-Profit-Carsharing-Organisation LetsGo entwickelte sich seit ihrer Gründung im Jahr 2007
zwischenzeitlich zum größten Carsharing-Anbieter Dänemarks. LetsGo bietet Carsharing-Fahrzeuge in Kopenhagen, Aarhus, Odense sowie acht weiteren dänischen Städten an. Neben Benzin-
fahrzeugen umfasst die Flotte seit Anfang 2015 auch Elektrofahrzeuge. LetsGo arbeitet seit 2015
gemeinsam mit der öffentlichen Hand sowie mit dem Transportunternehmen Movia an einem Projekt zur Förderung der Vernetzung von ÖPNV und Carsharing, in dessen Rahmen Besitzer von
ÖPNV-Netz-und Zeitkarten freie Mitgliedschaft bei LetsGo erhalten (vgl. Copenhagen Capacity o.
J.; LetsGo o. J.).

Hannover: Stadtmobil
Die Großraum-Verkehr Hannover (GVH) bietet als erster deutscher Verkehrsverbund seit 2004 ein
Mobilitätspaket an, das das klassische Jahresabonnement mit ergänzenden Angeboten verknüpft
(vgl. Röhrleef 2012: 251). Zwischenzeitlich haben GVH und die Hannoversche Verkehrsgesell-

---

[4] Die Bahn hat Anfang 2016 angekündigt, ihr E-Carsharing-Angebot künftig stark auszubauen,
um die Anschlussmobilität für Bahnreisende zu verbessern („Flinkster Connect"). Zu diesem
Zweck stehen seit 18.02.2016 in einem Pilotprojekt in Berlin E-Flinkster-Fahrzeuge zur Verfügung, die von Inhabern von Fernzugtickets für die Anschlussmobilität in Berlin genutzt werden können: http://www.sueddeutsche.de/wirtschaft/neues-pilotprojekt-deutsche-bahn-bietet-mit-
fahrkarten-kuenftig-auch-elektroautos-an-1.2862946, zuletzt abgerufen am 22.02.2016.

schaft AG gemeinsam mit dem Carsharing-Anbieter Stadtmobil Hannover ein barrierefreies Kombinationsangebot aus ÖPNV und Carsharing mit einheitlichem Ticketing geschaffen. So können ÖPNV-Abokunden gegen einen geringen Abo-Aufpreis die Stadtmobil-Fahrzeuge mit einer vergünstigten Nutzungsgebühr nutzen. Die Abrechnung der Carsharing-Nutzung erfolgt monatlich gemeinsam mit dem ÖPNV-Abo (vgl. Loose und Glotz-Richter 2012, S. 89 ff).

Berlin: BeMobility-Projekte
In den Modellregionen-Elektromobilität-Förderprojekten BeMobility und BeMobility 2.0, die sich bis Anfang 2015 mit stationsgebundenem und FreeFloating-E-Carsharing in Berlin befasst haben, konnte aufgezeigt werden, dass die Vernetzung des E-Carsharing mit dem Umweltverbund allgemein und mit dem ÖPNV im Besonderen das Nutzungspotenzial von Elektromobilität deutlich erhöht. Bezüglich des Angebots kombinierter Mobilitätskarten für (E-)Carsharing und ÖPNV zeigte sich im Projektverlauf, dass diese den Umstieg vom Privat-Pkw auf den durch (E-)Carsharing erweiterten Umweltverbund erleichtern können. Dies jedoch nur, wenn die Einführung der Mobilitätskarten durch vorausschauend und entsprechend langfristig geplante Marketing- und Schulungsmaßnahmen sowie durch förderliche politische Rahmenbedingungen unterstützt wird (vgl. InnoZ 2015).

Ebenfalls im Zuge der beiden BeMobility-Projekte zeigte sich, dass stationsbasiertes E-Carsharing vor allem an zentralen Verkehrsknotenpunkten (insbesondere an solchen mit wichtigen ÖPNV-Anschlüssen) sinnvoll ist (vgl. InnoZ 2015; zu den bestehenden Rahmenbedingungen für die Einrichtung von Mobilitätsstationen: siehe Kap. 6).

„emma – e-mobil mit Anschluss" (Bodenseeregion) (s. auch Kap. 7)
Im Modellregionen-Elektromobilität-Projekt „emma – e-mobil mit Anschluss" in der Bodenseeregion werden insgesamt 14 E-Carsharing-Fahrzeuge eingesetzt, die mit anderen Angeboten auf verschiedenen Ebenen vernetzt sind, um möglichst große Synergieeffekte zu erzielen: neben der Einbindung in Energienetze lokaler Energieanbieter ergänzen sie auch den ÖPNV, indem sie zeitweise und auf bestimmten Strecken selbst als ÖPNV-Fahrzeuge fungieren. Anders als bei Anrufsammeltaxis werden sie wie reguläre ÖPNV-Busse fahrplangebunden auf bestimmten, nur wenig nachgefragten Strecken eingesetzt, um für die dort ansässige Bevölkerung trotz der geringen Nachfrage ein ÖPNV-Angebot aufrechterhalten zu können. Die Fahrzeuge werden teils von regulären Busfahrern des örtlichen Nahverkehrsverbundes „bodo" gefahren und teils von Mitgliedern eines Bürgerbusvereins, der anlässlich dieses Projektes gegründet wurde (vgl. Schultes 2015).

Ruhrgebiet: Projekt RUHRAUTOe
Im Modellregionen-Elektromobilität-Förderprojekt RUHRAUTOe kooperiert der Carsharing-Anbieter Drive Carsharing im Ruhrgebiet ebenfalls eng mit regionalen Nahverkehrsbetrieben, um möglichst viele ÖPNV-Nutzer als Carsharing-Kunden zu gewinnen (vgl. Reining et al. 2014, S. 104 f). So können sich Nahverkehrs-Abonnenten die Carsharing-Registrierungspauschale als Startguthaben anrechnen lassen sowie die Carsharing-Fahrzeuge mit ihrer Nahverkehrs-Abo-Karte öffnen, sofern sie dieses dafür beim Nahverkehrsverbund freischalten lassen (vgl. ruhrauto-e.de).

Düsseldorf: Projekt E-Carflex
Ein weiteres Förderprojekt in der Modellregion Rhein-Ruhr der Modellregionen Elektromobilität ist das Projekt E-Carflex, das vom Carsharing-Anbieter Drive Carsharing gemeinsam mit den Stadtwerken und der Stadt Düsseldorf durchgeführt wird. Auch dort spielt die Kooperation mit regionalen Nahverkehrsbetrieben eine zentrale Rolle. Um das E-Carsharing-Angebot, das derzeit in diesem Projekt von der Stadtverwaltung und von den Stadtwerken genutzt wird, auch nach Ablauf des

Förderzeitraums weiter wirtschaftlich zu betreiben, ist aus Sicht des Projektkonsortiums eine enge Vernetzung des E-Carsharing-Angebots mit dem ÖPNV notwendig (Reining et al. 2014, S. 106 ff).

Metzingen: teilAuto und Stadtwerke Metzingen (s. auch Kap. 7)
Zusammen mit dem Anbieter „teilAuto" aus Tübingen bieten die Stadtwerke Metzingen seit 2013 Carsharing für alle Bürgerinnen und Bürger an. Nachdem mit vier Fahrzeugen in verschiedenen Größen gestartet wurde, wurde das Angebot in 2015 aufgrund zu geringer Auslastung auf drei Fahrzeuge reduziert. Zwei der Fahrzeuge werden von den Stadtwerken finanziert, das dritte von „teilAuto". Die Anmeldung erfolgt über die Stadtwerke, die Buchung dagegen bei „teilAuto".

Das Potenzial dieses Carsharing-Angebotes liegt vor allem in der Heranführung von Bürgern in Klein- und Mittelstädten an das Carsharing. Dadurch kann das Zusammenspiel von ÖPNV und Carsharing als Mobilitätsalternative zum Privat-Pkw gefördert werden – insbesondere durch ein Angebot, das ganz oder teilweise von Stadtwerken bzw. von ÖPNV-Anbietern angeboten wird.

München und Umland: Münchner Verkehrs- und Tarifverbund GmbH, Landkreis Ebersberg, lokale Carsharing-Anbieter (s. auch Kap. 7)
Der Landkreis Ebersberg, örtliche Carsharing-Anbieter und der Münchener Verkehrs- und Tarifverbund (MVV) haben 2013 ein Modellprojekt gestartet. Binnen 15 Jahren soll in allen Gemeinden des Landkreises mit mehr als 1000 Einwohnern ein Carsharing-Angebot geschaffen werden, was einem nahezu flächendeckenden Carsharing-Angebot im Landkreis entspräche (vgl. Breindl 2014, S. 75).

4.3   Potenziale mit besonderer Bedeutung für Kommunen im städtischen/verdichteten Raum

Gerade für elektromobiles Carsharing bestehen in städtischen Räumen besonders optimale Rahmenbedingungen (vgl. z. B. BMVI 2014: 47). Das Kundenpotenzial ist durch die höhere Bevölkerungsdichte größer als in ländlichen Räumen. Zugleich wird teilweise auch die Offenheit gegenüber neuen Formen der Mobilität in städtischen und verdichteten Räumen als größer eingeschätzt als in ländlichen Räumen (vgl. Breindl 2015; Weidt 2015; s. Kap. 6).[5]

4.3.1   Risiko der Kannibalisierung des ÖPNV

Im Gegensatz zum generellen Potenzial für die Ergänzung des ÖPNV, das die Teilnehmer des von FHE/SI 2015 durchgeführten Workshops im Carsharing sehen, besteht aus ihrer Sicht gleichzeitig im städtischen/verdichteten Raum das Risiko der Kannibalisierung des ÖPNV bzw. des Umweltverbundes durch Carsharing. Das heißt, ÖPNV-Kunden, Radfahrer und Fußgänger könnten auf Carsharing-Fahrzeuge umsteigen und damit zu einer höheren Verkehrsdichte und einem Anstieg des MIV-Aufkommens beitragen (vgl. FHE/

---

[5] Zu einem anderen Ergebnis kommt diesbezüglich allerdings eine Studie von Wappelhorst et al. (2014), in der die Autoren konstatieren, dass die Bewohner ländlicher Räume ähnlich offen gegenüber E-Carsharing seien wie Menschen, die in einem urbanen Kontext leben (vgl. Wappelhorst et al. 2014: 374).

SI 2015a). Aktuellen Forschungsergebnissen zufolge besteht dieses Risiko in erster Linie durch das flexible FreeFloating-System (s. Infobox).

Projekt BeMobility 2.0:
FreeFloating-E-Carsharing – Potenzial zu sinnvoller Ergänzung des ÖPNV

Die Projektergebnisse des Anfang 2015 abgeschlossenen Modellregionen-Elektromobilität-Projektes BeMobility 2.0 deuten an, dass FreeFloating-Carsharing zumindest in geringem Maße zur Kannibalisierung des ÖPNV sowie des Fahrradverkehrs durch (E-)Carsharing führt. Allerdings werden die Carsharing-Fahrzeuge vor allem zu Schwachlastzeiten des ÖPNV und z. B. zum Transport von schweren Gegenständen genutzt. Daher wird dem FreeFloating-Carsharing dennoch das Potenzial zur Stärkung des ÖPNV zugeschrieben. Beinahe alle Befragungsteilnehmer, die zu Projektbeginn über ein ÖPNV-Abo verfügten, wollten dieses auch ein Jahr später nicht zugunsten von Carsharing abschaffen. Zudem gewann für 60 % der Befragungsteilnehmer der öffentliche Personennahverkehr durch die Kombination mit dem FreeFloating-Carsharing an Attraktivität (vgl. InnoZ 2015; Scherf et al. 2014: 16 ff.).

Seattle: car2go
Während 39 % der Nutzer des FreeFloating-Carsharing von car2go in Seattle seit ihrem Carsharing-Beitritt ihr Privatfahrzeug weniger nutzen als zuvor, nutzen 47 % den ÖPNV weniger häufig als zuvor. Dies spricht für einen Kannibalisierungseffekt, den das FreeFloating-Carsharing in Seattle auf den ÖPNV ausübt. Andererseits hat mit dem Beitritt zum FreeFloating-Carsharing bei 35 % der Befragten auch die Länge der insgesamt pro Tag zurückgelegten Wege abgenommen (vgl. SDOT 2014: 8).

4.3.2   Beitrag zur Reduzierung des Parkraumbedarfs

Eng verbunden mit der Reduzierung des Gesamtfahrzeugbestands (s. Abschn. 4.1.1) ist der Beitrag von Carsharing zur Reduzierung des Parkraumbedarfs. Relevant ist dies insbesondere im städtischen bzw. verdichteten Raum, wo der Parkdruck größer ist als im ländlichen Raum. Bisher durch Parkplätze in Anspruch genommene Flächen in den Städten werden dadurch für andere Nutzungszwecke frei und stehen anderen Verkehrsteilnehmern zur Verfügung oder können zur Verbesserung der Aufenthaltsqualität in den Wohnstraßen genutzt werden. Die Einschätzung der Workshop-Teilnehmer zur Reduzierung des Parkraumbedarfs wird durch die Ergebnisse verschiedener Studien gestützt (vgl. z. B. Martens et al. 2010: 122). So lässt sich aus der Reduzierung des Gesamtfahrzeugbestands (s. Abschn. 4.1.1) auch eine Reduzierung des Parkraumbedarfs ableiten. Für Paris wurde beispielsweise ermittelt, dass dort durch stationsgebundenes Carsharing fünf Parkplätze pro Carsharing-Fahrzeug ein gespart werden, durch FreeFloating-Carsharing immerhin noch zwei Parkplätze (vgl. 6-t 2014: 4). Analog lässt sich aus der Kundenbefragung von cambio für Bremen ein Einsparpotential von 14 Parkplätzen pro Carsharing-Fahrzeug des stationsgebundenen Carsharing in Bremen ableiten (da ein Carsharing-Fahrzeug bis zu 14 Privatfahrzeuge ersetzt) (vgl. Glotz-Richter, Karbaumer 2015). In München kommt eine aktuelle Studie ebenfalls zu dem Ergebnis, dass der öffentliche Parkraum durch Carsharing entlastet wird, da die Carsharing-Fahrzeuge häufiger und länger genutzt werden als Privat-Pkw und sich damit vergleichsweise länger im fließenden Verkehr und kürzer auf Stellplätzen befinden (vgl. team red Deutschland 2015: 55 f). Anders als in Paris wird der Parkdruck in anderen Städten gemäß der Einschätzung von Kommunalvertretern jedoch durch FreeFloating-Fahrzeuge punktuell sogar erhöht, wie das Beispiel Berlin zeigt (vgl. Blümel 2015) und wie durch civity (2014) ebenfalls angedeutet (s. Abschn. 4.1.1).

4.3.3 Beitrag zur Reduzierung lokaler Emissionen

Speziell durch den Einsatz von Elektrofahrzeugen werden von den Teilnehmern des von FHE/SI 2015 durchgeführten Workshops Potenziale für die Einhaltung von Grenzwerten lokaler Emissionen (u. a. Feinstaub, CO2, Lärm) gesehen (vgl. FHE/SI 2015a). Neben dem Einsatz von Elektrofahrzeugen im Carsharing leistet auch die oben genannte Verlagerung von Privat-MIV auf ein vernetztes Angebot aus (E-)Carsharing und ÖPNV bzw. Umweltverbund sowie die Reduzierung des Parkraumbedarfs einen wichtigen Beitrag zur Reduzierung lokaler Emissionen.

Nach Martin und Shaheen kann durch Carsharing der Ausstoß von Treibhausgasen um über ein Drittel reduziert werden. Dazu trägt beispielsweise das Ersetzen von Fahrten mit dem Privat-Pkw durch eine geringere Anzahl von Fahrten mit den durchschnittlich kleineren Carsharing-Fahrzeugen bei (vgl. Martin und Shaheen 2011). Ryden & Morin ermittelten in einer Untersuchung der Auswirkungen von Carsharing auf lokale Emissionen im Jahr 2005 eine Senkung der lokalen CO2-Emissionen von 39 bis 45 % (vgl. Ryden & Morin 2005). Der Bundesverband Carsharing nennt eine Reduzierung von 16 % und begründet dies mit der im Vergleich mit Privatfahrzeugen kurzen Einsatzdauer von Carsharing-Fahrzeugen von drei bis vier Jahren (vgl. bcs 2015a).

Aktuelle Ergebnisse des BMVI bestätigen, dass nicht nur die lokalen Emissionen sondern auch die gesamte Umweltbilanz batterieelektrischer Fahrzeuge bereits heute besser ist als die Umweltbilanz von Fahrzeugen mit Verbrennungsmotor, insbesondere bei hoher Laufleistung der Fahrzeuge (vgl. BMVI 2015: 26 ff). Aktuell vom Bundesministerium für Umwelt, Naturschutz, Bau und Reaktorsicherheit BMUB veröffentlichte Ergebnisse weisen für batterieelektrische Fahrzeuge einen Life-Cycle-CO_2-Ausstoß[6] aus, der um 12 % niedriger ist als bei Verbrennungsmotorfahrzeugen mit Spritspartechnik. 2020 wird die Einsparung dem BMUB zufolge durch die Entwicklung des deutschen Strommix hin zu weniger Strom aus fossilen Quellen bereits bei 20 % liegen (vgl. BMUB 2015: 1 f).

---

[6] CO_2-Ausstoß unter Berücksichtigung der Energie für Produktion, Wartung und Entsorgung der Fahrzeuge.

Wenngleich die Mehrheit der eingesetzten Carsharing-Fahrzeuge mit konventionellen Verbrennungsmotoren betrieben wird, werden zunehmend auch Elektrofahrzeuge (neben Deutschland auch in weiteren europäischen Ländern, in Japan und in den USA) sowie mit Erdgas (v. a. in Südkorea) und Ethanol betriebene Fahrzeuge (v. a. in Brasilien) in Carsharing-Flotten integriert (vgl. Shaheen & Cohen 2013: 16 ff).

In verschiedenen wissenschaftlichen Studien wird bei der Analyse der Umweltwirkung von Carsharing nach stationsbasiertem Carsharing und FreeFloating-Carsharing unterschieden (vgl. z. B. imove 2014; InnoZ 2015; Schlansky 2014). Demnach fördert auf lokaler Ebene vor allem stationsbasiertes Carsharing die Reduktion von Treibhausgasen, während beim FreeFloating-Carsharing die Effekte der Verlagerung weg vom Privat-MIV und der Reduzierung des Parkraumbedarfs weniger zum Tragen kommen und somit eine lokale Reduzierung von Emissionen durch FreeFloating-Carsharing lediglich über den Einsatz von Elektrofahrzeugen möglich ist (vgl. Blümel 2015).

4.3.4   Beitrag zur Aufwertung von Wohnquartieren

Neben der positiven Wechselwirkung zwischen (E-)Carsharing mit dem ÖPNV erwarten die Teilnehmer des von FHE/SI 2015 durchgeführten Workshops durch (E-)Carsharing auch eine Steigerung der Attraktivität von Wohnquartieren (vgl. FHE/SI 2015a). Der Wohnstandort stellt einen Dreh- und Angelpunkt persönlicher Mobilitätsentscheidungen dar (vgl. Ballach 2009: 8). Welche Mobilitätsangebote daher unmittelbar am Wohnstandort verfügbar sind, hat wesentliche Auswirkungen auf das individuelle Mobilitätsverhalten. Die Bereitstellung eines Carsharing-Angebots direkt am Wohnstandort, wo die meisten aller Wege starten oder enden, ist daher ein wichtiger Bestandteil, um Carsharing-Angebote etwa fernab urbaner Zentren zu fördern. Zur Förderung von Carsharing-Angeboten innerhalb einer Kommune bieten Wohnbauunternehmen vielversprechende Anknüpfungspunkte. Zum einen kommt die Bereitstellung eines Carsharing-Systems in Siedlungsprojekten neuen Wohn- und Lebensformen entgegen. Für die Wohnbauunternehmen bedeutet dies, dass ein kombiniertes Angebot aus Wohnen und Mobilität daher einen Wettbewerbsvorteil gegenüber konkurrierenden Bauprojekten bedeuten kann. Zum anderen kann ein Carsharing-Angebot dazu beitragen, den Bedarf an privaten Pkw-Stellplätzen für ein Wohnbauprojekt zu reduzieren. Dies ermöglicht erhebliche Einsparungen bei den Baukosten (vgl. Forschungsgruppe Stadt | Mobilität | Energie 2015: 53).

Im Falle von E-Carsharing sollte dabei rechtzeitig auf die Schaffung und Ertüchtigung des Wohnbaus mit geeigneten Stromkreisen für die Ladeinfrastruktur geachtet werden. Daneben können die Gebäude soweit möglich mit Systemen zur Eigenstromerzeugung wie Solaranlagen ausgestattet und energieeffizient gebaut bzw. saniert werden, um die Elektrofahrzeuge mit Eigenstrom aus erneuerbaren Energien laden zu können (vgl. BMVI 2014: 38 f).

Göppingen: E-Carsharing für Bewohner des Wohnquartiers „StadtGarten"

2013 wurde im Rahmen des Modellregionen-Elektromobilität-Förderprojekts „EMIS-Elektromobilität im Stauferland" den Bewohnern der Wohnquartiers „StadtGarten" als geschlossener Nutzergruppe ein Carsharing-Angebot zur Verfügung gestellt. Die Bewohner der rund 120 Wohneinheiten konnten dabei auf ein Elektrofahrzeug zurückgreifen, das zentral in der Quartiergarage platziert wurde. Das Fahrzeug kann telefonisch, persönlich über die Hausverwaltung des Wohnquartiers oder über einen elektronischen Buchungskalender gebucht werden. In Anlehnung an Maßnahmen des Neubürgermarketings erhielten die Bewohner eine Mobilitätsbroschüre, welche Informationen zum Carsharing sowie weiteren Alternativen zum privaten Pkw im Umfeld des Quartiers präsentierte. Da die oftmals mit der Nutzung eines Carsharing-Angebots verbundenen Initialkosten (z. B. Anmeldegebühren, Kaution) besonders für ressourcenschwache Personen eine große Hürde darstellen, war die Nutzung des Carsharing zudem zunächst vollkommen kostenfrei. Eine Bepreisung wurde schließlich 2015 eingeführt (vgl. Forschungsgruppe Stadt | Mobilität | Energie 2015).

Das Potenzial des Projekts besteht in erster Linie in der Förderung der Carsharing-Nutzung in Mittelzentren und darin, Elektromobilität für eine breite Bewohnerschaft erfahrbar zu machen.

Frankfurt/M.: BSMF („Leben im Westen") (s. auch Kap. 7)

Im Rahmen des Vorhabens „Leben im Westen" der KEG mbH, einem Public-Private-Partnership-Unternehmen der Stadt Frankfurt am Main und der Beratungsgesellschaft für Stadterneuerung und Modernisierung mbH (BSMF), wird seit 2013 Carsharing mit Elektrofahrzeugen angeboten. An sogenannten E-Mobility-Stationen im Frankfurter Westen können Mieter der Wohnbaugesellschaften KEG und WBG sowie alle Interessenten in den zugehörigen Stadtteilen auf insgesamt zehn Elektrofahrzeuge zugreifen. „Leben im Westen" ist Partner der „Allianz Elektromobilität" in der Modellregion Rhein-Main und wird vom Bundesministerium für Verkehr und digitale Infrastruktur (BMVI) im Rahmen der Modellregionen Elektromobilität für einen Zeitraum von drei Jahren gefördert.

Das Potenzial des Projektes besteht vor allem in der Förderung nachhaltiger Stadtentwicklung insbesondere in randstädtischen Wohngebieten sowie in der Schaffung eines verbesserten Mobilitätsangebotes und damit einer höheren Lebensqualität für die Bewohner der Wohnanlagen und der umgebenden Stadtteile (vgl. Weber 2015).

Hamburg: Sparda E-Carsharing (e-Quartier Hamburg) (s. auch Kap. 7)

Den Bewohnern eines Passivhauses in Hamburg-Wilhelmsburg bietet die Sparda Immobilien GmbH seit 2013 die exklusive Nutzung von zwei Elektrofahrzeugen an. Die Stellplätze befinden sich direkt vor dem Haus. Dort können die beiden Fahrzeuge per Schnellladung innerhalb von 30 min mit Ökostrom aufgeladen werden. Die Buchung erfolgt online oder mobil über den Kooperationspartner Cambio Carsharing.

Das Projekt ist Teil des Modellregionen-Elektromobilität-Förderprojektes „e-Quartier Hamburg".

Das Potenzial des Projektes liegt vor allem in der Reduzierung des Parkraumbedarfs und der Schallimmissionen direkt an Wohngebäuden sowie als Folge dieser Potenziale in der Aufwertung von Wohnquartieren (vgl. Redlich, Tönjes 2015).

San Francisco (USA): City CarShare Bay Area

City CarShare wurde im Jahr 2001 in San Francisco gegründet und entwickelte sich zu einer der führenden Non-Profit-Carsharing-Organisationen. Während die Organisation zunächst mit zwölf benzinbetriebenen Kleinfahrzeugen startete, umfasst die heutige Flotte von rund 400 Fahrzeugen (Stand 2013) verschiedene Fahrzeugklassen vom Kleinwagen bis zum Transporter. In den vergangenen Jahren werden zudem verstärkt auch Elektrofahrzeuge und (Plug-in)-Hybride eingesetzt. Ein Fokus von City CarShare liegt außerdem auf der Bereitstellung von Carsharing-Fahrzeugen in einkommens-schwächeren Wohngegenden der Bay Area, im Zuge dessen die Organisation in 2014 finanzielle Zuschüsse der Metropolitan Transportation Commission (MTC) erhielt (vgl. Cabanatuan 2012; The Richmond Standard o. J.). Die Organisation arbeitet dabei eng mit der städtischen Seite der San Francisco Bay Area zusammen. Die Stadt San Francisco stellt City CarShare-Fahrzeugen dazu seit 2011 Parkflächen im öffentlichen Raum bereit. In Kollaboration mit dem San Francisco Department of the Environment und Envision Solar werden außerdem solarbetriebene Ladestationen in der Stadt bereitgestellt (vgl. City CarShare o. J.).

Das Potenzial des Angebots liegt vor allem in der Aufwertung von Wohnquartieren und in der Bereitstellung eines günstigen, bedarfsgerecht nutzbaren MIV-Angebots für Einkommensschwache.

4.4   Potenziale mit besonderer Bedeutung für Kommunen im ländlichen Raum

4.4.1   Ansätze für einen wirtschaftlichen Betrieb (s. auch Kap. 6)

2004 verfügten weniger als 10 % aller Kommunen unter 50.000 Einwohner über Car-sharing-Angebote. Bei Kommunen unter 10.000 Einwohner waren es sogar weniger als 1 % (vgl. Öko-Institut 2004: 22). Zwischenzeitlich gibt es zwar deutlich mehr Angebo-te in kleinen Kommunen. Dennoch bleibt der wirtschaftliche Betrieb eines Carsharing-Angebots im ländlichen Raum eine Herausforderung, was der überproportional hohe An-teil von nicht gewinnorientierten Organisationen deutlich macht, die dort als Carsharing-Anbieter aktiv sind (s. Abschn. 5.3).

Als eine Ursache für die Schwierigkeit eines wirtschaftlichen Betriebs von Carsharing-Angeboten im ländlichen Raum wird der im Vergleich zu städtischen Räumen höhere

Motorisierungsgrad gesehen. Hinzu kommt die geringe Dichte der Siedlungs- und Einwohnerstruktur, die Hemmnisse für die Entwicklung wirtschaftlich tragfähiger Angebote darstellen. Insbesondere der hohe personelle und finanzielle Aufwand zur Bereitstellung eines professionellen Angebots sind hierbei die entscheidenden Faktoren. Gleichzeitig sind die Anforderungen seitens der Nutzer an die Professionalität des Carsharing-Angebots in ländlichen Räumen vergleichbar mit denen in Großstädten (vgl. Borcherding 2014; Kagermeier 2004: 105 ff).

Für einen dennoch möglichst wirtschaftlichen Betrieb des eigenen (E-)Carsharing-Angebots können Anbieter mit lokalen Unternehmen kooperieren oder z. B. Corporate Carsharing anbieten, um die Auslastung der Fahrzeuge zu optimieren. Als eine Gestaltungsoption werden sogenannte Kooperationsmodelle mit lokalen Unternehmen gesehen (vgl. Kagermeier 2004: 105 ff.). Weitere Optionen liegen in der Nutzung von E-Carsharing als Marketing-Instrument zur Tourismusförderung.

Weitere entscheidende Faktoren für den Erfolg von (E-)Carsharing-Angeboten in ländlichen Räumen werden unter anderem vom Bundesverband Carsharing (bcs) sowie von zahlreichen Carsharing-Betreibern in der Entwicklung von bedarfsgerechten Bottom-up-Konzepten, in der lokalen Verankerung der Carsharing-Angebote sowie in der Vernetzung mit etablierten Mobilitäts- und Carsharing-Angeboten gesehen (s. Kap. 6). Auch in mehreren Forschungsprojekten wird bzw. wurde der Einsatz von Elektrofahrzeugen in Mittel- und Kleinstädten und ländlichen Räumen untersucht.

Hinsichtlich der Wirtschaftlichkeit von E-Carsharing im ländlichen Raum finden sich in diesen Projekten teilweise durchaus positive und vielversprechende Ansätze. Unter dem Strich bestätigen die Ergebnisse aus diesen Projekten jedoch den Fachdiskurs, die dem E-Carsharing im ländlichen Raum hinsichtlich der Wirtschaftlichkeit (noch?) einen schweren Stand attestieren. In Kap. 6 werden einige Erfolgsfaktoren und mögliche Hemmnisse für E-Carsharing in ländlichen Räumen detaillierter dargestellt.

Bayerischer Wald: E-WALD (s. auch Kap. 7)

Das Projektgebiet des Modellregionen-Elektromobilität-Förderprojektes E-WALD umfasst $7000\,km^2$ in sechs Landkreisen des Bayerischen Waldes und Südostbayerns. Seit 2012 werden in Kooperation mit Firmen, Landkreisen und Gemeinden mittlerweile ca. 200 Elektrofahrzeuge an 150 Ladestationen angeboten. Alle Fahrzeuge werden ausnahmslos mit Strom aus regenerativer Energie aufgeladen. Zu den Nutzern zählen Bürger, Touristen, aber auch Unternehmen, für die damit eine Spitzenabdeckung bei reduziertem Fahrzeug-Pool möglich wird. Das Projekt wird bis Ende 2016 durch das bayerische Wirtschaftsministerium mit insgesamt 19 Mio. € gefördert.

Das Potenzial liegt vor allem in der Erprobung des zuverlässigen Betriebs von Elektrofahrzeugen im ländlichen Raum, insbesondere in einer klimatisch und topographisch schwierigen Region. Hinzu kommt das Potenzial positiver Effekte für den Tourismus aufgrund gesteigerten Umweltbewusstseins und Nachhaltigkeit, das Potenzial der gegenseitigen Ergänzung mit dem ÖPNV im ländlichen Raum sowie aus Nutzersicht das

Potenzial der Kostenersparnis durch die Substitution von Fuhrparkfahrzeugen mit der Nutzung von (E-)Carsharing (vgl. Loserth 2015).

Schwarzwald: Hochschwarzwald Tourismus GmbH (s. auch Kap. 7)

Seit 2015 bietet die Hochschwarzwald Tourismus GmbH mit Unterstützung des Mobilitätsdienstleisters Alphabet ihren Urlaubsgästen wie Einheimischen E-Carsharing an, als Folgeprojekt der Initiative „E Smart trifft Hochschwarzwald Card" aus dem Jahr 2012. Es stehen insgesamt 25 Elektrofahrzeuge und ein dichtes Ladenetzwerk mit Strom aus erneuerbaren Energien zur Verfügung. Die Einrichtung von Hard- und Software sowie Ladesäulen wurden im Rahmen des Ideenwettbewerbs „Elektromobilität Ländlicher Raum" durch das baden-württembergische Ministerium für Ländlichen Raum und Verbraucherschutz mit je 75.000 € gefördert.

Das Potenzial des Angebots liegt vor allem im Kennenlernen von Elektromobilität und Carsharing in entspannter Urlaubsatmosphäre. Die Aufwertung der Urlaubsregion durch nachhaltiges Image wird dadurch gefördert (vgl. Brodscholl 2015).

Auch in Nordamerika und Japan existieren vereinzelt Carsharing-Angebote, die speziell auf Touristen ausgerichtet sind (vgl. Shaheen & Cohen 2013; JCN Newswire o. J.).

Schweiz: Mobility Carsharing (Genossenschaftliches Carsharing als Bottom-Up-Ansatz)

Mobility Carsharing wurde 1997 als Mobility Genossenschaft in Luzern als Fusion der Genossenschaften ATG AutoTeile Genossenschaft und ShareCom gegründet und ist das marktführende Carsharing-Unternehmen in der Schweiz. Fast die Hälfte der über 120.000 Nutzer des Carsharing (Stand 2014) sind auch Genossenschaftler. Jährlich tagt als oberstes Organ eine Delegiertenversammlung aus 150 Vertretern der gesamten Mobility-Genossenschaft. Die Genossenschaft verteilt ihre Kompetenzen zwischen dem Verwaltungsrat und der operativen Geschäftsleitung, deren Kontrolle und Aufsicht der Verwaltungsrat übernimmt. Die genossenschaftliche Organisation erlaubt es, den Gewinn des Unternehmens zur Innovation und langfristigen Investition zu nutzen. Es bestehen mehrere Kooperationen mit ÖPNV-Anbietern, die Parkflächen für die Carsharing-Fahrzeuge an Bahnhöfen bereitstellen und gemeinsame Vergünstigungen anbieten. Außerdem beteiligt sich die Genossenschaft seit 2014 an der Sharoo AG, deren Internetplattform Autobesitzern ermöglicht, ihr privates Fahrzeug zum Teilen anzubieten. Die Fahrzeugflotte der Mobility-Genossenschaft umfasst mehr als 2700 Fahrzeuge vom Kleinwagen bis Transporter. Die Reservierung der Fahrzeuge erfolgt über die Webseite des Anbieters, eine App oder telefonisch (vgl. Mobility Genossenschaft o. J.).

Das Potenzial des Angebots liegt vor allem im genossenschaftlichen Bottom-Up-Ansatz, der gerade auch in ländlichen Räumen für die notwendige lokale Verankerung sorgt und dafür sorgt, dass Investitionen auch mittel- und langfristig den Nutzern zu Gute kommen.

4.4.2   Gemeinschaftsbildung und lokale Identifikation

Soziale Effekte auf lokaler Ebene insbesondere im ländlichen Raum sind vor allem die Gemeinschaftsbildung und die Schaffung oder Stärkung einer lokalen Identifikation (vgl. FHE/SI 2015a). Dass diese Effekte durch Carsharing erzielt werden können, bestätigen mehrere Praxis-Testprojekte. Den meisten dieser Projekte ist gemein, dass sie neben dem Gemeinschaftseffekt auch eine Verknüpfung des Carsharing mit anderen Nutzungen der Fahrzeuge fördern, um die Fahrzeuge stärker auszulasten und ihren Betrieb dadurch wirtschaftlicher zu machen – beispielsweise indem Carsharing-Fahrzeuge zeitweise auch für Hol- und Bringdienste genutzt werden (vgl. Berding & Kill 2015; Dalichau 2015; Schultes 2015; Weidt 2015). Lokale Identifikation wird aber auch durch Projekte geschaffen (s. Info-Box: Beispiel Hochschwarzwald-Tourismus). Auch überwiegend ehrenamtlich betriebene, als Vereine organisierte lokale Carsharing-Initiativen wie die „Vaterstettener Autoteiler e. V." (VAT) sowie mehrere ähnliche Initiativen in benachbarten Gemeinden im Landkreis Ebersberg bei München wirken durch ihren ehrenamtlichen Charakter und ihre lokale Verankerung gemeinschaftsbildend und befördern die lokale Identifikation (vgl. Breindl 2015; s. Kap. 6).

Versorgungssicherung: Carsharing-Angebote werden insbesondere im ländlichen Raum als Maßnahmen zur Versorgungssicherung eingeschätzt (vgl. FHE/SI 2015a). Personen ohne Privatfahrzeug erhalten dadurch die Möglichkeit, auch über größere Distanzen individuell mobil zu sein und somit unabhängig von Dritten ihre persönliche Mobilität sicherzustellen (Einkäufe, Freizeitgestaltung etc.). Eine andere Möglichkeit zur Versorgungssicherung mit Carsharing-Fahrzeugen ist, dass Fahrzeuge, die zu bestimmten Zeiten als Carsharing-Fahrzeuge eingesetzt werden, in stark ländlich geprägten Regionen mit einer alternden und folglich zunehmend weniger mobilen Bevölkerung zu anderen Zeiten als Auslieferungsfahrzeuge für den Lebensmittel- oder Einzelhandel genutzt werden.

Uffenheim, Emskirchen (Unterfranken): Regional Versorgt eG (s. auch Kap. 7)

Die Genossenschaft „Regional Versorgt" aus Uffenheim in Mittelfranken betreibt seit 2012 ein sogenanntes Gemeinschaftsauto. Voraussetzung für die Nutzung des Fahrzeugs ist eine Mitgliedschaft in der Genossenschaft. Diese übernimmt die Verwaltung (Rechnungsstellung, Buchungssystem) und bezahlt alle laufenden Kosten (Versicherung, Steuer, Kraftstoff). Seit 2015 wird in Zusammenarbeit mit der Kommune ein weiteres Fahrzeug angeboten. Hierfür sind lediglich eine einmalige Anmeldegebühr, sowie ein Jahresbeitrag fällig.

Das Potenzial des Angebots liegt in der Förderung lokaler Identifikation, des lokalen Gemeinschaftssinns sowie in der Versorgungssicherung im ländlichen Raum (vgl. Krämer & Linke 2015).

Werther (Thüringen): Gemeinde Werther (s. auch Kap. 7)

Die Gemeinde Werther in Thüringen betreibt das „Werthermobil", ein E-Carsharing-Fahrzeug, das neben seiner Nutzung als Casharing-Fahrzeug auch von der Gemeindeverwaltung selbst sowie für Hol- und Bringdienste eingesetzt wird. Daneben war die Nutzung des Fahrzeugs als Lieferfahrzeug des Dorfladens vorgesehen, mit dem die Produkte des Ladens weniger mobilen Bewohnern peripher gelegener Ortsteile geliefert werden sollten.[7] Das Fahrzeug wird bei ausreichender Sonneneinstrahlung durch 100 % lokale, regenerativ erzeugte Energie geladen, die durch eine Solaranlage auf dem Dach des E-Carsharing-Carports vor dem Rathaus im Gemeindeteil Großwerther erzeugt wird (vgl. Berding & Kill 2015; Weidt 2015).

Das Potenzial des „Werthermobil" besteht in der besseren Auslastung von E-Carsharing-Fahrzeugen durch die zusätzliche Nutzung als Lieferfahrzeug sowie Hol- und Bringdienst-Fahrzeug bzw. Bürgerbus (s. dazu auch Bürgerbus-Infobox unten). Hinzukommt die Steigerung der Versorgungssicherung, die Nutzung lokal erzeugter regenerativer Energien (regionale Wertschöpfung) und die Unterstützung der Mobilität Älterer im ländlichen Raum.

4.4.3   Lokale Nutzung lokal erzeugter und regenerativer Energie

Ebenfalls vorrangig in ländlichen Räumen sehen die Teilnehmer des von FHE/SI 2015 durchgeführten Workshops Potenziale in der lokalen Nutzung lokal erzeugter regenerativer Energie für E-Carsharing-Fahrzeuge (vgl. FHE/SI 2015a). Von lokalen Genossenschaften betriebene Solaranlagen oder Windparks können so z. B. für die Energieversorgung der E-Carsharing-Fahrzeuge sorgen und damit neben der Umweltbilanz der Fahrzeuge auch die regionale Wertschöpfung fördern. Der ländliche Raum bietet hierfür größere Handlungsspielräume als der städtische Raum: Während der städtische Raum von Geschosswohnungsbau und Parken im öffentlichen Straßenraum geprägt ist, dominieren im ländlichen Raum Ein- und Zweifamilienhäuser und private Stellplätze. Dadurch besteht ein größerer Spielraum für die Einrichtung von Ladeinfrastruktur und von Anlagen zur Energiegewinnung. Daneben kann in vielen Regionen auch auf bereits bestehende Strukturen für eine Stromerzeugung aus regenerativen Quellen wie Photovoltaik, Windenergie und Biomasse zurückgegriffen werden, um das lokale Energiesystem und das Verkehrssystem zu verknüpfen. Elektrofahrzeuge können in diesem Zusammenhang als Energiespeicher genutzt werden („vehicle-to-grid") (vgl. Schlosser 2014: 39; s. auch Infobox unter Abschn. 4.2.3 zum Projekt „emma – e-mobil mit Anschluss"). Allerdings ist das vehicle-to-grid-Konzept aufgrund bisher fehlender geeigneter Speicher- und Ladetechnologien sowie aufgrund von zeitintensiven Genehmigungsverfahren derzeit noch nicht praktikabel (vgl. InnoZ 2015).

---

[7] Diese Nutzung des Fahrzeuges konnte jedoch nicht verwirklicht werden, da der örtliche Dorfladen zuvor geschlossen wurde.

4.4.4   Verbindung der (E-)Carsharing-Nutzung mit der Nutzung als Bürgerbus

Neben dem Potenzial der gegenseitigen Ergänzung von (E-)Carsharing und ÖPNV stellt speziell im ländlichen Raum auch der kombinierte Einsatz von (E-)Fahrzeugen als (E-)Carsharing-Fahrzeug und als Anrufsammeltaxi oder als Bürgerbus ein Potenzial dar, das helfen könnte, (E-)Carsharing zukünftig auch im ländlichen Raum zu etablieren.

Nationale Bürgerbus-Angebote
Eine Übersicht über Bürgerbus-Angebote in Baden-Württemberg ist abrufbar unter http://www.livinglab-bwe.de/wiki/index.php?title=Hauptseite.

Neben den Elektrofahrzeugen, die im Modellregionen-Elektromobilität-Förderprojekt „emma – e-mobil mit Anschluss" zeitweise als Bürgerbus und zeitweise im Carsharing eingesetzt werden, wird dasselbe Prinzip auch mit einem Fahrzeug im vom Land Thüringen geförderten Projekt „Werthermobil" in Nordthüringen verfolgt:

- „emma – e-mobil mit Anschluss"
  http://www.emobil-im-sueden.de/emma-projekt.html
- „Werthermobil"
  http://www.fh-erfurt.de/fhe/vur/metaprojektliste/2014/werthermobil-integration-eines-erneuerbare-energien-nutzenden-elektrofahrzeugs-fuer-den-nahbereich-in-das-konzept-eines-multifunktionalen-dorfladens/

Beispiele für Angebote, in denen Elektrofahrzeuge bereits heute als Bürgerbus (jedoch nicht gleichzeitig als Carsharing-Fahrzeug) eingesetzt werden sind:

- Verbandsgemeinde Birkenfeld (Rheinland-Pfalz)
- Wir verbinden Boxberg e. V. (Main-Tauber-Kreis, Baden Württemberg)
  http://www.wir-verbinden-boxberg.de
- Gemeinde Igersheim (Main-Tauber-Kreis, Baden Württemberg):
  http://www.igersheim.de/index.php?id=418
- Gemeinde Oberreichenbach (Landkreis Calw, Baden-Württemberg):
  http://www.oberreichenbach.de/index.php?option=com_content&task=view&id=595&Itemid=236
- Gemeinde Rechberghausen (Landkreis Göppingen, Baden-Württemberg)
  http://www.rechberghausen.de/index.php?id=316

Weitere Beispiele von Carsharing-Angeboten aus aller Welt:

USA: Zipcar – der weltweit größte Carsharing-Anbieter
Zipcar wurde im Jahr 2000 in Cambridge, Massachusetts, gegründet und operiert heute neben den USA und Kanada auch in Großbritannien, Spanien, Österreich, Frankreich, Deutschland und der Türkei. Fusioniert mit dem amerikanischen Carsharing-Anbieter Flexcar entwickelte sich das Unternehmen mit über 950.000 Mitgliedern und mehr als 12.000 Fahrzeugen zum weltweit größten Carsharing-Netzwerk. Zum Carsharing stehen mehrere Fahrzeugtypen vom Kleinfahrzeug bis zum

Van, benzinbetrieben oder als Hybrid, bereit. Die Fahrzeuge sind über eine Zipcar-Plattform (Website, App) sowie telefonisch buchbar. Zipcar bietet neben Carsharing im städtischen Umfeld auch spezielle Angebote an Colleges und Universitätscampi sowie Flughäfen an. Neben dem stationsbasierten Sharingmodell wurde im Rahmen eines Pilotversuchs in Boston seit 2014 auch ein One-way-Reservierungsmodell mit 200 Kleinfahrzeugen getestet, das nachfolgend auch in Denver, Philadelphia und Los Angeles eingeführt werden soll (vgl. Zipcar, Inc. o. J.; Newsham 2015).

USA: weitere größere Anbieter

National:

- Blueindy (Flotte zu 100 % elektrisch; FreeFloating-Modell; nur in Indianapolis) https://www.blue-indy.com/

Auch international:

- Hertz 24/7 (Carsharing des Autovermieters Hertz, elektrisch und konventionell; stationsbasiert)
- car2go (Flotte in USA etwa zu 10 % elektrisch; FreeFloating)
- DriveNow (Flotte elektrisch und konventionell; FreeFloating)

Tokyo, Japan: Toyota Carsharing Tokyo – Carsharing mit elektrischen Ultrakompaktfahrzeugen

Im Rahmen des Toyota Carsharing-Projekts stehen seit Oktober 2015 30 ultrakompakte Elektrofahrzeuge zum Carsharing in Tokyo zur Verfügung. Die Fahrzeuge sind mit einer Breite von nur einem Meter und einer Länge von 2,40 m an die Mobilitätsbedingungen der Großstadt angepasst. Diese kompakte Abmessung des Fahrzeugs erlaubt auch ein leichteres Planen von Parkflächen und Ladestationen für die Carsharing-Fahrzeuge. In Kooperation mit dem Parkplatz-Betreiber und Mietwagen-Anbieter Park24 sind die Carsharing-Fahrzeuge an 30 Standorten in der Nähe öffentlicher Bahnstationen platziert. Carsharing-Nutzer können die Fahrzeuge an diesen Standorten ausleihen und die Nutzung an einem beliebigen dieser Orte beenden. Der Kooperationspartner stellt seine Internetplattform auch für die Reservierung der Fahrzeuge bereit (vgl. Toyota Deutschland GmbH 2015; Toyota Motor Corporation 2015).

Provinz Gauteng, Südafrika: Locomute Gauteng – Afrikas erstes Carsharing-Netzwerk

Der Carsharing-Anbieter Locomute bietet seit Juni 2015 in mehreren Regionen der Provinz Gauteng, wie Centurion, Manlyn, Hatfield, Morningside, Fourways und Waterfall 26 Kleinfahrzeuge an. Die Fahrzeuge werden über die Website oder App des Carsharing-Anbieters gebucht. Nach Abschluss der Fahrt können die Fahrzeuge an öffentlichen Parkplätzen oder in sogenannten LocoParks abgestellt werden, die an Flughäfen, Bahnhöfen und Einkaufzentren angebunden sind. Locomute ist das erste Carsharing-Netzwerk Afrikas. Nach dem Pilotprojekt in Gauteng ist langfristig geplant, das Angebot auch auf die Region Kapstadt und Durban auszuweiten (vgl. BusinessTech 2015; Locomute (Pty) Ltd. o. J.).

Paris, Frankreich: Autolib';

Das Carsharing-Angebot Autolib' wurde im Jahr 2011 in Paris gegründet. Das Projekt ist zurückzuführen auf eine Initiative des damaligen Bürgermeisters Bertrand Delanoë. In begrifflicher Anlehnung an das 2007 entstandene Fahrradverleihsystem Velib, wurde für das System Autolib'; in einer Ausschreibung der Stadt ein Anbieter für eine emissionsarme Carsharing-Flotte gesucht. Die

Wahl der Stadt fiel auf den Bolloré-Konzern. Das Carsharing-Angebot Autolib'; startete zunächst mit 250 Elektrofahrzeugen des Modells Bluecar. Mittlerweile finden sich in Paris sowie den umgebenden Kommunen in Ile-de-France über 3000 Carsharing-Fahrzeuge (vgl. Autolib'; Métropole 2015). Die Stellplätze der Carsharing-Fahrzeuge sowie die Ladestationen sind im ganzen Stadtgebiet verteilt. Die Registrierung als Carsharing-Nutzer erfolgt auf der Internetplattform des Anbieters oder an einem der sogenannten Kiosks im Stadtraum bzw. dem Showroom im Pariser Zentrum. Um das Carsharing zu nutzen, wird ein verfügbares Fahrzeug im Straßenraum mittels eines RFID-Systems entsperrt. Neben dieser spontanen Buchung ist eine Buchung des Carsharing im Voraus nur über eine Reservierung an einem der Kiosks oder der Hauptzentrale von Autolib'; möglich. Über die Website und App können jedoch kurzfristige Reservierungen getätigt werden, die 30 min gültig sind. Nach dem Ende der Fahrt werden die Fahrzeuge an einer beliebigen Station wieder zurückgegeben und an die Ladestation angeschlossen, die über GPS vom Fahrzeug aus lokalisiert werden kann (vgl. Autolib'; Métropole o. J.).

5.1 Akteure, Stakeholder

Der Einfluss, den Stakeholder (Anspruchsgruppen) auf eine Organisation potenziell haben bzw. tatsächlich ausüben, ist ebenso groß wie die Beeinflussbarkeit der Stakeholder durch die Organisation (vgl. Eberhardt 1998: 171, Müller-Stewens; Lechner 2011: 162 und Wilbers 2009: 353). Geht man von diesen Überlegungen aus und berücksichtigt die im Rahmen der vorliegenden Veröffentlichung empirisch gewonnenen Erkenntnisse (durch Interviews, Netzwerkaktivitäten und Workshops), so lassen sich für das Carsharing in Deutschland Stakeholder wie folgt definieren und gruppieren (s. Abb. 5.1; in Anlehnung an gängige Stakeholdermodelle, vgl. Wilbers 2009: 332).

5.1.1 (E-)Carsharing-Anbieter

In den letzten Jahren hat sich die Anbieter-Seite des Carsharing stark verändert. Zum einen sind neue Carsharing Systeme auf den Markt gekommen, zum anderen haben sich die Fahrzeugkonzepte verändert, insbesondere hinsichtlich der Entwicklung von Elektrofahrzeugen. Das Marktvolumen im Carsharing wird bis 2020 bei einem prognostiziertem Wachstum von 30 % pro Jahr auf über 5,6 Mrd. Euro anwachsen (vgl. Roland Berger Strategy Consultants 2014).

Carsharing war lange Zeit überwiegend ehrenamtlich organisiert und wird erst seit kurzem im Rahmen professioneller Organisationen mit entsprechenden Personal- und Kostenstrukturen geführt. Da die Kosten für Mitarbeiter einen wesentlichen Teil der Gesamtkostenstruktur eines (E-)Carsharing-Anbieters ausmachen, spielen Personalkosten gerade für kleinere Carsharing-Anbieter im ländlichen Raum eine entscheidende Rolle. Der Hauptanteil der im Rahmen der vorliegenden Veröffentlichung untersuchten Anbieter im ländlichen Raum können einen wirtschaftlichen bzw. kostendeckenden Betrieb von Carsharing nur über teilweise ehrenamtlich arbeitende Mitarbeiter gewährleisten (s. Kap. 6.).

© Springer Fachmedien Wiesbaden GmbH 2018   45
W. Rid et al., *Carsharing in Deutschland*, ATZ/MTZ-Fachbuch,
https://doi.org/10.1007/978-3-658-15906-1_5

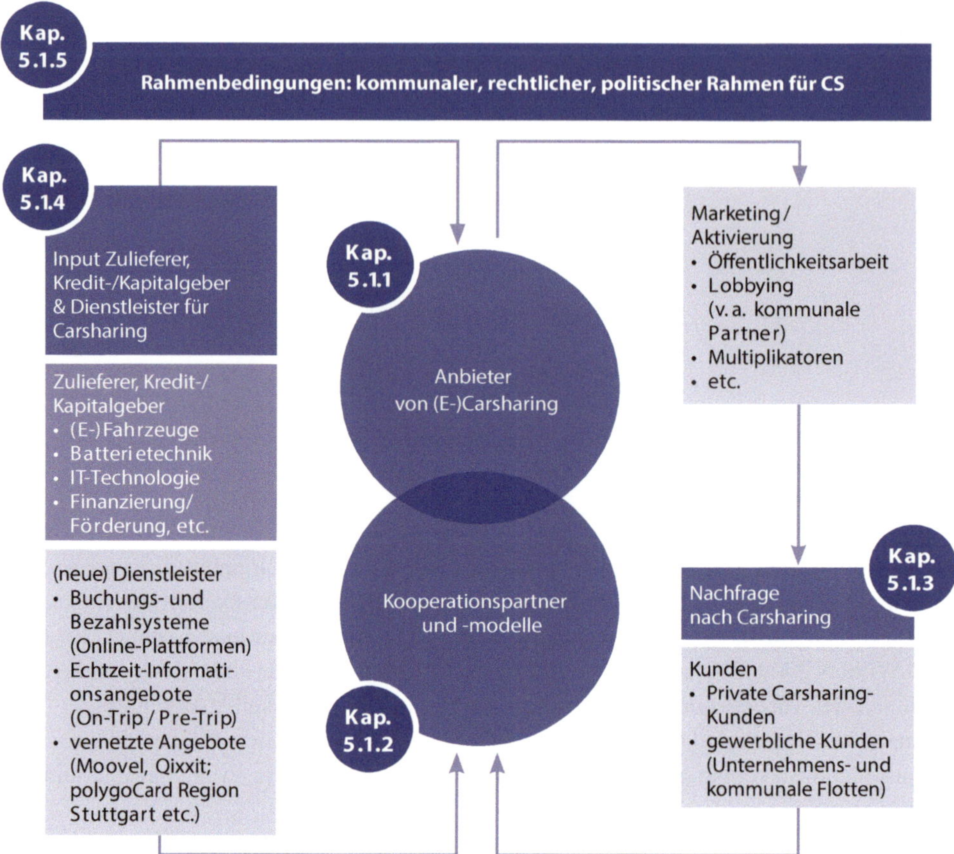

Abb. 5.1 Stakeholdermodell (E-)Carsharing. (Eigene Darstellung)

In der vorliegenden Veröffentlichung wurden aufgrund der hohen Marktdynamik eine eigene Strukturierung und Klassifizierung der Carsharing-Angebote in Deutschland erarbeitet, die in Abschn. 5.2 erläutert werden.

5.1.2 Kooperationen und neue Geschäftsmodelle

Im Zuge der Professionalisierung der (E-)Carsharing-Angebote werden ebenfalls erst in den letzten Jahren vermehrt Kooperationen zwischen lokalen Carsharing- und öffentlichen Verkehrsunternehmen beobachtet. Unter Kooperationen wird in der Regel eine Zusammenarbeit von Unternehmen oder Institutionen verstanden, bei denen die jeweiligen Kooperationspartner ihre rechtliche Selbständigkeit beibehalten (vgl. Gabler Wirtschaftslexikon: 252)[1]. Ein Beispiel für Kooperationen ist die Zusammenarbeit von ÖV- und Carsharing-Anbietern, da das Vorhandensein und die Qualität des öffentlichen Verkehrs ein wichtiger Erfolgsfaktor für Carsharing darstellt. Durch die Kooperation von ÖV- und Carsharing-Anbietern könnten die Mobilitätsalternativen insgesamt gestärkt werden und der Verzicht auf ein eigenes Auto wird unterstützt (vgl. Celsor & Millard-Ball 2007; vgl. Knie/Canzler 2005; Lichtenberg & Hanel 2007). In einer Untersuchung von Stillwater et al. (2009) steigt die Nutzungsintensität einer Carsharing-Station durch die Nähe zu einer Stadtbahnhaltestelle. Ziel der Kooperationen von Carsharing-Anbietern und ÖPNV-Anbietern ist es daher, gegenseitige Synergien zu schaffen, d. h. sowohl den ÖPNV-Kunden als auch den Carsharing-Kunden sich sinnvoll ergänzende Mobilitätsangebote in unmittelbarer räumlicher Nähe zueinander zu bieten (vgl. Voeth et al. 2015; s. auch Abschn. 6.1: Infobox Mobilitätsstationen). Durch die nutzerfreundliche Vernetzung des (E-)Carsharing-Angebots mit dem ÖPNV wird eine wirkungsvolle Alternative zum Privatfahrzeug-MIV angeboten.

In eher ländlich geprägten Regionen bzw. für kleinere (E-)Carsharing Anbieter sind Kooperationen insbesondere durch die insgesamt eher kleinteilige (E-)Carsharing-Anbieterlandschaft wichtig, um Interessen und Kräfte zu bündeln. Solche Synergien können beispielsweise durch Beschaffungsinitiativen mit anderen (E-)Carsharing-Anbietern geschaffen werden, um Verwaltungskosten zu senken und über Rahmenvertragsvereinbarungen mit Herstellern vergünstigte Konditionen zu erhalten. Um von solchen Synergien zu profitieren, haben sich beispielsweise einige Carsharing-Anbieter, die Mitglied im Bundesverband Carsharing e. V. sind und 20 Fahrzeuge oder weniger betreiben, zur informellen Interessensgemeinschaft „U-21" zusammengeschlossen, um Synergieeffekte zu schöpfen (vgl. Breindl 2015; s. Kap. 6).

Über informelle oder in Teilen vertraglich fixierte Kooperationen hinaus gehen Zusammenschlüsse von bestehenden Unternehmen oder Institutionen, bei denen die jeweiligen Kooperationspartner eine eigenständige Rechts- und Organisationsform gründen, um Synergien zu schöpfen und innovative Geschäftsmodelle im Bereich des (E-)Carsharing zu erproben. Diese Geschäftsmodelle werden insbesondere von OEMs, ÖV- und Bahn-Anbietern, Fluglinien und High-Tech-Unternehmen getrieben, d. h. vor allem von bereits am Mobilitätsmarkt etablierten Anbietern, erst in zweiter Linie von neuen start-ups (vgl. Roland Berger Strategy Consultants 2014). So haben sich Fahrzeughersteller und Mietwagenanbieter für gemeinsame (E-)Carhsaring-Angebote zusammengeschlossen: Die BMW Group betreibt gemeinsam mit Sixt SE das Joint Venture DriveNow GmbH & Co. KG. Die car2go GmbH ist ein Tochterunternehmen der Daimler AG, während die car2go Europe GmbH ein Joint Venture zwischen der car2go GmbH und Europcar ist. Die Deutsche Bahn AG betreibt über ihr Tochterunternehmen DB Dienstleistungen GmbH die DB Rent GmbH, von der das Carsharing-Angebot Flinkster betrieben wird. Etablierte ÖV-Anbieter,

---

[1] Der Begriff der „Kooperation" wird nicht einheitlich definiert. So rechnen beispielsweise Thommen/Achleitner (2010) auch solche Verbindungen zwischen Unternehmen den Kooperationen zu, die rechtliche Verbindungen beinhalten (vgl. Thommen/Achleitner 201: 92).

wie etwa die Stadtwerke München beteiligen sich an neuen Geschäftsmodellen mit über Mobilitätsstationen angebundenen Car- und Bike/Pedelec-Sharing Systemen. High-Tech-Unternehmen wie Siemens oder Infineon beteiligen sich an Carsharing in der eigenen Unternehmensflotte (s. auch Kap. 3: Infobox Infineon). Auch etablierte Wohnungsunternehmen gehen mit Carsharing-Anbietern Kooperationen ein, um beispielsweise Synergien im Bereich der Stellplatzablöse zu erzielen. Kleine, neue Unternehmen besetzen Nischen (z. B. dynamische Mitfahrgelegenheiten wie „flinc") oder erbringen Dienstleistungen zur Vernetzung unterschiedlicher Mobilitätsdienste (s. Abschn. 4.1.4).

5.1.3 Nachfrage nach (E-)Carsharing

Als „Konsumenten" eines (E-)Carsharing-Angebots sind die Kunden die wichtigsten Stakeholder. Dies gilt nicht nur für das Geschäftsmodell, sondern auch im Hinblick auf die Umweltwirkung des Carsharing: Ein positiver Umwelteffekt durch Carsharing tritt nur dann ein, wenn Kunden, die von einem eigenen Auto auf Carsharing umsteigen, seltener Auto fahren als vor ihrem Beitritt (vgl. Loose et al. 2006: 366). Beim Carsharing werden durch die Trennung von Autonutzung und Autobesitz aus Fixkosten variable Kosten. Dadurch wird ein Anreiz gesetzt, weniger Auto zu fahren, da die tatsächlichen Kosten für die Nutzung eines (Carsharing-)Autos von der tatsächlichen Nutzungsintensität abhängig sind. Nutzer werden dadurch offener für umweltfreundlichere Transportmodi wie Bus, Bahn und Fahrrad (vgl. ebd.: 365).

Die Nachfrage nach (E-)Carsharing unterliegt gesellschaftlichen Trends (vgl. Braun et al. 2016). Einerseits wird festgestellt, dass der Trend zum eigenen Auto und zum Führerschein derzeit gerade unter jungen Menschen und in städtischen Regionen in vielen Industrieländern langsam zurückgeht, (vgl. z. B. Eakins 2013; ifmo 2011; Rammler & Sauter-Servaes 2013). Andererseits werden auch veränderte Konsummuster beobachtet, die in den Wirtschaftswissenschaften unter dem Begriff der Commons (vgl. Ostrom 2011) sowie allgemein unter dem Schlagwort des „Nutzen statt Besitzen" beschrieben werden (vgl. z. B. Leismann et al. 2012). Zum Stichtag 01.01.2017 nutzten über 1.700.000 Autofahrer in Deutschland Carsharing-Angebote (vgl. bcs 2017).

Neben privaten Nutzern sind dies vermehrt auch Unternehmen und andere Institutionen, die Carsharing nutzen, um flexibel zu bleiben und ihren eigenen Fuhrpark ergänzen oder ggf. reduzieren zu können (z. B. Siemens, Lufthansa oder Infineon, s. auch Kap. 4).

Eine hohe bauliche und Einwohner-Dichte steigert ganz generell die Erreichbarkeit von Orten und Einrichtungen des täglichen Bedarfs (vgl. Follmer et al. 2008: 36). In der Folge induzieren Räume mit geringerer Dichte einen erhöhten Mobilitätsbedarf. Der Mobilitätsbedarf wird in ländlichen Räumen vor allem über privaten Pkw-Verkehr abgedeckt, die Verfügbarkeit von Pkw in privaten Haushalten ist in ländlichen Regionen entsprechend höher als in städtischen Regionen (vgl. Statistisches Bundesamt 2013b: 308). Obwohl in der Literatur auf einen positiven Zusammenhang zwischen dem Erfolg von bestehenden Carsharing-Systemen und der Bevölkerungsdichte hingewiesen wurde (vgl. Koch 2002: 36;

ähnl. Braun et al.), besteht auch in ländlichen Regionen eine hohe Bereitschaft, Carsharing Angebote zu nutzen: So kommen Wappelhorst et al. (2014) zu dem Ergebnis, dass die Akzeptanz für Carsharing in ländlichen Regionen genauso hoch ausgeprägt ist wie in städtischen Regionen (vgl. Wappelhorst et al.: 374).

Ko-Evolution der Nachfrage – Aktivierung von potenziellen durch aktive Nutzer: Epprecht et al. (2014) haben in einer empirischen Untersuchung festgestellt, dass sich die Einstellung von potenziellen Carsharing-Nutzern durch das Angebot selbst positiv verändert: durch die erhöhte Sichtbarkeit und Wahrnehmung des Carsharing im Mobilitätsalltag von Bekannten oder Freunden entwickelt sich im Sinne einer Ko-Evolution auch eine steigende Nachfrage durch die Aktivierung von bisherigen Nicht-Nutzern des Carsharing. Ähnliche Prozesse wurden in der Vergangenheit auch im Hinblick der Diffusion anderer innovativer Produkte und Dienstleistungen beobachtet (vgl. Schot & de la Bruheze 2003; Boschmann & Kwan 2008).

Marketing: Die Öffentlichkeit besteht in Teilen aus potenziellen Kunden eines bestimmten (E-)Carsharing-Angebots und in Teilen aus Personen, die aktive oder potenzielle Kunden beeinflussen. Daher ist auch die Öffentlichkeit ein wichtiger Stakeholder für (E-)Carsharing-Anbieter – jedoch weniger unmittelbar als die aktiven Nutzer selbst.

Daneben kommt Personen des öffentlichen Lebens eine wichtige Rolle als Multiplikatoren zu, die einen starken Einfluss auf die öffentliche Wahrnehmung des (E-)Carsharing ausüben. Multiplikatoren bemühen sich, der Öffentlichkeit das Prinzip von Carsharing und Elektromobilität zu vermitteln und sich gegebenenfalls auch als Promotoren für eine Verbreitung der Nutzung von (E-)Carsharing einzusetzen. Ein Beispiel stellt hier die Kampagne „Wir finden RUHRAUTOe gut!" im Rahmen des Projektes RUHRAUTOe dar, in der Personen des öffentlichen Lebens für die Nutzung des E-Carsharing im Ruhrgebiet warben (vgl. Reining et al. 2014, 107).

5.1.4 Input-Markt/Dienstleister

Unter dem Begriff Input-Markt/Zulieferer sind alle Akteure zusammengefasst, die weder dem Kundenkreis noch den Anbietern oder Kooperationspartnern selbst zuzuordnen sind, also in erster Linie Hersteller von wichtigen Komponenten wie (Elektro-)Fahrzeugen, Batterien, Carsharing-Software, aber auch Stromproduzenten, Netzbetreiber etc. Zu diesem Akteurskreis gehören auch die neuen Informations-Dienstleister, die sich entweder neu als start-up Unternehmen (z. B. Lyft) oder aus ursprünglichen Zuliefererbetrieben innovativer Technologien zu Anbietern von Mobilitätsdienstleistungen für Carsharing entwickelt haben.

Das Angebot des Input-Marktes beeinflusst stark die technischen Möglichkeiten des (E-)Carsharing-Angebots. Gleichzeitig wächst mit dem wachsenden (E-)Carsharing-Markt auch der Einfluss der (E-)Carsharing-Anbieter auf die Hersteller dieser Komponenten.

Zum Akteurskreis des Input-Marktes sind auch Akteure zu rechnen, die Carsharing finanzieren oder zu finanzieren helfen. Fördermittelgeber können Bund, Länder und Kommunen, aber auch weitere Institutionen sein. So bietet etwa auch die kfw-Bank im Rahmen ihres Umweltprogramms (Nr. 240/241) zinsgünstige Kredite an, u. a. für die Anschaffung von gewerblich genutzten rein elektrischen Fahrzeugen und Plug-in-Hybriden sowie für die Einrichtung von Ladestationen (vgl. KfW o.J.).

5.1.5 Rahmenbedingungen

Kommunen: Für (E-)Carsharing-Anbieter ist die Unterstützung durch die Kommunalverwaltung essenziell, da wichtige Entscheidungen zu Schlüsselthemen wie Stellplätze und Ladeinfrastruktur auf öffentlichem Grund nur mit Zustimmung der Kommune getroffen werden können. So haben aktuell zahlreiche Städte wie etwa München, Berlin und Weimar, kommunale Lösungen geschaffen, um Stellplätze im öffentlichen Straßenraum für die in der jeweiligen Kommune aktiven Carsharing-Anbieter zu schaffen. Neben der Schaffung rechtlicher Rahmenbedingungen spielen Kommunen auch als Multiplikatoren bei der Nutzeraktivierung eine entscheidende Rolle (s. auch Kap. 6) und fördern (E-)Carsharing-Projekte teilweise auch finanziell.

Bund und Länder: Neben den Kommunen schaffen auch Bund und Länder einen Teil der rechtlichen Rahmenbedingungen für (E-)Carsharing-Anbieter. So wird derzeit beispielsweise auf Bundesebene ein Carsharing-Gesetz ausgearbeitet, das u. a. den Behörden vor Ort die Ausweisung von Parkflächen für Carsharing-Fahrzeuge auf einer einheitlichen Rechtsgrundlage ermöglichen soll und damit den rechtlichen Spielraum für unterstützende Maßnahmen für Carsharing durch Kommunalverwaltungen erweitert (vgl. BMVI 2017; s. Abschn. 6.1.3). Daneben fungieren Bund und Länder auch mittels verschiedener Förderprogramme als Kapitalgeber für (E-)Carsharing-Anbieter (siehe hierzu beispielsweise die Übersicht über die Elektromobilitätsförderung des Bundes: http://www.foerderinfo.bund. de/elektromobilitaet bzw. für die Unterstützung kommunaler Elektromobilitätskonzepte unter Berücksichtigung von E-Carsharing: http://www.bmvi.de/SharedDocs/DE/Artikel/ G/foerderrichtlinie-elektromobilitaet.html; Abrufdatum 10.01.2016).

Studien zur Nutzerakzeptanz von Carsharing (Auswahl)
Bundeministerium für Verkehr und digitale Infrastruktur (BMVI) (Hg.):

Elektromobile Sharing-Angebote: Wer nutzt sie und wie werden sie bewertet?

- Bearbeitet durch Fraunhofer-Institut für System- und Innovationsforschung ISI
- *Zentrale Aussagen:*
  - Viele E-Sharing-Nutzer haben zuvor bereits seit längerem herkömmliche Sharing-Systeme genutzt und stellen somit keine „neuen" Kunden dar.

- Die Nutzung von Elektrofahrzeugen stellt für die E-Sharing-Nutzer eine geringere Einschränkung ihrer Unabhängigkeit und Flexibilität dar. Das bedeutet für E-Pkw, dass elektromobile Sharing-Nutzer Einstellungen zeigen, die für die Akzeptanz von Elektrofahrzeugen – mit ihrer im Vergleich zu konventionellen Pkw reduzierten Reichweite und längerer Ladedauer – von Vorteil sein können.
- E-Sharing-Angebote sollten auf die Bedürfnisse von jüngeren bis mittelalten Personen zugeschnitten sein, die die Sharing-Systeme entweder als Ersatz des eigenen Pkw oder als Ergänzung nutzen.
- In den untersuchten E-Carsharing-Systemen standen neben Elektro- häufig auch konventionelle Pkw zur Verfügung; die elektrischen Fahrzeuge werden jedoch von den Nutzern bevorzugt genutzt.
- Bericht unter https://www.now-gmbh.de/de/service/publikationen

AIM Carsharing-Barometer Vol. III – Schwerpunkt: Carsharing-Kunden

- Herausgeber: AIM – Automotive Institute for Management, EBS Business School
- Basierend auf einer Befragung von mehreren Hundert Carsharing-Kunden
- *Zentrale Ergebnisse:*
  - Hohe Nutzungsintensität: 28 % der Carsharing-Nutzer sind bei mehr als einem Anbieter registriert
  - FreeFloating-Carsharing-Nutzer nutzen Carsharing häufiger als Nutzer von stationsgebundenem Carsharing, allerdings für deutlich kürzere Buchungszeiträume
  - Der Pkw-Besitz unter Carsharing-Nutzern liegt mit 27 % deutlich niedriger als der der gesamtdeutschen Bevölkerung (81 %).
  - 23,5 % der Carsharing-Nutzer haben seit ihrem Carsharing-Beitritt einen Privat-Pkw verkauft – in erster Linie Nutzer von stationsgebundenem Carsharing
  - Auszug online verfügbar unter https://www.ebs.edu/fileadmin/redakteur/ funkt.dept.marketing/Concardis/CS%203%20-%20Nutzer%20-%20Auszug. pdf, zuletzt geprüft am 23.12.2015.

EVA-CS: Evaluation der neuen flexiblen Carsharing-Angebote in München

- Laufzeit: 2012–2015
- Projektpartner: team red GmbH, TU Dresden, Omnitrend
- im Auftrag der Landeshauptstadt München
- Inhalt: Analysen zum Mobilitätsverhalten und u. a. Pkw-Besitz

- *Zentrale Ergebnisse:*
  - Carsharing führt in München zu einer deutlichen Reduktion des Gesamtfahrzeugbestands
  - Die Nutzung von Carsharing führt in München zu einer Reduktion der mit Pkw zurückgelegten Weglängen und Wegstrecken, vor allem in Haushalten, die die Zahl ihrer Privat-Pkw reduziert haben.
  - Methodik: Neu- und Bestandskundenbefragung, bevölkerungsrepräsentative Befragung, explorative Einzelinterviews
  - Endbericht verfügbar unter http://www.ris-muenchen.de/RII/RII/DOK/ SITZUNGSVORLAGE/3885730.pdf, zuletzt geprüft am 21.01.2016

Kundenbefragung des Bundesverband Carsharing e. V. (bcs) und infas: Entlastungseffekte des stationsbasierten Carsharing auf die Reduzierung der Fahrzeugzahl in verschiedenen Städten

- Ergebnisse des bcs-Projektes „CarSharing im innerstädtischen Raum – eine Wirkungsanalyse"; Befragung durch das infas im Herbst 2015
- Inhalt: Entlastungswirkung moderner Carsharing-Angebote in Quartieren mit urbaner Bevölkerungs- und Siedlungsstruktur; Veränderung des Autobesitzes durch den Eintritt ins Carsharing
- *Zentrale Ergebnisse:*
  - Carsharing-Angebote verringern den Autobestand in den Haushalten und stabilisieren ein autofreies Leben.
  - Carsharing-Kunden leben vor Eintritt ins Carsharing bereits überwiegend in autofreien Haushalten. Haushalte mit verfügbarem Pkw schaffen während der Carsharing-Teilnahme oftmals weitere private Pkw ab.
  - In den untersuchten Großstädten kann ein Carsharing-Fahrzeug zwischen 8 und 20 private Pkw ersetzen; in kleineren Gemeinden ersetzt Carsharing bis zu 8 Pkw (vor allem den Zweit-Pkw).
  - Die Carsharing-Teilnahme führt bei früheren Privat-Pkw-Nutzern zu einer häufigere Nutzung der Verkehrsmittel des Umweltverbundes.
  - Abschlussbericht verfügbar unter: https://carsharing.de/sites/default/files/ uploads/alles_ueber_carsharing/pdf/endbericht_bcs-eigenprojekt_final.pdf, zuletzt geprüft am 29.03.2017

share: Wissenschaftliche Begleitforschung von car2go mit batterieelektrischen und konventionellen Fahrzeugen

- Laufzeit: 2012–2016
- Projektpartner: Öko-Institut, Institut für sozial-ökol. Forschung (ISOE); gefördert von BMU

- Inhalt: kurz- und langfristiges Verkehrsverhalten, Pkw-Ausstattung, Quantifizierung der Umwelteffekte und Untersuchungen zur Attraktivität und Akzeptanz; Methodik: Panelerhebungen (Pilot- und Kontrollgruppe), Fokusgruppengespräche
- *Zentrale Zwischenergebnisse:*
  - Flexibles Carsharing wird überwiegend von jungen, höher gebildeten Personen in Großstädten mit hoher Affinität für IKT-Systeme genutzt.
  - Die elektrische Version des flexiblen Carsharing wird als genauso flexibel und praktisch erlebt wie die konventionelle. Allerdings gilt sie in der Wahrnehmung der Nutzer/innen als umweltfreundlicher.
  - Carsharing-Nutzer/innen sind im Vergleich zum Durchschnitt multimodaler und verbinden Carsharing häufig mit dem ÖPNV.
  - Laufendes Projekt. Halbzeitpräsentation abrufbar unter http://www.oeko.de/oekodoc/2052/2014-629-de.pdf, zuletzt geprüft am 21.01.2016

WiMobil: Wirkung von E-Carsharing Systemen auf Mobilität und Umwelt in urbanen Räumen

- Laufzeit: 2012–2015
- Projektpartner: BMW AG, DB Rent GmbH, DLR, Universität der Bundeswehr München, Senat Berlin, Senatsverwaltung für Stadtentwicklung und Umwelt Landeshauptstadt München, Kreisverwaltungsreferat
- gefördert vom BMU
- Inhalt: Identifikation und Quantifizierung der Mobilitäts-, Verkehrs- und Umweltwirkungen von (E-)Carsharing Systemen
- *Zentrale Ergebnisse:*
  - 75 % der Fahrten mit FreeFloating-Fahrzeugen ist kürzer als 10 km, während die Fahrten mit Fahrzeugen des stationsgebundenem Carsharing in Berlin durchschnittlich 58,9 km lang sind, in München 85,1 km.
  - 49 % (DriveNow) bzw. 34 % (flinkster) der Carsharing-Kunden haben bereits Erfahrungen mit Elektrofahrzeugen im Carsharing gesammelt. Nutzungshemmnisse bezüglich Elektrofahrzeugen im Carsharing bestehen nach einer Befragung dieser Nutzer kaum. Dass nicht noch mehr Nutzer Elektrofahrzeuge genutzt haben, liegt in erster Linie an der mangelnden Verfügbarkeit.
  - Methodik: CS-Backend-Datenauswertung, Mobilitätstracking, Nutzerbefragung
  - Abschlusspräsentation verfügbar unter http://www.erneuerbar-mobil.de/de/projekte/foerderung-von-vorhaben-im-bereich-der-elektromobilitaet-ab-2012/ermittlung-der-umwelt-und-klimafaktoren-der-elektromobilitaet/20151014_WiMobil_Abschluss.pdf, zuletzt geprüft am 21.01.2016

5.2 Systematik für die Charakterisierung von (E-)Carsharing-Angeboten

5.2.1 Charakterisierung von (E-)Carsharing-Angeboten – Überblick

Einleitend (s. Kap. 1) wurden bereits die wesentlichen Unterschiede aufgeführt, die (E-)Carsharing-Angebote von klassischen Angeboten für die Fahrzeugmiete unterscheiden. Doch auch (E-)Carsharing-Angebote können sehr unterschiedlich gestaltet sein. In der Regel wird nach dem Kriterium des Standortbezugs in stationsgebundenes Carsharing (auch „klassisches Carsharing", „stationsbasiertes Carsharing", „stationäres Carsharing" oder „Carsharing fix", z. B. flinkster, Move About, cambio) und FreeFloating-Carsharing (auch „stationsungebundenes Carsharing", „flexibles Carsharing", „Carsharing flex", z. B. car2go, DriveNow, multicity) unterschieden (vgl. bcs 2015b: 5 ff).

Beim stationsgebundenen Carsharing werden die Fahrzeuge in der Regel vor der Nutzung für einen bestimmten Zeitraum reserviert. Bei Beginn des reservierten Zeitraums können sie an einer Station entliehen und bis zum Ende des Buchungszeitraums an derselben Station wieder abgestellt werden. Carsharing-Stationen sind für das Carsharing-Angebot vom Anbieter privat oder im öffentlichen Straßenraum angemietete Stellplätze, die bei E-Carsharing-Angeboten i. d. R. mit einer Lademöglichkeit ausgestattet sind. Bei manchen Angeboten des stationsgebundenen Carsharing ist es für den Nutzer auch möglich, das Fahrzeug an einer Station zu buchen und abzuholen und am Ende des Buchungszeitraums an einer anderen Station desselben Anbieters wieder abzustellen (stationsgebundenes One-Way-Carsharing).

Beim FreeFloating-Carsharing gibt es dagegen keine feste Abholungs- und Rückgabestationen. Die Fahrzeuge können spontan auf öffentlichen Parkplätzen in einem vom Anbieter festgelegten Geschäftsgebiet angemietet und abgestellt werden. Eine längerfristige Reservierung ist normalerweise nicht notwendig und teilweise auch nicht möglich. Gebühren für gebührenpflichtige Parkplätze innerhalb des Geschäftsgebiets des Anbieters sind i. d. R. im Mietpreis enthalten (vgl. Senatsverwaltung für Stadtentwicklung und Umwelt Berlin: 5).

Bei wieder anderen Carsharing-Angeboten werden teilweise individuell vereinbarte Übergabeorte vereinbart – v. a. bei privaten so genannten Peer-to-peer-Angeboten (P2P) wie z. B. der P2P-Plattform von tamyca. P2P-Angebote basieren auf dem Prinzip, dass Privatpersonen als Carsharing-Anbieter fungieren, indem sie ihre Fahrzeuge anderen Personen zur Verfügung stellen. Beim Carsharing-Angebot von citeecar (Berlin) übernehmen einzelne registrierte Mitglieder die Rolle eines „Host" und sind in dieser Rolle für ein Auto und dessen Stellplatz verantwortlich. Der „Host" muss gewährleisten, dass für das Fahrzeug in der Regel ein Stellplatz auf privatem oder öffentlichem Grund verfügbar ist. Gegebenenfalls muss er sich hierfür um einen Anwohnerparkausweis kümmern. Im Ge-

Kriterium / Ausprägungen

Kriterium	Ausprägungen					
Räumliche Ausdehnung des Angebotes	international	national	über-regional	regional	lokal	Nachbarschaft; Areale von Wohngebäuden
Angebotsraum: Siedlungsstruktureller Raumtyp (nach BBSR)	städtische Region	Region mit Verstädterungsansätzen		ländliche Region		
Angebotsraum: Kommunengröße (nach Destatis)	Kleinstadt/Landgemeinde (< 20.000 Einwohner)	Mittelstadt (20.000–100.000 Einwohner)		Großstadt (> 100.000 Einwohner)		
Standorte	Anzahl, Name(n) der Kommune(n)					
Stationen (nur bei stationsgebundenem Carsharing)	Anzahl, ggf. Anzahl je Standort/Kommune, Ausstattung: Ladeinfrastruktur, Anzahl Stellplätze, angebotene Fahrzeuge: siehe Kriterium „Fahrzeugsegmente nach KBA"					
Standortbezug	stationsgebunden (klassisch: eine Station)	stationsgebunden (one way, zwei Stationen)		arealgebunden (ein Areal, z. B. Quartier)		
Standortbezug	arealgebunden (one way, zwei Areale)	Free Floating		wechselnder Übergabeort (z. B. bei P2P Private (E-)Carsharing)		

Parken (nach Reinke 2012):

	öffentlicher Raum	halböffentlicher Raum	privater Raum
frei zugänglich (ohne zeitliche Beschränkung)	öffentlicher Straßenraum	z. B. Bahnhofsvorplatz	
frei zugänglich (mit zeitlicher Beschränkung)	öffentlicher Straßenraum	z. B. Supermarktparkplatz, Tankstellen	
für bestimmte Nutzergruppen zugänglich	z.B. Parkplätze für Lieferanten, Behinderte, Polizei, Feuerwehr, Carsharing-Fahrzeuge	z. B. Parkgaragen, Hotels	z. B. Firmenparkplätze
Einzelzugang	z.B. an bestimmte Fahrzeuge/Kennzeichen gebundene Parkerlaubnis		privater Stellplatz (z. B. Garage, Carport)

Kriterium / Ausprägungen

Kriterium	Ausprägungen					
Anzahl der konventionellen und der E-Fahrzeuge nach KBA-Fahrzeugsegmenten	jeweils Anzahl konventionelle und Anzahl E-Fahrzeuge:	Mini	Klein-wagen	Kompaktklasse	Mittelklasse	Obere Mittelklasse	Oberklasse
		SUV	Geländewagen	Sportwagen	Mini-Van	Großraum-Van	Utility
Angebotene Mobilitätsmodi	MIV	E-Bike/Pedelec		ÖPNV		
Art der Organisation Beispiele	Carsharing-Unternehmen (Kerngeschäft (E-)Carsharing)	sonstiges Unternehmen (Carsharing als Teilgeschäft)		Landkreis		
Art der Organisation Beispiele	Kommune	ÖPNV-Anbieter (Mobilitätsverbund, Stadtwerke o.ä.)		Wohnungsbau-Unternehmen/Genossenschaft		
Art der Organisation Beispiele	Tourismusverband	Bürger-Verein		Nicht institutionalisiertes Private (E-) Carsharing (P2P)	Fahrzeug-Gebiets-Hersteller-körperschaft	
Rechtsform Beispiele	Einzelunternehmen	Personengesellschaft (z. B. GbR, OHG, KG)		Kapitalgesellschaft (z. B. AG, GmbH)		
Rechtsform Beispiele	Mischformen (z. B. GmbH & Co. KG, AG & Co. KG)	Eigenbetrieb	e. V.	Stiftung	Gebiets-körperschaft	
Kooperation mit ÖPNV-Anbieter	ja (ÖPNV-Anbieter-Name(n), Art der Kooperation)		nein			
Sonstige Kooperationen	ja (Kooperationspartner-Name(n), Art der Kooperation)		nein			
Personal	Zahl der Mitarbeiter bzw. Anzahl der mit dem Carsharing-Angebot verbundenen Stellen					
Nutzergruppe	offen	geschlossen (z. B Corporate Carsharing: Unternehmen; Wohnanlagenbewohner; Neubürger-Service-Angebot; Serviceangebot des Einzelhandels für Kunden; Ersatzfahrzeuge von Kfz-Werkstätten)				

Abb. 5.2 Charakterisierung von (E-)Carsharing-Angeboten – Kriterien und deren Ausprägungen. (Eigene Darstellung; Quellen: BBSR 2015; FHE/SI 2015a; imove 2014: 20 ff; Reinke 2012; Senatsverwaltung für Stadtentwicklung und Umwelt Berlin 2015)

genzug erhält er Vergünstigungen bei der Nutzung des Fahrzeugs (vgl. Senatsverwaltung für Stadtentwicklung und Umwelt Berlin, S. 10; citeecar o.J.).[2]

Wieder andere Angebote erlauben arealgebundenes Carsharing. Dabei können die Fahrzeuge innerhalb eines eng umgrenzten Areals, einem bestimmten Straßenzug, Quartier o. ä. an einem beliebigen freien Stellplatz abgestellt werden. Carsharing-Angebote lassen sich also bezüglich des Standortes auch über die gängige Unterscheidung in stationsbasierte und FreeFloating-Angebote hinaus differenzieren. Da aber die Stationsbindung das prägnanteste Unterscheidungskriterium zwischen unterschiedlichen Carsharing-Angeboten darstellt, konzentrieren sich Differenzierungen zwischen verschiedenen Anbietern auch in der vorliegenden Veröffentlichung in erster Linie darauf.

Daneben gibt es eine Reihe weiterer Merkmale, nach denen die vielschichtigen Carsharing-Angebote in Deutschland unterschieden werden können, z. B. die Rechtsform oder der Abrechnungsmodus. Da diese zusätzlichen Unterscheidungskriterien wichtige Informationen zur Beurteilung von Geschäftsmodellen und der Wirtschaftlichkeit von (E-)Carsharing bieten, sollen Sie im Folgenden detaillierter erläutert werden. Indem jedem Carsharing-Anbieter in der hier ausgearbeiteten Datenbank die jeweils zutreffenden Ausprägungen der einzelnen Kriterien zugeordnet werden, wird der Blick auch auf Unterschiede abseits der Unterscheidung Veröffentlichung/FreeFloating gerichtet.

Grundlage für die Erstellung der Systematik für die Charakterisierung von E-Carsharing-Angeboten (vgl. Abb. 5.2) bildet eine zwischen Juni und Oktober 2015 von FHE/SI durchgeführte detaillierte Bestandsaufnahme der derzeitigen (E-)Carsharing-Anbieter in Deutschland (s. Abschn. 5.3). Ergänzend wurden Erkenntnisse aus anderen Studien und Quellen sowie die Ergebnisse des von FHE und SI im Sommer 2015 durchgeführten Carsharing-Experten-Workshops berücksichtigt (vgl. BBSR 2015; FHE/SI 2015a; imove 2014: 20 ff; Reinke 2012; Senatsverwaltung für Stadtentwicklung und Umwelt Berlin 2015; Wuppertal Institut 2007: 37). Der folgende Text erläutert die Darstellung in Abb. 5.2.

5.2.2 Charakterisierung von (E-)Carsharing-Angeboten – Kriterien

5.2.2.1 Räumliche Ausdehnung des Angebotes

Bezüglich der räumlichen Ausdehnung des (E-)Carsharing-Angebotes kann ein internationales Angebot von einem (flächendeckend) nationalen, einem überregionalen, einem regionalen, einem lokalen und einem Angebot auf Quartiers-Ebene unterschieden. Die räumliche Ausdehnung bezieht sich dabei auf die Stationen bzw. Stellplätze der Sharing-Fahrzeuge. Ein typisches Beispiel für einen internationalen Anbieter ist z. B. car2go mit Angeboten neben Deutschland auch in Dänemark, Italien, Kanada, den Niederlanden, Österreich, Schweden, Spanien und den USA. Ein (annähernd) flächendeckendes natio-

---

[2] Das Angebot von citeecar bestand aufgrund eines laufenden Insolvenzantragsverfahrens vorerst nur bis zum 24.01.2016, Stand: 11.02.2016 (vgl. citeecar o.J.).

nales Angebot besteht z. B. von flinkster (DB Rent GmbH) mit einem Angebotsraum, der über 50 bis auf einzelne Ausnahmen deutsche Städte umfasst. Beispiel für ein überregionales Angebot ist beispielsweise cambio mit mehreren Standorten im Norden und Westen Deutschlands. Das Angebot der Mehrzahl kleinerer Carsharing-Anbieter ist auf bestimmte Regionen oder Kommunen beschränkt (s. Abb. 5.2).

5.2.2.2   Angebotsraum – Siedlungsstruktureller Raumtyp und Kommunengröße

Einer Einteilung des Bundesinstituts für Bau-, Stadt- und Raumforschung BBSR zufolge lassen sich die Landkreise und kreisfreien Städte in Deutschland städtischen Regionen, Regionen mit Verstädterungsansätzen oder ländlichen Regionen zuordnen (vgl. BBSR 2015). Je nachdem in welchen Landkreisen bzw. in welchen kreisfreien Städten ein (E-)Carsharing-Angebot existiert, lässt sich dieses Angebot einer, zwei oder allen drei siedlungsstrukturellen Raumtypen zuordnen. Dasselbe gilt für die Größe(n) der Kommune(n) des Angebotsraumes, denen Daten des Statistischen Bundesamtes zugrunde liegen (vgl. Statistisches Bundesamt 2013a; s. Abb. 5.2).

5.2.2.3   Standorte, Stationen

Die Anzahl und Namen der Kommunen (Standorte), in denen ein Angebot existiert, gibt Aufschluss über dessen genaue räumliche Verteilung. Dasselbe gilt im Falle stationsbasierten Carsharing auch für die Anzahl und Ausstattung der Carsharing-Stationen (s. Abb. 5.2).

5.2.2.4   Standortbezug

Der Standortbezug wurde bereits als das Kriterium angesprochen, nach dem Carsharing-Angebote am häufigsten unterschieden werden. Neben dem stationsgebundenen (wahlweise One-Way) und dem FreeFloating-Carsharing kann nach arealgebundenem Carsharing (Rückgabe im selben Areal oder als One-Way-Angebot Rückgabe in einem anderen Areal) sowie der Regelung frei zu vereinbarender Fahrzeug-Übergabeorte beim P2P-Carsharing unterschieden werden. Dabei entspricht das FreeFloating-Carsharing im Wesentlichen einem arealgebundenen Carsharing auf einem räumlich deutlich größeren Areal (z. B. weite Teile oder das gesamte Gebiet einer Stadt) (s. Abb. 5.2).

5.2.2.5   Parken

Nach Reinke (2012) lassen sich die Parkmöglichkeiten für Carsharing-Fahrzeuge grundsätzlich nach zwei Dimensionen unterscheiden: einerseits nach den Eigentumsverhältnissen (öffentlicher und privater Raum) sowie andererseits nach der Zugangsberechtigung: Sowohl im öffentlichen als auch im hier vom privaten Raum getrennt betrachteten „halböffentlichen Raum" gibt es ohne oder mit zeitlicher Beschränkung frei zugängliche Parkplätze.[3] Ohne zeitliche Beschränkung frei zugänglich sind z. B. Teile des öffentlich ge-

---

[3] Nach Reinke 2012 in der Arbeitsgruppe „Diskriminierungsfreier Zugang" der Modellregionen Elektromobilität des BMVBS erarbeitete Definition: Halböffentliche Flächen sind (beschränkt oder

widmeten Straßenraums sowie „halböffentliche Räume" wie z. B. Bahnhofsvorplätze. Mit zeitlicher Beschränkung frei zugänglich sind z. B. Parkplätze im öffentlichen Straßenraum, auf denen Parken lediglich nachts und an Wochenenden gestattet ist (vgl. Reinke 2012: 5; s. Abb. 5.2).

5.2.2.6 Anzahl der konventionellen und der E-Fahrzeuge

Die Zusammensetzung der konventionell betriebenen Flotte sowie der E-Fahrzeug-Flotte eines Carsharing-Angebots (Mini, Kleinwagen, Utility etc.; s. Abb. 5.2) lässt sich anhand der Einteilung der Fahrzeugsegmente des Kraftfahrt-Bundesamtes bestimmen (vgl. KBA 2015).

5.2.2.7 Angebotene Mobilitätsmodi

Einige Carsharing-Anbieter bieten neben Pkw auch E-Bikes/Pedelecs zum Sharing an (z. B. Move About; vgl. Spiekermann 2015). Daneben gibt es auch ÖPNV-Anbieter, die ihr Angebot um Carsharing erweitert haben und von daher nun ÖPNV und Carsharing aus einer Hand anbieten. Daher ist unter dem Kriterium der angebotenen Mobilitätsmodi zwischen dem motorisierten Individualverkehr (MIV), E-Bikes/Pedelecs sowie dem ÖPNV zu unterscheiden (s. Abb. 5.2).

5.2.2.8 Art der Organisation

Die in Abb. 5.2 gelisteten Ausprägungen der Organisationsart sind das Ergebnis der umfangreichen Carsharing-Anbieter-Recherche, die FHE/SI 2015 durchgeführt haben (vgl. FHE/SI 2015b). Die meisten der recherchierten Carsharing-Anbieter entsprechen einer dieser Organisationsformen. Nachdem die Organisationsform anders als die Rechtsform jedoch kein Kriterium ist, das an feste rechtliche Vorgaben geknüpft ist, wären hier auch andere Einteilungen denkbar. Hier wird unterschieden nach Carsharing-Unternehmen, deren Kerngeschäft das (E-)Carsharing ist (z. B. alle klassischen Carsharing-Anbieter wie cambio, moveabout oder Stadtmobil), sonstigen Unternehmen (z. B. Autohäuser, die auch Fahrzeuge zum Carsharing anbieten), Landkreisen, Kommunen, ÖPNV-Anbietern, Wohnungsbau-Unternehmen bzw. -Genossenschaften, Tourismusverbänden (z. B. Hochschwarzwald Tourismus GmbH, s. Kap. 7), Bürger-Vereinen sowie nicht institutionalisierten P2P-Carsharing-Projekten und Fahrzeug-Herstellern (wobei Letztere ihr Carsharing-Angebot in der Regel über rechtlich eigenständige Carsharing-Anbieter anbieten, siehe BMW und Drive Now bzw. Daimler und car2go) (s. Abb. 5.2).

---

unbeschränkt öffentlich zugängliche) Areale, die weder eine straßenrechtliche Widmung als öffentliche Verkehrsflächen aufweisen noch – ohne gewidmet zu sein – Teil einer Anlage zu Zwecken des öffentlichen Personenverkehrs oder einer Anlage der öffentlichen Daseinsvorsorge sind. Nach Reinke sind dieser Definition folgend z. B. Bahnhofsvorplätze, Supermarktparkplätze oder Parkgaragen halböffentliche Flächen.

5.2.2.9   Rechtsform

Auch bei den Rechtsformen berücksichtigt die getroffene (unvollständige) Auswahl alle Formen, die bei Carsharing-Anbietern gemäß der Carsharing-Anbieter-Recherche von FHE/SI 2015 derzeit in der Praxis vorkommen (s. Abschn. 5.3). Daneben ist eine Auswahl weiterer gängiger Rechtsformen gelistet, die jedoch nicht alle theoretisch möglichen Rechtsformen beinhaltet (s. Abb. 5.2).

5.2.2.10   Kooperation mit ÖPNV-Anbieter, sonstige Kooperationen

Viele Carsharing-Angebote werden zwar nicht direkt von einem ÖPNV-Anbieter selbst als Erweiterung seiner Angebotspalette betrieben. Häufig besteht aber dennoch eine Kooperation mit einem ÖPNV-Anbieter (s. Kap. 4). Daneben gibt es auch zahlreiche Beispiele für Kooperationen mit anderen Organisationen, z. B. mit anderen Carsharing-Anbietern, um z. B. über die Öffnung der Nutzerkreise das Nutzerpotenzial für beide zu steigern (z. B. flinkster/DB Rent GmbH und teilauto; s. Abb. 5.2; s. Kap. 6).

5.2.2.11   Personal

Die Zahl und das Beschäftigungsverhältnis der Mitarbeiter sind von Anbieter zu Anbieter stark unterschiedlich. So beschäftigen z. B. aus ehrenamtlichem Engagement heraus gegründete Vereine in der Regel ehrenamtliche Mitarbeiter oder Mini-Jobber (z. B. Vaterstettener Autoteiler e. V., vgl. Breindl 2015), während größere Anbieter in der Regel fest Angestellte beschäftigen (s. Abb. 5.2).

5.2.2.12   Nutzergruppe

In eine offene Nutzergruppe kann grundsätzlich jeder aufgenommen werden, der die Allgemeinen Geschäftsbedingungen akzeptiert und die darin festgehaltenen Nutzungsvoraussetzungen erfüllt (z. B. bestimmtes Mindestalter, Führerschein, teils Zahlung einer einmaligen Aufnahmegebühr). Geschlossene Nutzergruppen sind hingegen nur für bestimmte Nutzerkreise zugänglich, z. B. Mitarbeiter eines Corporate-Carsharing-Kunden oder Bewohner einer Wohnanlage, deren Betreiber mit dem Carsharing-Anbieter kooperiert und als Teil dieser Kooperation vom Carsharing-Anbieter eine bestimmte Anzahl von dessen Fahrzeugen für die Bewohner reserviert.

> ▶ Besondere Konditionen sind teilweise speziell für Neubürger erhältlich, z. B. in Lübeck, wo Neubürger ein dreimonatiges Testangebot des lokalen Carsharing-Anbieters StattAuto nutzen können und 25 % Rabatt auf die Aufnahmegebühr erhalten (vgl. Stadtverkehr Lübeck o.J.).

5.2.2.13   Nutzungszeitraum

Der Nutzungszeitraum kann unbeschränkt oder beschränkt sein. So werden Fahrzeuge, die ein Carsharing-Anbieter über Corporate Carsharing für die Nutzung durch eine Organisation reserviert, in der Regel nur werktags für diese Organisation vorgehalten. An den Wochenenden bzw. außerhalb der regulären Arbeitszeiten der Organisation wird die Nutzergruppe dann für die Allgemeinheit geöffnet (vgl. BMVI 2015a: 130).

5.2.2.14   Abrechnungsmodus

Die Abrechnung erfolgt in der Regel nach Zeit- und/oder Streckeneinheiten. Eine Sonderform der Kombination dieser beiden Abrechnungsmodi stellt die Abrechnung nach Zeiteinheiten mit Kilometerbegrenzung dar. Das heißt, dass eine bestimmte Anzahl an Kilometern im Zeittarif enthalten ist, während alle darüber hinaus gehenden Kilometer zusätzlich abgerechnet werden Daneben kann eine Grundgebühr erhoben werden. Es besteht aber auch die Möglichkeit, Flatrate-Tarife (Abo-Tarife) anzubieten, bei denen lediglich eine Pauschale anfällt. Neben diesen laufenden Nutzungsgebühren kann eine einmalige Registrierungsgebühr erhoben werden. Einige Anbieter, die selbst, im selben Konzern oder in assoziierten Unternehmen andere Dienstleistungen anbieten, bieten Vergünstigungen z. B. auf die Registrierungsgebühr an, so z. B. flinkster (DB Rent GmbH), wo die Registrierungsgebühr von 50 € für Bahncard-Inhaber entfällt (vgl. DB AG 2015). Dasselbe gilt für die Kooperation vieler Carsharing-Anbietern mit lokalen ÖPNV-Anbietern: bei ÖPNV-Abokunden verzichten die Carsharing-Anbieter auf die Registrierungsgebühr (z. B. Move About, vgl. Spiekermann 2015; s. Abschn. 5.3; s. Abb. 5.2).

5.2.2.15   Finanzierungsoptionen für den Kunden

Neben dem Wegfall der Registrierungsgebühr werden für Carsharing-Kunden von unterschiedlichen Anbietern verschiedene weitere preisliche Anreize angeboten, die häufig im Zusammenhang mit der Verknüpfung zu anderen Dienstleistungen dieser oder assoziierter Anbieter stehen. Ein Beispiel ist ein Single-Ticketing-Verbund mit dem lokalen ÖPNV-Anbieter. Der Kunde profitiert dabei nicht nur von der Barrierefreiheit zwischen den verschiedenen Mobilitätsangeboten (ÖPNV und Carsharing), sondern teilweise auch von Preisvorteilen, die über den Wegfall der Registrierungsgebühr hinausgehen. Denkbar sind außerdem Carsharing-Angebote, bei denen für umweltverträgliche Fahrweise Öko-Punkte vergeben werden, die mindernd auf den Carsharing-Preis angerechnet werden sowie der Tausch der Carsharing-Nutzung gegen andere Dienstleistungen (vgl. FHE/SI 2015a; s. Abb. 5.2).

> ▶ In Halle und Leipzig erhalten Abo-Kunden des MDV (Mitteldeutscher Verkehrsverbund GmbH) beim Carsharing-Anbieter teilauto neben dem Erlass der Registrierungsgebühr eine Reduktion von monatlich 4 € auf den regulären Abo-Preis von 9 €. Umgekehrt erhalten auch teilauto-Kunden den selben Rabatt auf ein ÖPNV-Abo. Diese und weitere Informationen und Beispiele zur Kooperation von Carsharing-Anbietern mit ÖPNV-Anbietern finden sich auf der Homepage des bcs – Bundesverband Carsharing e. V. (vgl. bcs o.J.a).

5.2.2.16   Finanzierungsoptionen für den Anbieter

Neben der Finanzierung über die Tarife sowie Möglichkeiten zur Aufwandsreduzierung wie z. B. die Nutzung von Synergien mit anderen Anbietern (z. B. bei der Fahrzeugbeschaffung) bestehen für Carsharing-Anbieter weitere Finanzierungsmöglichkeiten beispielsweise in der Inanspruchnahme von Fördermitteln oder durch Sponsoring (s. Kap. 6; s. Abb. 5.2).

5.2.2.17   Barrierefreiheit des Angebots

Mit zunehmender Bedeutung des (E-)Carsharing und zunehmender Differenzierung des Marktes gewinnt auch der Aspekt der Barrierefreiheit der (E-)Carsharing-Angebote an Bedeutung, da die Vernetzung der einzelnen Carsharing-Angebote untereinander sowie mit anderen Verkehrsträgern für den Erfolg des (E-)Carsharing insgesamt von zentraler Bedeutung ist. Die Möglichkeiten der Vernetzung mit ÖPNV-Anbietern und mit anderen Carsharing-Anbietern wurden bereits verschiedentlich erläutert. Verkehrsträgerübergreifenden Mobilitätsbudgets, mit denen sowohl Carsharing- als auch ÖPNV-Fahrten bezahlt werden können, existieren bereits, z. B. in Hannover (vgl. Röhrleef 2012b: 93 ff). Speziell beim E-Carsharing kommt über die bei Carsharing-Angeboten mit konventionellen Fahrzeugen mögliche Vernetzung hinaus noch das Lade-Roaming hinzu (möglichst viele Anbieter umfassende einheitlich nutzbare Ladetechnik und Abbuchung). International agierende Anbieter bauen zwischenzeitlich auch ursprünglich bestehende Barrieren zwischen den nationalen Angeboten ab, so z. B. car2go, wo Kunden die Fahrzeuge über Daimlers Mobilitäts-App „Moovel" nun in allen Ländern buchen können, in denen das Angebot besteht (vgl. Carsharing-experten.de 2014; s. Abb. 5.2).

5.2.2.18   Buchungsformen (s. auch Abschn. 5.3)

Einige, aber nicht mehr alle Carsharing-Anbieter bieten die traditionellen Buchungsformen wie die Buchung am Schalter oder per Anruf an. Wie auch die Fahrzeugbuchung per Mail finden diese Buchungsformen heute in erster Linie noch bei kleineren, weniger kommerziell ausgerichteten Anbietern Anwendung, deren Carsharing-Angebot eher lokal organisiert ist, jedoch nicht auf einer der P2P-Carsharing-Plattformen (z. B. tamyca) aufbaut. Häufig kennen sich Kunde und Anbieter dabei persönlich (z. B. Carsharing-Community des Lebensgarten Steyerberg, vgl. Holtzmeyer & Koller 2015). Vor allem bei größeren Anbietern ist dagegen die Buchung per Internet und zunehmend auch per App Standard. FreeFloating-Fahrzeuge können häufig auch ohne Vorab-Buchung automatisch mit dem Öffnen des Fahrzeugs gebucht werden (z. B. bei car2go, DriveNow, Multicity, flow>k Osnabrück). Eine besondere Form der Buchung wird beim belgischen Carsharing-Anbieter Autopia angeboten: da es eines der erklärten Ziele von Autopia ist, auch soziale Randgruppen wie Behinderte zu erreichen, ist dort auch eine Fahrzeugbuchung durch Sozialarbeiter möglich (vgl. FHE/SI 2015a; Matthijs 2015; s. Abb. 5.2).

5.2.2.19   Zielsetzung/Motiv

Ob ein (E-)Carsharing-Angebot als „erfolgreich" eingestuft werden kann, hängt von der Zielsetzung von (E-)Carsharing-Anbietern ab: Gerade bei Angeboten mit Elektrofahrzeugen steht die Erwirtschaftung von Gewinnen derzeit in der Regel noch nicht im Mittelpunkt. Hier ist das Ziel ein zumindest selbst tragendes Angebot. Dass dies erreichbar ist, zeigen Ergebnisse von Forschungsprojekten sowie aus der Carsharing-Praxis (vgl. Breindl 2014: 73; Fraunhofer IAO 2015; s. Kap. 6).

5.3 Anbieter

Nachdem eine grundsätzliche Systematik für Carsharing-Angebote in Deutschland ausgearbeitet wurde (vgl. Abschn. 5.2), werden im Folgenden dieser Systematik die aktuellen Carsharing-Angebote in Deutschland und insbesondere die aktuellen E-Carsharing-Angebote in Deutschland gegenübergestellt. Übersichten zu den Angeboten einzelner (E-)Carsharing-Organisationen finden sich in Kap. 4. Genauere Informationen zu allen E-Carsharing-Anbietern, zu denen in ausreichendem Umfang Daten erhoben werden konnten befinden sich im Kap. 7 in Form von Steckbriefen.

5.3.1 Methodik und Grunddaten

5.3.1.1 Datengrundlage

Wenn nicht anders angegeben, bildet eine zwischen Juni und Oktober 2015 von FHE/SI durchgeführte detaillierte Bestandsaufnahme der derzeitigen (E-)Carsharing-Anbieter in Deutschland die Grundlage für die im Folgenden vorgestellten Daten (zur Methodik s. Kap. 3). Außerdem berücksichtigt wurden Erkenntnisse aus anderen Studien und Quellen, sowie die Ergebnisse des von FHE/SI im Sommer 2015 durchgeführten Experten-Workshops sowie der von FHE/SI im Sommer 2015 durchgeführten Leitfaden-Interviews mit Vertretern von (E-)Carsharing-Anbietern und Kommunalvertretern (vgl. imove 2014: 20 ff; bcs 2015c, bcs 2015d; FHE/SI 2015a; Interviews von FHE/SI, siehe „Eigene Quellen" im Literaturverzeichnis).[4]

5.3.1.2 Marktwachstumspotenzial

Das Marktwachstumspotenzial für Carsharing-Systeme zeigen unter anderem Studien des Öko-Instituts (2004), des Wuppertal-Instituts (2007), von Maertins (2006) und des Bundesverbandes Carsharing (2015d) auf: Sowohl die Nutzerzahlen, als auch die Anzahl der verfügbaren Carsharing-Fahrzeuge steigen seit Jahren an. Zum 01.01.2015 waren 1.040.000 Fahrberechtigte bei deutschen Carsharing-Anbietern gemeldet (vgl. bcs 2015b: 2 ff). Das Nutzerpotenzial für Carsharing in Deutschland wird unter Zuhilfenahme von Kriterien wie dem Führerscheinbesitz und der Pkw-Verfügbarkeit sowie subjektiver Kriterien, wie dem Interesse am Carsharing und der Einstellung gegenüber motorisiertem Individualverkehr aufgezeigt. Die Anzahl an Städten und Gemeinden, in denen stationsbasiertes Carsharing angeboten wird, hat sich bis zum 01. Januar 2015 gegenüber 2014 auf über 490 Kommunen mehr als verdoppelt. Während sich die stationsunabhängigen Car-

---

[4] Anders als bei klassischen kommerziellen Carsharing-Anbietern werden zum Beispiel Corporate-Carsharing-Angebote von Flottendienstleistern oder Autohäusern sowie Carsharing-Angebote privater Initiativen sowie kleiner Vereine oder Personengesellschaften teilweise nicht aktiv kommuniziert, sodass diese Angebote nur soweit berücksichtigt werden konnten als sich ausreichend Informationen zu ihnen erheben ließen. So konnten zu 110 Anbietern in Deutschland in einem für die Analyse geeigneten Umfang Daten erhoben werden.

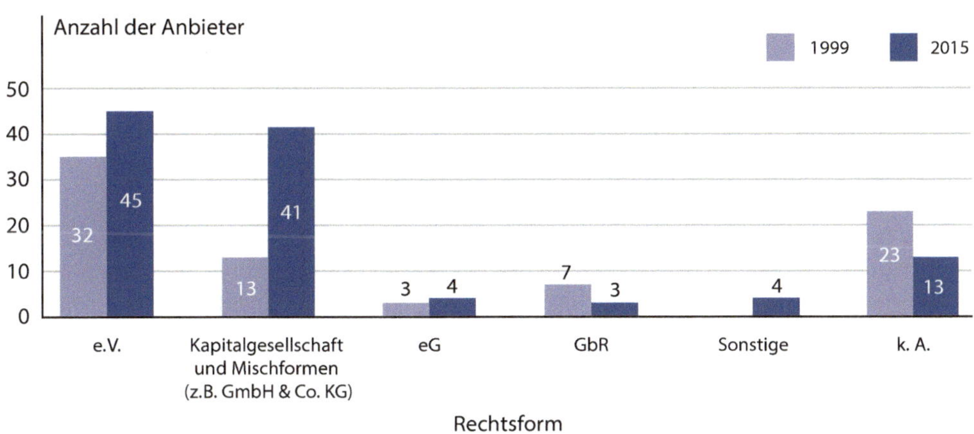

Abb. 5.3 Anzahl und Rechtsformen der E-Carsharing-Angebote 1999 und 2015 im Vergleich. $n = 110$. (Quelle: FHE/SI 2015b)

sharing-Angebote auf 13 Großstädte beschränken, werden stationsbasierte Carsharing-Angebote sehr viel häufiger angeboten. Stationsbasiertem Carsharing wird hierbei vom Bundesverband Carsharing (bcs) ein weiterhin hohes Wachstumspotenzial zugeschrieben, wohingegen die Prognosen zur Verbreitung von FreeFloating-Carsharing verhaltener sind. Der bcs geht hier eher von einer Konsolidierung der bereits bestehenden Angebote an ihren gegenwärtigen Standorten aus (vgl. bcs 2015b: 4 ff).

5.3.1.3 Anzahl und Rechtsformen der Carsharing-Angebote

Gemäß bcs gab es in Deutschland zum 01.01.2015 als Stichtag der Studie 150 Anbieter stationsgebundenen Carsharing und vier FreeFloating-Anbieter (vgl. bcs 2015d).[5] Die Daten von 110 dieser Carsharing-Anbieter konnten für die Analyse, die den folgenden Darstellungen zugrunde liegt, ermittelt werden. Neben den Carsharing-Anbietern gibt es in Deutschland mehrere Anbieter von P2P-Carsharing-Plattformen ohne eigene Fahrzeuge. Hinzu kommt eine wachsende Zahl an Bikesharing-Anbietern.

Die meisten der Carsharing-Anbieter, zu denen Daten erhoben werden konnten, sind aktuell als eingetragener Verein (45) oder als Kapitalgesellschaft bzw. Mischform organisiert (41, mehrheitlich GmbHs). Vier Anbieter sind als eG bzw. als Gebietskörperschaft oder kommunalem Eigenbetrieb organisiert, drei als GbR (vgl. FHE/SI 2015b, vgl. Abb. 5.3).

Nach einer Erhebung aus dem Jahr 1999 bestanden damals 78 Carsharing-Organisationen. 32 davon bestanden als eingetragene Vereine, 13 als Kapitalgesellschaft bzw.

---

[5] Die tatsächliche Zahl der Carsharing-Anbieter in Deutschland liegt höher, da der bcs nach eigener Aussage in seiner Erhebung Anbieter nicht berücksichtigt, die Carsharing nur im Rahmen eines temporären Förderprojektes betreiben oder zwar offiziell ein Carsharing-Angebot betreiben, ihre Fahrzeuge aber faktisch geschlossenen Nutzergruppen zur Miete anbieten.

Mischform (davon zwölf GmbHs) (vgl. IZT 2000: 12). Der Vergleich der Verteilung der aktuellen Angebote mit der Verteilung aus dem Jahr 1999 macht deutlich, dass eine Professionalisierung der Branche stattgefunden hat, da seit 1999 vor allem die Zahl der GmbHs unter den Carsharing-Anbietern deutlich gestiegen ist. Allerdings gilt es die relativ große Anzahl von Angeboten zu berücksichtigen, zu denen keine Angaben ermittelt werden konnten (1999: 23, 2015: 13).

Betrachtet man eingetragene Vereine als Carsharing-Anbieter ohne Gewinnerzielungsabsicht und den Rest der Carsharing-Anbieter als Anbieter mit Gewinnerzielungsabsicht, so ergibt sich eine Anzahl von 45 Anbietern ohne Gewinnerzielungsabsicht. Das entspricht einem Anteil von 37 % an den Anbietern, zu denen Daten erhoben werden konnten.

Anzahl der Fahrzeuge im stationsbasierten und im FreeFloating-Carsharing
9000 Carsharing-Fahrzeuge werden im stationsbasierten Carsharing eingesetzt, 6400 Fahrzeug im FreeFloating-Carsharing (vgl. bcs 2015b: 3).

Anzahl der Elektrofahrzeuge im Carsharing insgesamt
In Deutschland ist aktuell etwa jedes zehnte Carsharing-Fahrzeug batteriebetrieben: Laut Bundesverband Carsharing gab es zum Stichtag 01.01.2015 in Deutschland 15.400 Carsharing-Fahrzeuge (vgl. bcs 2015d). Davon waren 1561 E-Carsharing-Fahrzeuge, von denen rund 950 in FreeFloating-Angeboten der herstellergebundenen FreeFloating-Anbieter eingesetzt wurden. 245 E-Fahrzeuge waren in den Flotten kleinerer Anbieter stationsgebundenen Carsharing im Einsatz, weitere 366 wurden von nicht herstellergebundenen Anbietern eingesetzt, die ausschließlich E-Fahrzeuge einsetzen (vgl. Media-Manufaktur o.J.).

5.3.2 Detailauswertungen

Im Folgenden werden mit Hilfe statistischer Auswertungen der in der vorliegenden Studie erarbeiteten Datenbank Zusammenhänge zwischen verschiedenen Kriterien dargestellt und erläutert, z. B. der Zusammenhang zwischen der Flottengröße der Carsharing-Anbieter und der Anzahl der angebotenen E-Fahrzeuge.

5.3.2.1 Anzahl der Elektrofahrzeuge pro Carsharing-Anbieter nach Flottengröße

Die Mehrheit der Carsharing-Anbieter, deren Daten der vorliegenden Analyse zugrunde liegen, nämlich 66 von 101 (65 %) bietet keine Elektrofahrzeuge zur Nutzung an, während die restlichen 35 Anbieter auch oder ausschließlich Elektrofahrzeuge in ihrer Flotte betreiben: Insgesamt 21 Anbieter bieten zwischen einem und fünf Elektrofahrzeuge an, fünf Anbieter bieten zwischen sechs und 20 Elektrofahrzeuge an, vier Anbieter zwischen 21 und 100 Elektrofahrzeuge. Fünf Anbieter bieten mehr als 100 Elektrofahrzeuge an (vgl. FHE/SI 2015b; s. Abb. 5.4).

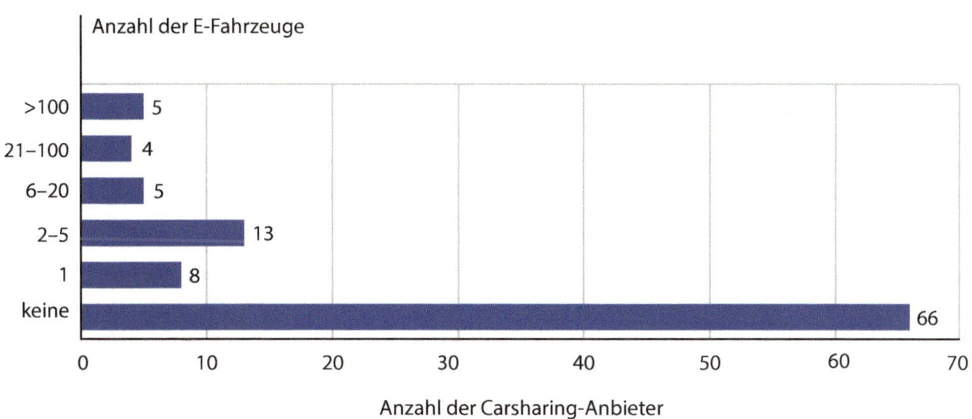

Abb. 5.4 Anzahl der Elektrofahrzeuge pro Carsharing-Anbieter. $n = 101$. (Quelle: FHE/SI 2015b)

E-Carsharing-Anbieter mit mehr als fünf Elektrofahrzeugen sind in der großen Mehrheit als Kapitalgesellschaften organisiert. Nur bei den Anbietern mit ein bis fünf Elektrofahrzeugen gibt es eine ebenso große Anzahl eingetragener Vereine, die Elektrofahrzeuge anbieten (vgl. FHE/SI 2015b).

Betrachtet man eingetragene Vereine als E-Carsharing-Anbieter ohne Gewinnerzielungsabsicht, so haben 29 % der E-Carsharing-Anbieter keine Gewinnerzielungsabsicht.

Dieser Anteil liegt niedriger als bei der Gesamtheit der Carsharing-Anbieter (Anbieter mit und ohne E-Fahrzeuge: 41 % von ihnen sind als Verein organisiert, s. u.: Anzahl und Rechtsformen der Carsharing-Angebote). Obwohl ein E-Carsharing-Angebot gegenwärtig nur schwer wirtschaftlich darstellbar ist (s. Kap. 6), verfolgen Anbieter, die auch oder ausschließlich Elektrofahrzeuge betreiben, also tendenziell eher kommerzielle Ziele als Anbieter, in deren Flotten sich keine Elektrofahrzeuge befinden. Dies lässt sich in erster Linie dadurch begründen, dass viele Anbieter ohne Gewinnerzielungsabsicht (in erster Linie Vereine und private Initiativen) ohnehin nicht mit den notwendigen Ressourcen ausgestattet sind, um Elektrofahrzeuge in ihr Angebot zu integrieren (vgl. Breindl 2015).

5.3.2.2 Zusammenhang zwischen der Flottengröße und dem Angebot von Elektrofahrzeugen

Es besteht ein unmittelbarer Zusammenhang zwischen der Flottengröße von Carsharing-Anbietern und der Tatsache, ob diese Anbieter Elektrofahrzeuge betreiben:

Zehn Carsharing-Anbieter haben ein Fahrzeug, weitere 18 haben eine Flottengröße von zwei bis fünf Fahrzeugen. Die Flotten von drei der insgesamt zehn Anbieter mit einem Fahrzeug (30 %) bzw. die Flotten von vier der insgesamt 28 Anbieter mit zwei bis fünf Fahrzeugen (14 %) beinhalten auch oder ausschließlich Elektrofahrzeuge. 29 Carsharing-Anbieter betreiben ein Angebot mit sechs bis 20 Fahrzeugen. Die Flotten von zehn dieser 29 Anbieter (34 %) beinhalten auch oder ausschließlich Elektrofahrzeuge. Von zehn

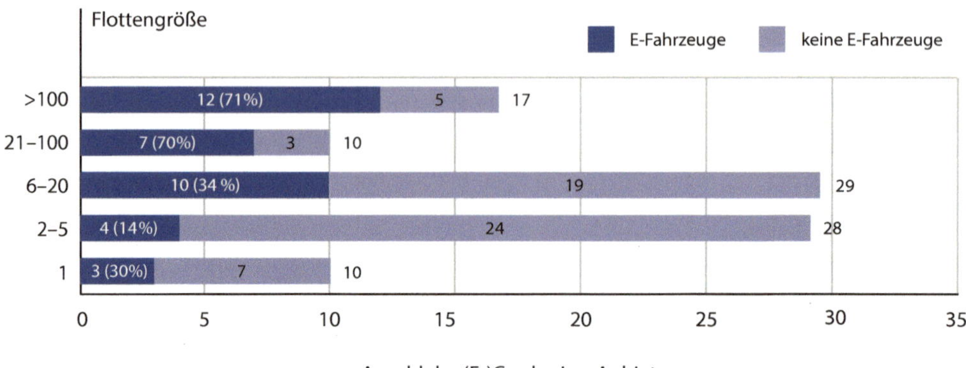

Abb. 5.5 Zusammenhang zwischen der Flottengröße und dem Angebot von E-Fahrzeugen. $n = 94$. (Quelle: FHE/SI 2015b)

Carsharing-Anbietern wird ein Angebot mit 21 bis 100 Fahrzeugen betrieben, wobei die Flotten von drei dieser zehn Anbieter (70 %) auch oder ausschließlich Elektrofahrzeuge beinhalten. Von den insgesamt 17 Carsharing-Anbietern mit einer Flottengröße von über 100 Fahrzeugen betreiben zwölf (71 %) auch oder ausschließlich Elektrofahrzeuge.

Zusammenfassend stehen vergleichsweise vielen Carsharing-Anbietern mit kleinen Flotten eine geringere Anzahl von Anbietern mit mittelgroßen und eine noch geringere Anzahl von Anbietern mit großen Flotten gegenüber. Der Anteil der Elektrofahrzeuge in der Flotte liegt dabei umso höher, je größer die Flotte ist (vgl. FHE/SI 2015b; s. Abb. 5.5).

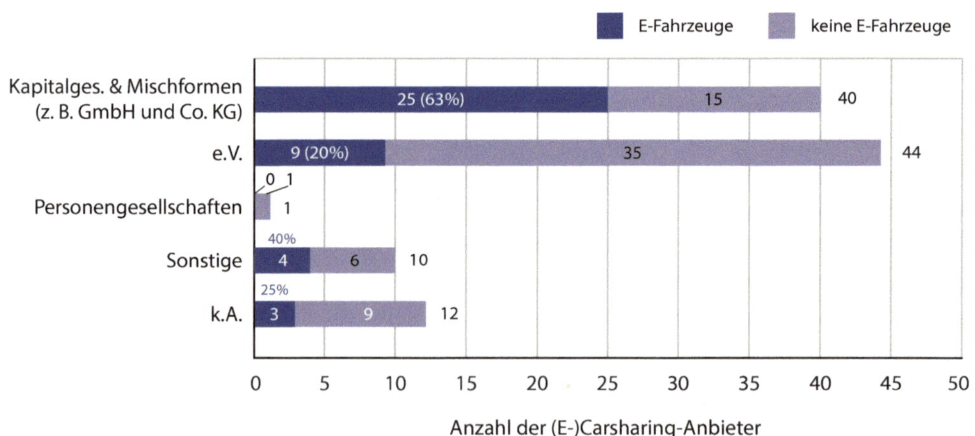

Abb. 5.6 Zusammenhang zwischen dem Angebot von E-Fahrzeugen und der Rechtsform der Anbieter. $n = 107$. (Quelle: FHE/SI 2015b)

5.3.2.3 Angebot von Elektrofahrzeugen in Abhängigkeit von der Rechtsform

Elektrofahrzeuge werden in erster Linie von Carsharing-Anbietern eingesetzt, die als Kapitalgesellschaft oder als Mischform (z. B. GmbH & Co. KG) organisiert sind: 25 von 40 dieser Anbieter (63 %) haben auch oder ausschließlich Elektrofahrzeuge im Angebot. Von den 44 eingetragenen Vereinen, die Carsharing anbieten, bieten dagegen lediglich neun (20 %) auch oder ausschließlich Elektrofahrzeuge zum Sharing an. Als Personengesellschaft organisierte Carsharing-Anbieter setzen keine Elektrofahrzeuge ein. Insgesamt bieten 41 von 107 Carsharing-Anbietern (38 %) auch oder ausschließlich Elektrofahrzeuge an (vgl. FHE/SI 2015b; s. Abb. 5.6).

5.3.2.4 Anzahl der Carsharing-Angebote und der E-Carsharing-Angebote im städtischen, verstädterten und ländlichen Raum

Carsharing-Angebote mit Elektrofahrzeugen bestehen in erster Linie in städtischen Regionen und in Regionen mit Verstädterungsansätzen: Während in städtischen Regionen 22 von 50 dort aktiven Carsharing-Anbietern (44 %) Elektrofahrzeuge anbieten, sind es in Regionen mit Verstädterungsansätzen 24 von insgesamt 46 dort aktiven Carsharing-Anbietern (52 %), in ländlichen Regionen dagegen nur 13 von 37 (35 %) (s. Abb. 5.7; vgl. FHE/SI 2015b).

Diesen Zusammenhang zwischen der Verteilung von (E-)Carsharing-Angeboten und dem Raumtyp bestätigt auch die Analyse des Zusammenhangs zwischen Kommunengröße und (E-)Carsharing-Angeboten: In Großstädten ist der Anteil von Anbietern mit E-Fahrzeugen am höchsten (57 %). In Mittelstädten bieten 41 % der dort aktiven Carsharing-Anbieter Elektrofahrzeuge an, in Kleinstädten und Landgemeinden dagegen nur 37 % (vgl. FHE/SI 2015b).

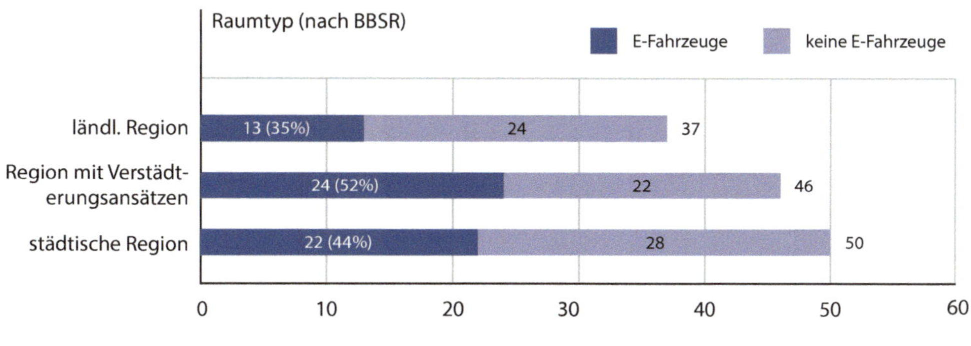

Abb. 5.7 Anzahl der Carsharing-Angebote und der E-Carsharing-Angebote im städtischen, verstädterten und ländlichen Raum. $n = 110$, ein Anbieter kann in mehreren Regionen zugleich tätig sein, daher höhere Anzahl der Gesamtnennungen. (Quelle: FHE/SI 2015b)

Dabei besteht ein deutlicher Zusammenhang zwischen der Rechtsform und dem Raumtyp[6] der Region des Carsharing-Angebots. So bestehen Carsharing-Angebote von Kapitalgesellschaften überwiegend in städtischen Räumen. Diese Verteilung unterstreicht die Aussage zahlreicher Carsharing-Betreiber, dass ein Carsharing-Angebot in städtischen Räumen durch die größere Dichte potenzieller Kunden grundsätzlich deutlich wirtschaftlicher ist als auf dem Land (vgl. u. a. Breindl 2015; Weiß 2015). Eingetragene Vereine sind etwa ebenso häufig in städtischen, in verstädterten sowie in ländlichen Räumen aktiv (s. Abb. 5.8). Während einige Kapitalgesellschaften und Mischformen in zwei oder allen drei dieser Raumtypen gleichzeitig aktiv sind, besteht das Angebot der Vereine in der Regel nur in einem Raumtyp. Dies ist in erster Linie dadurch bedingt, dass Vereine in der Regel nur in einem einzigen, räumlich eng begrenzten Raum tätig sind, während einige der Kapitalgesellschaften überregional oder sogar bundesweit operieren. Insgesamt sind 15 % der Carsharing-Anbieter in mehr als einem Raumtyp gleichzeitig aktiv. Diesen Zusammenhang zwischen der Rechtsform und dem Raumtyp der Region des Carsharing-Angebots bestätigt auch die Analyse des Zusammenhangs zwischen der Rechtsform und der Größe der Kommunen, in denen die Carsharing-Angebote bestehen (vgl. FHE/SI 2015b).

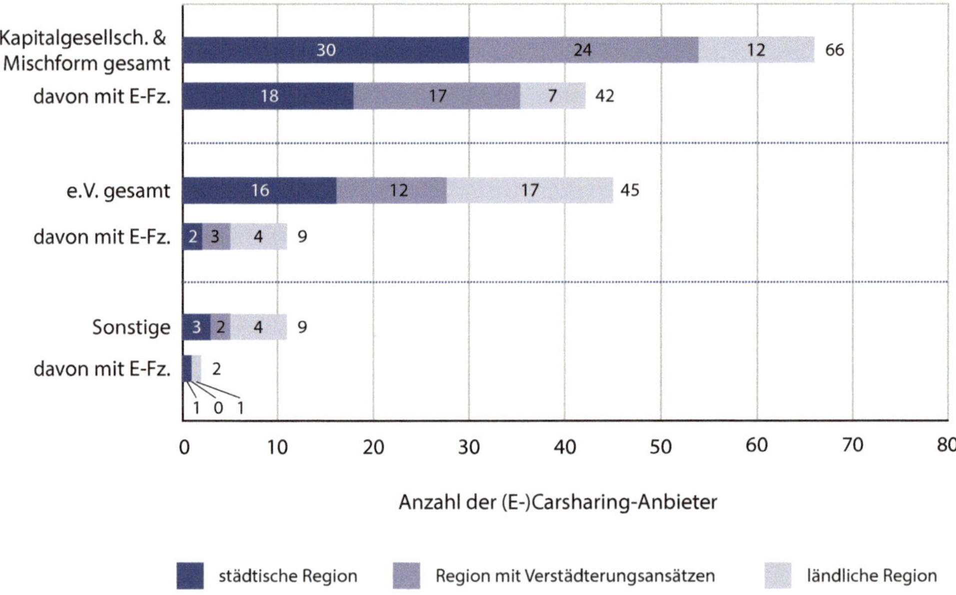

Abb. 5.8 Anzahl der Carsharing-Angebote und der Carsharing-Angebote mit Elektrofahrzeugen im städtischen, verstädterten und ländlichen Raum (nach Rechtsform). $n = 110$. (Quelle: FHE/SI 2015b)

---

[6] Raumtypen gemäß BBSR (vgl. BBSR 2015)

Ähnlich sieht das Bild aus, wenn lediglich die Carsharing-Angebote mit Elektrofahrzeugen betrachtet werden. Allerdings liegt der Schwerpunkt hier vor allem bei den als Kapitalgesellschaften und Mischformen organisierten Angeboten noch stärker auf dem städtischen Raum: Während es im städtischen Raum 18 E-Carsharing-Angebote von Kapitalgesellschaften und Mischformen gibt, sind es im verstädterten Raum 17 und im ländlichen Raum lediglich sieben (vgl. FHE/SI 2015b; s. Abb. 5.8[7]).

Fazit: Je ländlicher die Region und je kleiner die Kommune, desto weniger gewinnorientierte (E-)Carsharing-Angebote gibt es.

5.3.2.5 Ausdehnung des Angebotsraums von E-Carsharing-Anbieter

Die E-Carsharing-Anbieter agieren in Deutschland am häufigsten lokal und regional (jeweils 14). International agieren drei Anbieter, national zwei Anbieter, überregional sechs Anbieter und in lediglich einem räumlich eng umgrenzten Areal (z. B. Nachbarschaft, Quartier, Firmengelände) zwei Anbieter (s. Abb. 5.9)[8]. Bei Letzteren liegt in der Regel eine geschlossene Nutzergruppe (Bewohner oder Mitarbeiter) vor, so beispielsweise bei Corporate-E-Carsharing-Angeboten und bei mit Wohnbau kombiniertem E-Carsharing (vgl. FHE/SI 2015b).

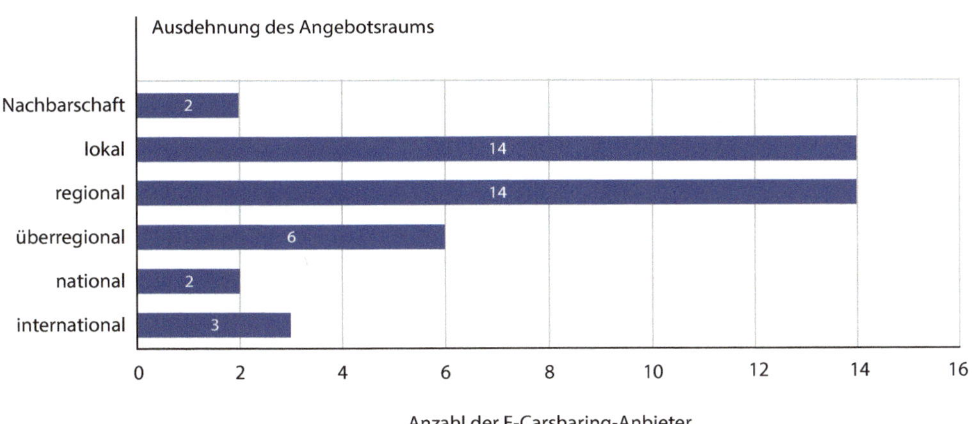

Abb. 5.9 Ausdehnung des Angebotsraums von E-Carsharing-Anbietern. $n = 41$. (Quelle: FHE/SI 2015b)

[7] Da einige (E-)Carsharing-Angebote nicht nur in einem sondern in zwei oder mehr Landkreisen unterschiedlichen Raumtyps bestehen, liegt die Gesamtzahl, die sich aus dem Diagramm ergibt, höher als die Anzahl der 110 (E)-Carsharing-Angebote, auf der das Diagramm beruht.

[8] Überregional und national aktive Anbieter werden getrennt benannt, da das Angebot von flinkster beispielsweise (neben einzelnen Angeboten im Ausland) in allen Regionen Deutschlands verfügbar ist, während Anbieter wie cambio zwar in verschiedenen Regionen, aber nicht in ganz Deutschland präsent sind.

5.3.2.6 Zusammenhang zwischen Flottengröße und Stationsbezug (stationsgebunden, FreeFloating etc.)

Carsharing-Anbieter mit einer Flottengröße bis zu 20 Fahrzeugen betreiben ausschließlich stationsgebundenes Carsharing. Ein Anbieter mit einer Flottengröße von 21 bis 100 Fahrzeugen betreibt sowohl stationsgebundenes als auch FreeFloating-Carsharing. Reine FreeFloating-Angebote gibt es lediglich bei Flotten von über 100 Fahrzeugen (vgl. FHE/SI 2015b).

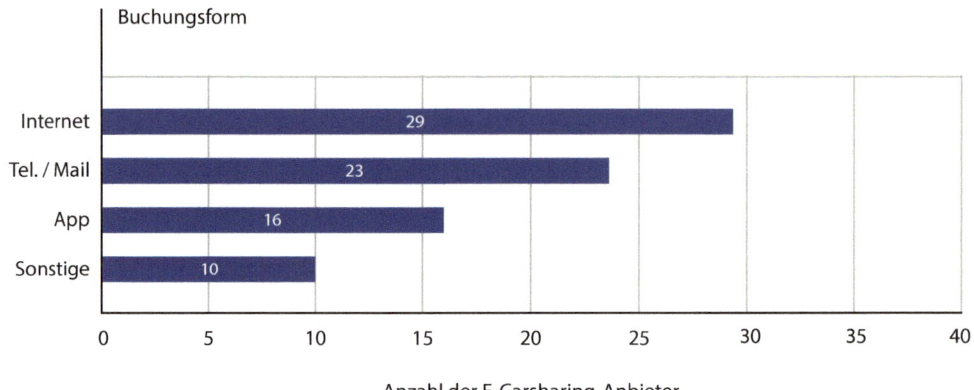

Abb. 5.10 Buchungsformen bei E-Carsharing-Anbietern. $n = 41$. (Quelle: FHE/SI 2015b)

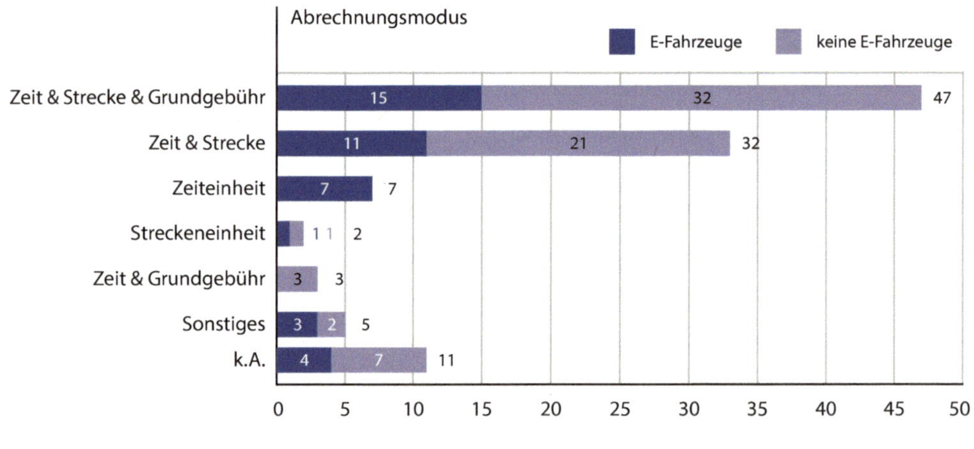

Abb. 5.11 Abrechnungsmodus bei Carsharing-Angeboten ohne und bei Carsharing-Angeboten mit Elektrofahrzeugen. $n = 10$. (Quelle: FHE/SI 2015b)

5.3.2.7 Buchungsform bei E-Carsharing-Anbietern

Die Angebote der E-Carsharing-Anbieter sind am häufigsten (in 29 Fällen) über das Internet buchbar. Eine Buchung per Mail oder Telefon ist in 23 Fällen möglich, eine Buchung per App in 16 Fällen (s. Abb. 5.10; vgl. FHE/SI 2015b).

5.3.2.8 Abrechnungsmodus

Die Abrechnung wird am häufigsten kombiniert per Zeiteinheit und per Streckeneinheit vorgenommen. In den meisten Fällen kommt dabei eine Grundgebühr hinzu. Rein über Strecken- oder Zeiteinheit erfolgt die Abrechnung nur bei wenigen Anbietern. Die Abrechnung rein über Zeiteinheiten bieten ausschließlich Anbieter mit Elektrofahrzeugen an (s. Abb. 5.11; vgl. FHE/SI 2015b). Diese Form der Abrechnung trägt dem geringen Fahrenergieverbrauch von Elektrofahrzeugen Rechnung.

6.1 Wirtschaftlichkeit von (E-)Carsharing – Erfolgsfaktoren, mögliche Hemmnisse, Strategien

Neben den Potenzialen, die aufzeigen, welche Möglichkeiten (E-)Carsharing bietet (s. Kap. 4), wurden für die vorliegende Veröffentlichung auch Erfolgsfaktoren für (E-)Carsharing-Angebote ermittelt. Die Erfolgsfaktoren tragen zur tatsächlichen Umsetzung des Potentials von (E-)Carsharing bei. Zudem werden im Folgenden auch mögliche Hemmnisse analysiert, die die Umsetzung von (E-)Carsharing behindern können.

Grundlage für die Analyse der Erfolgsfaktoren und möglichen Hemmnisse sind Leitfadeninterviews, die FHE/SI mit Vertretern von 17 Carsharing-Anbietern und fünf Kommunen geführt hat (FHE/SI 2015b, s. Kap. 3). Daneben flossen auch Ergebnisse des von FHE/SI durchgeführten Experten-Workshops (FHE/SI 2015a) in die Analyse ein. Außerdem fand projektbegleitend ein regelmäßiger Netzwerk-Austausch mit Vertretern aus der Carsharing-Praxis statt, um die Analyseergebnisse zu validieren.

Die Gliederung der Erfolgsfaktoren und möglichen Hemmnisse orientierte sich am Ergebnis der Interview-Auswertungen. So wurden auf der Grundlage der Auswertung die Aspekte (1) „Organisation" (s. Abschn. 6.1.1), (2) „Marketing" (s. Abschn. 6.1.2), (3) „Standort" (s. Abschn. 6.1.3) sowie (4) „Ladeinfrastruktur und Fahrzeuge" (s. Abschn. 6.1.4) identifiziert. Diese Aspekte sind Bestandteil der Überlegungen, auf deren Basis aus Sicht der befragten (E-)Carsharing-Anbieter und Kommunalvertreter (E-)Carsharing-Geschäftsmodelle aufgebaut werden sollten.

Zu den o. g. Aspekten (1)–(4) wurden jeweils interne und externe Erfolgsfaktoren sowie mögliche interne und externe Hemmnisse zugeordnet, die in den Interviews genannt worden waren. Interne Erfolgsfaktoren und mögliche Hemmnisse meinen dabei Faktoren, die von (E-)Carsharing-Anbietern selbst beeinflusst werden können. Externe Faktoren sind dagegen Rahmenbedingungen, die von (E-)Carsharing-Anbietern nicht beziehungsweise nicht direkt beeinflusst werden können. Damit orientiert sich die Darstellung der Erfolgsfaktoren und möglichen Hemmnisse am Prinzip der SWOT-Analyse (vgl. Hunger und

© Springer Fachmedien Wiesbaden GmbH 2018
W. Rid et al., *Carsharing in Deutschland*, ATZ/MTZ-Fachbuch,
https://doi.org/10.1007/978-3-658-15906-1_6

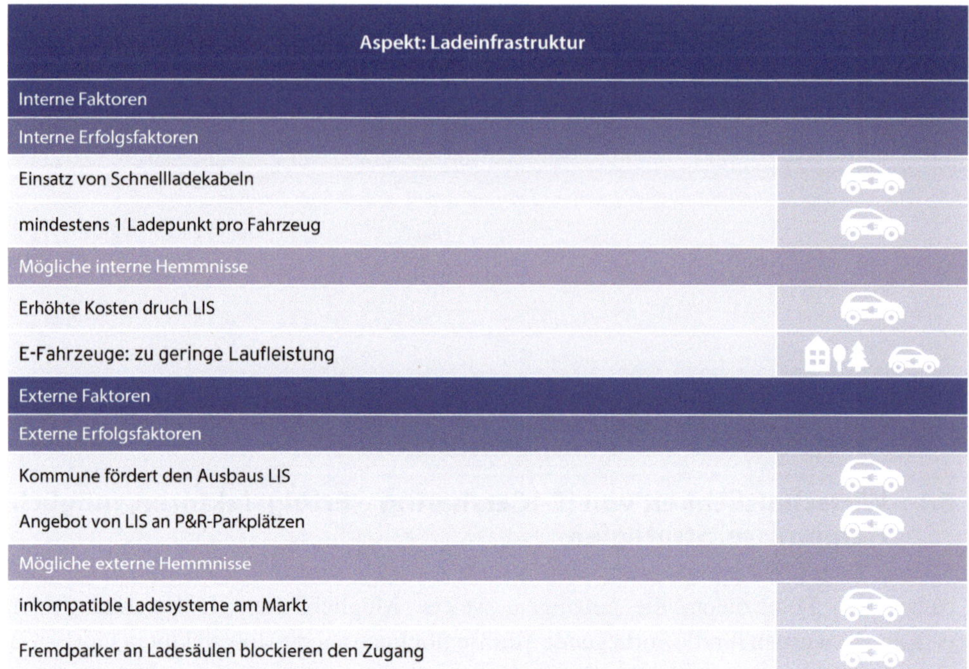

Abb. 6.1 Prinzip der Gliederung von Erfolgsfaktoren und möglichen Hemmnissen für die Wirtschaftlichkeit von (E-)Carsharing-Angeboten am Beispiel des Aspektes „Ladeinfrastruktur und Fahrzeuge". (Eigene Darstellung)

Wheelen 1998: 112). Im vorliegenden Fall wurden statt „Stärken" „Erfolgsfaktoren" und statt „Schwächen" „mögliche Hemmnisse" ermittelt, da sich die Aussagen der Interviewpartner nicht immer auf bei ihnen oder anderswo tatsächlich bestehende „Stärken" oder „Schwächen" bezogen, sondern teilweise auch aus Erfahrungen Dritter abgeleitet waren.

Anschließend wurde für jeden Faktor (Erfolgsfaktor bzw. mögliches Hemmnis) evaluiert, inwieweit er insbesondere in einem spezifischen raumstrukturellen Kontext („Stadt" vs. „Land") relevant ist, inwieweit er insbesondere für E-Carsharing relevant ist und inwieweit er insbesondere für stationsgebundenes Carsharing bzw. für FreeFloating-Carsharing relevant ist (vgl. Abb. 6.1).

Raumstruktureller Kontext

 gilt insbesondere für Carsharing in der

 gilt insbesondere für Carsharing auf dem Land

Antriebbsart

 gilt insbesondere bzw. ausschließlich für E-Carsharing

Stationsbezug:

 gilt insbesondere für stationsgebundenes Carsharing

 gilt insbesondere für FreeFloating-Carsharing

6.1.1 Organisation

6.1.1.1 Interne Faktoren

Folgende wichtige interne Erfolgsfaktoren bezüglich der Organisation eines (E-)Carsharing-Angebots wurden in den Interviews genannt (s. Abb. 6.2):

- Nutzung von Synergien mit anderen Anbietern (s. auch Abschn. 6.2)
- Verknüpfung mit ÖV-Angeboten
- Optimierung der Auslastung und der Preisstruktur.

(1) Synergien mit anderen Anbietern

Verschiedentlich werden anbieterübergreifende Auskunfts- und Buchungssysteme genutzt, die vor allem für integrierte, elektromobile Angebote eine wichtige Rolle spielen. Als besonders wichtig werden von Carsharing-Vertretern und von der Forschung dabei eine möglichst optimale Benutzerfreundlichkeit, gut funktionierende Datenschnittstellen und zuverlässiger Datenschutz sowie die Unabhängigkeit von einzelnen Geräten (z. B. Android-/Apple-Apps) gesehen (vgl. Borcherding 2015; InnoZ 2015; mündl. Auskunft eines Vertreters aus der Carsharing-Praxis).

(2) Verknüpfung mit ÖV-Angeboten

Eine möglichst optimale Vernetzung mit anderen Mobilitätsangeboten kann in erster Linie durch die Nähe der Carsharing-Stationen zum ÖPNV (bei stationsgebundenem Carsharing) sowie durch eine hohe Taktung des ÖPNV erreicht werden, um im Verbund ÖPNV/Carsharing eine konkurrenzfähige Alternative zum motorisierten Individualverkehr zu bieten (vgl. FHE/SI 2015a). Gemäß einer Studie des BMVI aus dem Jahr 2014 wird eine mindestens halbstündige Taktung des ÖPNV als optimale Rahmenbedingung für den Erfolg von E-Carsharing genannt (vgl. BMVI 2014a: 47).

Nach Huwer besteht die optimale Vernetzung mit dem ÖV aus den Feldern „Integration", „Service aus einer Hand", „Werbung für kombinierte Mobilität" und „Angebot umfassender Mobilitäts-Dienstleistungen". Die Ergebnisse der im Rahmen der vorliegenden Veröffentlichung geführten Interviews mit Carsharing- und Kommunalvertretern bestätigen dies. Die Integration von Carsharing in das ÖV-Angebot wird dabei vor allem durch Ticket-Angebote für kombinierte Mobilität (Carsharing/ÖV) erreicht (s. auch Praxisbeispiel-Infoboxen in Kap. 4). „Service aus einer Hand" meint eine enge Verknüpfung der Leistungen für ÖV und Carsharing, z. B. durch Buchungen und Abrechnungen auf derselben Plattform oder durch gemeinsamen persönlichen Kundenservice durch eine „Mobilitätszentrale", in der sowohl ÖV- als auch Carsharing-bezogene Anliegen bearbeitet werden (vgl. Interviews von FHE/SI, s. Lit.vz.: Eigene Quellen; Huwer 2002: IX). Werbung für kombinierte Mobilität kann beispielsweise im Rahmen des Bürgermarketing gemacht werden, z. B. durch kombinierte, vergünstigte ÖV-/Carsharing-Angebote in Neubürgerpaketen (s. hierzu auch Abschn. 6.1.2 Marketing).

(3) Auslastung

Um im Zeitverlauf eine möglichst gleichmäßige Auslastung zu erreichen, können beispielsweise Angebote für unterschiedliche Nutzergruppen geschaffen werden, z. B. Angebote für Unternehmen (Corporate Carsharing, s. auch Abschn. 6.1.2 Marketing) und einen offenen, großteils aus Privatkunden bestehenden Kundenkreis (s. Abb. 6.1; vgl. Spiekermann 2015; s. Kap. 4 und Abschn. 6.2). Gleichzeitig muss die Flotte flexibel an die Nachfrage angepasst werden, um sie möglichst optimal auszulasten. Aus diesem Grund beschaffen Carsharing-Anbieter ihre Fahrzeuge i. d. R. zeitlich versetzt. Auf diese Weise kann die Flottengröße in kleinen Schritten der Nachfrage angepasst werden, indem z. B. für ein Fahrzeug, das wiedervermarktet wurde, in Zeiten geringerer Nachfrage kein neues Fahrzeug beschafft wird. Daneben planen Anbieter auch jahreszeitabhängig: In kälteren Monaten, in denen die Carsharing-Nutzung geringer ist, sind entsprechend weniger Fahrzeuge in der Flotte vorhanden. Mit der im Frühling zunehmenden Carsharing-Nutzung werden zusätzliche Fahrzeuge angeschafft.

(4) Preisstruktur

Wichtig ist auch die Ermöglichung eines niederschwelligen Einstiegs in das Carsharing-Angebot – beispielsweise, indem keine Registrierungspauschale erhoben wird. Wie in Abschn. 5.3 dargestellt, erhebt etwa die Hälfte aller Carsharing-Anbieter keine Grundgebühr. Daneben werden durch eine transparente und übersichtliche Preisstruktur Hemmschwellen gegenüber der Nutzung von Carsharing niedriger.

Mögliche interne Hemmnisse liegen den befragten Carsharing- und Kommunalvertretern zufolge im Betrieb und der Kostenstruktur: So können bei Elektrofahrzeugen Umbuchungen erforderlich sein, falls die Fahrzeuge nicht geladen sind und für diesen Fall keine Entleih-Sperre aktiviert wird. Liegen die Tarife für Elektrofahrzeuge höher als für Fahrzeuge mit Verbrennungsmotor, um die höheren Kosten für E-Fahrzeuge zu kompensieren, besteht die Gefahr, dass E-Fahrzeuge in der Kundengunst zurückfallen. Daher sollten die Preise möglichst nach dem Vorbild des E-Carsharing in Osnabrück niedriger liegen als für Verbrennungsmotorfahrzeuge, zumindest jedoch nicht höher.

6.1.1.2 Externe Faktoren

(1) Rechtliche Rahmenbedingungen auf Bundesebene und Umweltgütesiegel

Die wichtigsten rechtlichen Rahmenbedingungen für (E-)Carsharing auf Bundesebene sind das derzeit in Ausarbeitung befindliche Carsharing-Gesetz sowie das bereits bestehende Elektromobilitätsgesetz (http://www.gesetze-im-internet.de/emog/). Daneben können Carsharing-Anbieter das Umwelt-Gütesiegel „Blauer Engel" beantragen: Neben dem Gütesiegel RAL-UZ 100, das Carsharing-Anbieter mit konventionellen Carsharing-Flotten beantragen können, gibt es seit 2015 auch ein Gütesiegel für Anbieter mit überwiegend oder ausschließlich Elektrofahrzeugen, wobei noch eine Regelung gefunden werden muss. Der verwendete Strommix in der Vergaberichtlinie 100 b findet bislang keine Berücksichtigung (vgl. RAL gGmbH 2014 und RAL gGmbH 2015).

(2) Rechtliche Rahmenbedingungen auf kommunaler Ebene

Auf kommunaler Ebene muss darauf hingewirkt werden, (E-)Carsharing-Angebote, soweit sinnvoll, in ein kommunales Gesamtverkehrskonzept und vorhandene Mobilitätsstrukturen zu integrieren. Die kommunale Verkehrsplanung muss zu diesem Zweck die Forderungen der Anbieter nach Parkraum und Lademöglichkeiten prüfen, die Kommunalpolitik fundiert beraten und Rückmeldungen aus der Praxis an die Bundespolitik geben (vgl. Senatsverwaltung für Stadtentwicklung und Umwelt Berlin: 1).

Die Hansestadt Rostock hat beispielsweise auf der Basis einer Stärken-Schwächen-Analyse der Ist-Situation unter Einbeziehung zahlreicher betroffener lokaler Akteure eine Elektromobilitätsstrategie 2030 erarbeitet und darin verschiedene Maßnahmen nach den Kriterien „Zeithorizont", „Priorität", „Aufwand" und „Wirksamkeit" bewertet, analog zur Maßnahmenbewertung im Leitfaden „Elektromobilität in Kommunen" des BMVI (vgl. BMVI 2014a). Unter anderem wurden darin die verstärkte Nutzung von E-Carsharing-Fahrzeugen durch die Stadtverwaltung bei gleichzeitiger Verkleinerung des städtischen Fuhrparks sowie die Anpassung der städtischen Stellplatzsatzung auf die Bedürfnisse von E-Fahrzeugen (zuverlässig zugängliche Lademöglichkeiten) als vergleichsweise schnell und kostengünstig umsetzbare Maßnahmen mit hoher Priorität bewertet. Die Schaffung eines intermodalen Angebots aus ÖV und Sharing-Angeboten bewertet die Stadt hingegen als längerfristiges und kostenintensives Vorhaben (vgl. Hansestadt Rostock 2015).

Voraussetzung für die Nutzung vorhandener Förderprogramme ist ein professionelles Programmscouting bzw. eine gute Kenntnis der „Förderlandschaft".

Die geringere Reichweite und die Ladezeiten von E-Fahrzeugen führen zu einer Reduktion der maximal möglichen Buchungszeiträume (s. dazu auch Abschn. 5.1.4 Ladeinfrastruktur & Fahrzeuge).

Bei E-Fahrzeugen führt die Reichweitenangst der Nutzer zu Buchungen lediglich vergleichsweise kurzer Strecken und Zeiträume, was einem wirtschaftlichen Betrieb der Fahrzeuge entgegenwirkt. Hier kann mit den erwähnten vergünstigten E-Fahrzeug-Tarifen gegengesteuert werden.

Ein weiteres mögliches externes Hemmnis für einen wirtschaftlichen Betrieb von Carsharing-Angeboten stellt der hohe private Pkw-Besitz in Deutschland dar: So besaßen 2014 77 % aller Haushalte einen oder mehrere Pkw. Auf 100 Haushalte kamen 105 Pkw (vgl. Statistisches Bundesamt 2015: 172).

Die Entwicklung des stationsgebundenen Carsharing ist auch abhängig davon, inwieweit der Parkraum zukünftig bewirtschaftet wird. Bleibt die derzeit hohe Anzahl an frei verfügbaren Parkmöglichkeiten bestehen, wird das stationsgebundene Carsharing seinen theoretischen Vorteil reservierter Stellplätze nicht voll ausspielen können (s. Abschn. 6.1.3 Standort).

6.1.2 Marketing

6.1.2.1 Interne Faktoren

Bezüglich des Marketing lassen sich auf Basis der Interviews mit Carsharing-Anbietern und Kommunalvertretern die internen Erfolgsfaktoren in die Bereiche „strategische Marketingansätze", „Nutzerkommunikation" und „interne Kommunikation" unterscheiden (s. Abb. 6.3).

(1) Strategische Marketingansätze

Im Bereich der strategischen Marketingansätze sehen Reining et al. (2014) einen wichtigen Erfolgsfaktor gerade für elektromobiles Carsharing in der Einbindung von Politik und Wirtschaft, wie sie z. B. beim Projekt RUHRAUTOe erfolgreich betrieben wurde (s. Kap. 4; vgl. Reining et al. 2014: 108). Für eine erfolgreiche Zusammenarbeit zwischen Carsharing-Anbietern und lokalen Behörden bietet es sich für die Anbieter laut einer Studie des Verbands der europäischen Automobilkonstrukteure (ACEA) an, Dritte hinzuziehen, die eine Vermittlerrolle einnehmen sollten (z. B. Interessensverbände wie der Bundesverband Carsharing e. V. – bcs, in Deutschland). Auf diese Weise könnten gemeinsam Regeln zur Zusammenarbeit zwischen lokalen Behörden und Carsharing-Anbietern erarbeitet und ggf. vertraglich festgehalten werden (vgl. Le Vine et al. 2014: 9).

(2) Nutzerkommunikation

Im Bereich der Nutzerkommunikation ermöglicht (E-)Carsharing-Anbietern das ständiges Monitoring von Nutzerwünschen und Trends, Prognosen zur Marktentwicklung zu treffen und ihr zukünftiges Angebot daran zu orientieren (vgl. Epprecht et al. 2014).

Hinzu kommt beim elektromobilen Carsharing eine intensivere Kundenbetreuung als beim Carsharing mit konventionellen Fahrzeugen, z. B. über die Erstellung eines Kundenleitfadens für die Fahrzeugnutzung sowie über verlängerte Service-Zeiten der Hotline bzw. der Mobilitätszentrale. Neben der Kundenbetreuung hilft gerade bei E-Carsharing-Angeboten auch eine verstärkte Öffentlichkeitsarbeit, u. a. durch optische Präsenz (z. B. durch Werbeaktionen und beim stationsgebundenen Carsharing auch mittels Auswahl prominent gelegener Stellplätze, s. auch Abschn. 5.1.3). Der Nutzen von Carsharing (Vorteile des Nicht-Besitzens, s. Einleitung: „Udo chillt lieber"-Kampagne der Stadt Bremen) sollte betont werden, verschiedene Zielgruppen durch entsprechend angepasste Maßnahmen gezielt angesprochen werden. Die Maßnahmen sollten langfristig angelegt sein, um potenzielle Nutzer nicht nur für einen unmittelbaren, sondern auch für einen ggf. späteren Einstieg ins Carsharing zu gewinnen. Daneben sollte ein unverbindliches Testen des Angebots ermöglicht werden (vgl. Huwer 2002: IX).

6.1.2.2 Externe Faktoren

E-Fahrzeuge werden als innovative Fahrzeuge mit einem hohen Life-Style-Faktor wahrgenommen (vgl. BMVBS 2012). Diese Wahrnehmung kann durch die Nutzung unterschiedlicher Marketing-Instrumente angesprochen werden (Botschaft: E-Fahrzeuge bieten mehr Fahrspaß als konventionelle Fahrzeuge).

Die erwähnte gegenseitige Beförderung von Corporate Carsharing und Carsharing mit offenem, überwiegend aus Privatpersonen bestehendem Nutzerkreis wird auch dadurch gestärkt, indem z. B. Mitarbeiter, die Carsharing im Rahmen von Corporate Carsharing im Job kennen lernen, auch privat eine höhere Bereitschaft für die Nutzung von Carsharing entwickeln und umgekehrt.

Die Unterstützung durch Promotoren und die Einbindung von Unternehmen, Banken, Sparkassen und der IHK brachte wie erwähnt im Projekt RUHRAUTOe spürbaren Erfolg (s. auch Kap. 4). Allerdings war eine Anlaufzeit von mehreren Monaten nötig, bis die Zusammenarbeit mit den genannten Institutionen reibungslos funktionierte und für alle Beteiligten einen Mehrwert bot (vgl. Reining et al. 2014: 105, 108). In ländlichen Gebieten ist der Einfluss lokaler Meinungsführer auf den Erfolg von Carsharing-Angeboten noch wichtiger, die im ländlichen Raum ohne eine starke Einbindung lokaler Meinungsführer nicht möglich wären (vgl. Breindl 2014: 69 f; Breindl 2015).

Le Vine et al. (2014) sehen mehrere Hürden für Carsharing-Anbieter durch lokale Verwaltungen:

- Lokale Verwaltungen repräsentieren relativ kleine Gebietseinheiten, in denen dann jeweils unterschiedliche Regelungen bezüglich Carsharing gelten können
- Sie unterliegen verkehrspolitischen Veränderungen, z. B. infolge von Wahlen
- Sie müssen verschiedene, teils divergierende Interessen berücksichtigen (z. B. Unterstützung des lokalen Einzelhandels, Emissionsreduzierung, Sicherung der Lebensqualität für Anwohner, soziale Inklusion)
- Sie sind nicht verpflichtet, Vereinbarungen mit Carsharing-Anbietern zu treffen
- Sie sind aufgrund ihrer Verpflichtung, verschiedene Interessen zu berücksichtigen und aufgrund ihrer Verwaltungsstrukturen nicht im selben Maße wie privatwirtschaftliche Akteure dazu in der Lage, schnelle Entscheidungen zu treffen (vgl. Le Vine et al. 2014: 9)

Laut Breindl (2014) führt die geringere Bevölkerungsdichte auf dem Land dazu, dass dort ein höherer Anteil der Bevölkerung für Carsharing gewonnen werden muss als in der Stadt, um ein Carsharing-Angebot zumindest kostendeckend betreiben zu können (vgl. Breindl 2014: 69).

Aspekt: Organisation	
Interne Faktoren	
Interne Erfolgsfaktoren	
Synergien mit anderen Anbietern	
gemeinsame Nutzung von Buchungssoftware	
gemeinsamer Nutzerkreis	
eigenen Kunden wird die barrierefreie Nutzung des Carsharing-Angebots des Kooperationspartners ermöglicht und umgekehrt	
Erweiterung des Angebotes durch Vernetzung/ Kooperation mit anderen Anbietern	
Nutzung von Skaleneffekten: Bildung von Beschaffungsinitiativen mit Kooperationspartnern	
Kooperation mit Wohnungswirtschaft: Sharing-Fahrzeug in Wohngebäude besonders interessant für neue Bewohner (neue Mobilitätsplanung bei Umzug)	
Kooperation mit Wohnungswirtschaft: Carsharing möglich bei einem Verhältnis von 100 Wohneinheiten zu einem Fahrzeug	
Verknüpfung mit ÖV-Angeboten	
Integration von (E-)Carsharing in das ÖPNV-Angebot, z. B. gemeinsame Jahreskarte (ÖPNV/Carsharing)	
vergünstigte ÖPNV-Nutzung für Carsharing-Nutzer	
Kommunikation des Carsharing-Angebots im Rahmen des Bürger-Marketing (Neubürger-Paket o. ä.) (vgl. Marketing)	
Auslastung	
Angebote für unterschiedliche Nutzergruppen schaffen, um im Zeitverlauf gleichmäßige Fahrzeugauslastung zu erreichen	
Kombination gewerbliche Kunden & privates Carsharing (häufig: ein Drittel Gewerbekunden, zwei Drittel Privatkunden)	
gemischtes Angebot von kurzer und längerer Nutzungsdauer	
Zielwert 1.000 km monatliche Fahrleistung pro Fahrzeug als Minimum	
Anzahl der Fahrzeuge wird optimal auf Kundenzahl abgestimmt; Zielwert je nach Carsharing-Anbieter: Minimum 5–15 Nutzer/pro Fahrzeug)	
Vertragliche Festlegung einer Mindestnutzung zur Senkung des Geschäftsrisikos	
Hohe Marktdurchdringung des Anbieters (bundesweites Angebot; Hohe Anzahl an Stationen/Fahrzeugen)	

Abb. 6.2 Erfolgsfaktoren und mögliche Hemmnisse im Hinblick auf die Organisation von (E-)Carsharing. Analyseergebnisse der Leitfaden-Interviews SI/FHE 2015 (zu den Icons in der letzten Spalte s. einleitende Erläuterung in Abschn. 6.1). (Eigene Darstellung)

Mögliche interne Hemnisse	
Kostenstruktur	
E-Fahrzeuge: höhere Transaktionskosten /operative Kosten als bei konv. Fahrzeugen; z. B. teils erhöhter Aufwand, um Fahrzeuge zu Ladesäulen zu bringen und aufzuladen	
attraktive Preise für E-Carsharing-Angebote bieten (zumindest nicht teurer als konventionelle Fahrzeuge)	
Betrieb	
Vorgabe: Nutzer müssen laden (senkt Betriebskosten, aber höher-schwellig für Nutzer)	
Umbuchungen notwendig wenn Fahrzeuge nicht geladen sind	
Externe Faktoren	
Externe Erfolgsfaktoren	
ehrenamtliches Engagement: (1) senkt Kosten (2) fördert Identifikation, Gemeinschaftsgefühl, Fehlertoleranz	
Nutzung (E-)Carsharing zur Bedarfsspitzen-Abdeckung durch Kommune und/oder kommunale Einrichtungen und Vereine	
Vorhandensein / Nutzung von Förderprogrammen	
Privilegien für Elektrofahrzeuge, z. B. "Blauer Engel" gemäß RAL-UZ 100 b (aber auch rechtl. Rahmenbed. etc.)	
E-Fahrzeuge: kostenfreies Parken als Anreiz	
Mögliche externe Hemnisse	
fehlende Bereitschaft bei den Nutzern für das selbständige Laden von E-Fahrzeugen	
geringere Reichweite und hohe Ladezeiten von E-Fahrzeugen	
Reichweitenangst der Nutzer führt teilweise zur Vermeidung der Buchung für längere Strecken und Zeiträume	
Carsharing wird als eine (zu) komplexe Handlungsstrategie empfunden; wenig Interesse/Bereitschaft, sich mit Carsharing zu befassen	
Kosten durch lange Standzeiten der Fahrzeuge in Folge geringer Auslastung	
Ersatz des Zweitwagens wird häufig auch über privates Entleihen umgesetzt (Nachbarn, Familie etc.)	
Hoher privater Autobesitz in Deutschland 2014: 77 % aller Haushalte: 1 oder mehr Pkw; 105 Pkw pro 100 Haushalte (vgl. Statistisches Bundesamt 2015: 172) ; Verfügbarkeit von Pkw umso höher je ländlicher die Region (vgl. Statistisches Bundesamt 2013b)	
Entwicklung des Carsharing abhängig von zukünftiger Parkraumbewirtschaftung (derzeit hohe Anzahl an Parkmöglichkeiten vorhanden, dadurch kein Vorteil für Stations-gebundenes Carsharing)	

Abb. 6.2 (Fortsetzung)

Aspekt: Marketing	
Interne Faktoren	
Interne Erfolgsfaktoren	
Stragegische Marketingansätze	
Vermarktung des Carsharing-Angebotes als Ergänzung zum ÖPNV/ als Teil des ÖPNV Marketing	
Zielgruppen-spezifisches Marketing, z. B. als Mobilitätsgarantie für Ältere	
Zielgruppen-spezifisches Marketing, z. B. als Lifestyle-Produkt, v.a. für junge Leute	
Vermarktung des Carsharing-Angebotes als (kostengünstigerer) Zweitwagen-Ersatz	
Angebote bzw. Preismodelle ebenfalls zielgruppenspezifisch ausgerichtet	
Lobbying bei Kommunen und kommunalen Betrieben/gute Vernetzung mit lokalen Akteuren der öffentlichen Hand	
Einbindung der Kommune als Gesellschafter/Teilhaber	
kontinuierliche lokale Pressearbeit	
Kommunikation von Erfolgen	
Nutzer-Kommunikation	
Durchführung einer Standortanalyse (Nutzerpotenzial), Analyse der Mobilitätsbedarfe potenzieller Nutzer	
ständiges Monitoring der Nutzerwünsche/Trends (Ko-Evolution)	
Basis-Bedienungsanleitungs-Sheet für Fahrzeug und LIS im Fahrzeug	
Hinweis an Nutzer, dass das Fahrzeug deutlich geräuschärmer ist als ein konventionelles Fahrzeug (Gefährdungspotential)	
Testangebote/Testevents: Vertrauen schaffen bzgl. Zuverlässigkeit, Nutzerbindung etc.	
Standort-Info von Ladestationen im Fahrzeug hinterlegen (zzgl. zu Online-Infos/Infos per App)	
Info zu Ladevorgang/Ladestatus im Fahrzeug (zzgl. zu Online-Info/Info per App)	
Angebot einer Hotline (24/7)	
zuverlässige (Rest-)Reichweite-Anzeige im Fahrzeug	
Marketing-Aktivitäten mit hoher medialer Wirkkraft; z. B. Teilnahme an Wettbewerben, Einrichtung einer Solartankstelle	
Förderung von Kontakten/Netzwerken unter Nutzern; Integration von Social Media	
Internes Marketing & Kommuniktation	
Mitarbeiter des Carsharing-Anbieters sammeln vorab ausreichend Praxiserfahrungen mit den E-Fahrzeugen	
Erstellung eines Videos für Mitarbeiter zur Handhabung von Fahrzeug und Ladestation	

Abb. 6.3 Erfolgsfaktoren und mögliche Hemmnisse im Hinblick auf das Marketing von (E-)Carsharing. Analyseergebnisse der Leitfaden-Interviews SI/FHE 2015 (zu den Icons in der letzten Spalte s. einleitende Erläuterung in Abschn. 6.1). (Eigene Darstellung)

Mögliche interne Hemmnisse

Aufklärungsarbeit notwendig, um Berührungsängsten entgegenzuwirken

Erhöhter Kostenaufwand für spezifisches Marketing in Folge des Einsatzes
von E-Fahrzeugen (s.o. interne Faktoren)

Externe Faktoren

Externe Erfolgsfaktoren

lokale Akteure/Multiplikatoren fungieren als Treiber des (E-)Carsharing.

Engagement/Einbindung von z.B. Lokalpolitiker, kommunalem Klimaschutzmanager/
Verkehrs-Stadtplaner; Vereinen, Unternehmen, Personen des öffentlichen Lebens etc.

Kommune nutzt Carsharing-Fahrzeuge/fungiert selbst als Carsharing-Kunde
und beteiligt sich am Marketing für Carsharing

hohes Maß an bereits bestehenden Kontakten/Vernetzung zwischen den Nutzern

Präferenzen für E-Fahrzeuge (bei spezifischen Zielgruppen)

Innovationscharakter/Life-Style-Faktor bei E-Fahrzeugen kann gut im Rahmen
unterschiedlicher Marketing-Instrumente transportiert werden.

E-Fahrzeug als Bestandteil einer CO_2-freien multimodalen Mobilität/"grüner" Mobilität

Positive Image-Wirkung für Unternehmen, bei Nutzung von (E-)Carsharing-
zur Ergänzung des Flottenmanagements

E-Fahrzeuge wecken Neugierde/erzeugen Aufmerksamkeit

E-Fahrzeuge leisten Beitrag zur Emissionsminderung (Folge: positives Image)

Kunden legen zunehmend Wert auf ökologische/ nachhaltige Angebote und sind
in einem gewissen Rahmen bereit, mehr dafür zu bezahlen

Mögliche externe Hemmnisse

Potenzial für Konflikte mit anderen Verkehrsteilnehmern aufgrund
des fehlenden Motorengeräuschs wird von Nutzern unterschätzt

Image der Elektromobilität bei einigen Zielgruppen teils negativ

Teilweise hohe Kluft zwischen der Anzahl der Carsharing-Interessierten
(Marktpotential) und den tatsächlichen Nutzern (Kunden)

Carsharing-Nutzung wird teilweise als Zeichen eines niedrigen sozialen Status
der Nutzer interpretiert, v.a. in ländlichen Räumen mit traditionellem Stellenwert
des Privatfahrzeugs als Statussymbol

selbst bei Kostenvorteil von (E-)Carsharing: nach wie vor hohe Zahlungsbereitschaft
für Individualität, Stautssysmbol, zusätzlichen Komfort, Sicherheit der Verfügbarkeit
etc. durch persönliches Fahrzeug (MIV)

Abb. 6.3 (Fortsetzung)

6.1.3 Standort

6.1.3.1 Interne Faktoren „Standort"

Neben der Nähe zu ÖV-Haltestellen sollte bei der Stellplatzwahl vor allem auf eine möglichst gute Sichtbarkeit der Carsharing-Fahrzeuge geachtet werden, s. Abb. 6.5. Beim stationsgebundenen Carsharing liegen Stationen im öffentlichen Straßenraum generell günstiger als Stationen auf Privatgrund, da die Stationen im öffentlichen Straßenraum in der Regel an besser wahrnehmbaren Standorten liegen. In Berlin lagen im Jahr 2013 108 der insgesamt 345 Stationen stationsbasierten Carsharing im öffentlichen Straßenraum (vgl. Senatsverwaltung für Stadtentwicklung und Umwelt Berlin 2015: 10). Da FreeFloating-Fahrzeuge per se gewöhnlich im öffentlichen Straßenraum abgestellt werden, sieht imove (2014) entsprechend auch FreeFloating-Anbieter als diejenigen mit der besten Sichtbarkeit im Straßenraum (s. Abb. 6.4).

6.1.3.2 Externe Faktoren

Rechtliche Rahmenbedingungen für Stellplätze des stationsgebundenen Carsharing
Der Entwurf des Carsharing-Gesetzes sieht vor, dass den örtlichen Straßenverkehrsbehörden seitens des Bundes Kompetenzen bezüglich der Vergabe von Carsharing-Stellplätzen im öffentlichen Straßenraum eingeräumt werden (vgl. BMVI 2017).

Bislang besteht in Deutschland jedoch keine bundesweit einheitliche rechtliche Regelung für Carsharing-Stellplätze. Das Straßenverkehrsgesetz erlaubt grundsätzlich keine Privilegierung von öffentlichen Flächen für bestimmte Nutzungszwecke wie Carsharing-Stellplätze. Ausnahmeregelungen gelten bislang lediglich für Anwohner- und Schwerbehinderten-Stellplätze. Vielfach schufen die lokalen Behörden daher bislang Carsharing-Stellplätze durch die Verpachtung nicht öffentlich gewidmeter Flächen. Da sich diese Flächen jedoch häufig in schlecht einsehbaren und zugänglichen Lagen befinden, stellt diese

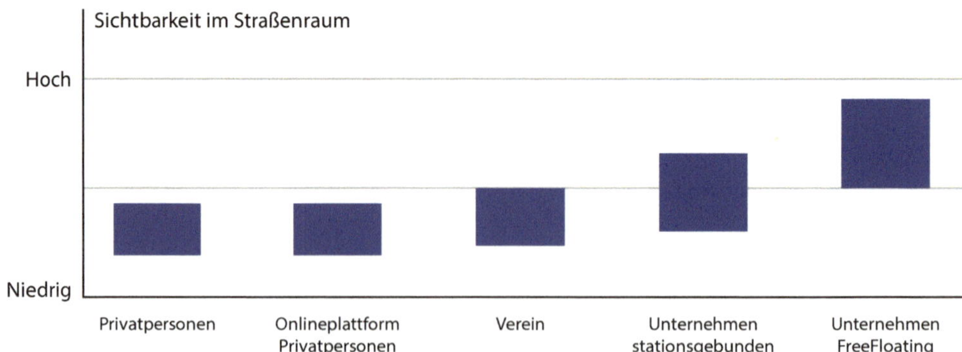

Abb. 6.4 Sichtbarkeit verschiedener Gruppen von Carsharing-Anbietern im Straßenraum. (Quelle: imove 2014: 8)

Praxis lediglich eine Notlösung angesichts fehlender adäquater gesetzlicher Regelungen dar.

In Belgien, den Niederlanden und Großbritannien entscheiden die Kommunalverwaltungen, welche Dienstleistungen und Anbieter Flächen im öffentlichen Straßenraum beanspruchen dürfen. Damit liegt in diesen Ländern auch die Freigabe von öffentlichem Straßenraum für Carsharing-Stationen im Aufgabenbereich der Kommunalverwaltungen (vgl. Loose 2010: 116).

Dennoch nutzen in der Praxis lokale Behörden in Einzelfällen bestimmte rechtliche Mittel, auf deren Grundlage Carsharing-Stellplätze auf öffentlich gewidmeten Flächen eingerichtet werden:

(a) Sondernutzungsgenehmigung
Die Sondernutzung basiert auf dem jeweiligen Landesstraßengesetz und der entsprechenden Sondernutzungssatzung der betreffenden Kommune. Auf dieser Grundlage werden öffentlich gewidmete Flächen als Sondernutzungsfläche für Carsharing-Stellplätze definiert. Voraussetzung dafür ist, dass dem Carsharing ein öffentlicher Nutzen unterstellt wird, z. B. die Entlastung des Straßenraumes durch eine insgesamt sinkende Anzahl von Fahrzeugen. Die Erlaubnis wird von der Straßenbaubehörde erteilt und kann auf Zeit oder Widerruf erfolgen. So werden beispielsweise in Weimar Carsharing-Stellplätze im öffentlichen Straßenraum auf Grundlage der Sondernutzungssatzung ausgewiesen. Die rechtliche Grundlage ist § 18 des Thüringer Straßengesetzes (vgl. juris o.J.a). Die Ausweisung der „mobil.punkte" in Bremen erfolgt nach demselben Prinzip (vgl. Loose und Glotz-Richter 2012: 43).

(b) Einziehung/Teileinziehung
Eine weitere Möglichkeit, die derzeit zur Schaffung von Carsharing-Stellplätzen im öffentlich gewidmeten Straßenraum genutzt wird, ist die Einziehung bzw. Teileinziehung, die ebenfalls auf den Landestraßengesetzen basiert (z. B. in Thüringen: § 8 ThürStrG; vgl. juris o.J.b). Diese Maßnahme muss damit begründet werden, dass sie dem öffentlichen Wohl dient. Im Falle von Einziehung oder Teileinziehung zum Zweck der Einrichtung von Carsharing-Stellplätzen muss also der öffentliche Nutzen des Carsharing begründet werden, z. B. über einen Nachweis der Reduzierung der Fahrzeugzahl durch die Schaffung eines Carsharing-Angebotes.

Bei der Teileinziehung wird das Nutzungsrecht einer Fläche auf bestimmte Nutzergruppen beschränkt, die Fläche bleibt aber öffentlich. Bei der Einziehung wird die Fläche zu Privateigentum der Kommune, von städtischen Betrieben oder des Carsharing-Anbieters (vgl. ivm (Hg.) 2012: 24 ff). Die Stadt Berlin nutzte das Mittel der Teileinziehung, um Carsharing-Stellplätze auf öffentlich gewidmeten Flächen zu schaffen (vgl. Lawinczak und Heinrichs 2008: 15).

Eine bundesweit einheitliche Ausweisungsmöglichkeit von Stellplätzen für Carsharing bzw. E-Carsharing-Fahrzeuge ist im Koalitionsvertrag von 2013 festgehalten (vgl.). Ein

Aspekt: Standort
Interne Faktoren
Interne Erfolgsfaktoren
Sichtbarkeit: Standorte werden so gewählt, dass Fahrzeuge an prominenter Stelle parken und damit möglichst stark öffentlich wahrgenommen werden.
Erreichbarkeit ÖV: Standorte werden so gewählt, dass ein ÖV-, mindestens aber ein ÖPNV-Anschluss in unmittelbarer Nähe liegt.
Erreichbarkeit Individualverkehr (Fuß, Rad, MIV): Standorte werden so gewählt, dass sie für möglichst viele Nutzer gut zu Fuß, per Rad und MIV erreichbar sind.
Standorte werden so gewählt, dass die Mobilfunknetz-Abdeckung am Standort möglichst gut ist (wg. Fahrzeugbuchung per App, Kundenhotline)
Mögliche interne Hemmnisse
hoher Informationsaufwand/Risiko, um Rentabilität eines potentiellen/ neuen Standorts abschätzen zu können. --> mehr Studien/Konzepte erforderlich!
Externe Faktoren
Externe Erfolgsfaktoren
(E-)Carsharing-Anbieter wird bei den Bemühungen um die Nutzung von Parkraum als (E-)Carsharing-Stellplatz von Seiten der Kommune unterstützt
Integration in intermodale Mobilitätskonzepte, z. B. Einrichtung von Mobilitätsstationen inkl. LIS
Geeignete Stellplätze sind verfügbar bzw. können verfügbar gemacht werden
Mögliche externe Hemmnisse
Stellplätze sind schlecht wahrnehmbar und erreichbar und werden daher von Kunden deutlich weniger genutzt
zu wenig Stellplätze in eigentlich rentablen Lagen verfügbar

Abb. 6.5 Erfolgsfaktoren und mögliche Hemmnisse im Hinblick auf Standorte von (E-)Carsharing. Analyseergebnisse der Leitfaden-Interviews SI/FHE 2015 (zu den Icons in der letzten Spalte s. einleitende Erläuterung in Abschn. 6.1). (Eigene Darstellung)

entsprechender Gesetzentwurf wurde ausgearbeitet und befindet sich derzeit in der Ressortabstimmung (vgl. Presse- und Informationsamt der Bundesregierung 2013).

Mobilitätsstationen

Mobilitätsstationen verknüpfen verschiedene Verkehrsmittel über die bisher übliche bimodale Verknüpfung wie Park+Ride oder Bike+Ride hinaus. Die räumliche Konzentration der Angebote und entsprechende Gestaltungsmaßnahmen der Stationen ermöglichen einen einfachen Wechsel zwischen den Verkehrsmitteln (vgl. BBSR 2014: 6).

Durch die Verknüpfung werden die verschiedenen Verkehrsmittel zu einem integrierten Mobilitätsangebot kombiniert, das den individuellen Mobilitätsbedürfnissen der Nutzer entspricht (vgl. Kassel o.J.: 2).

Die Einbindung von (E-)Carsharing-Stationen in Mobilitätsstationen unterstützt die wechselseitige Stärkung von (E-)Carsharing und Umweltverbund (ÖPNV, Fuß- und Radverkehr; s. Kap. 4: Potenzial der Vernetzung von ÖV und (E-)Carsharing). Das Angebot verschiedener Verkehrsmodi an Mobilitätsstationen kann auf der Tarif-Angebotsebene z. B. durch integrierte Angebote für die ÖPNV- und Carsharing-Nutzung unterstützt werden (Abo-Karten, Preisnachlässe etc.).

Bundesweit gibt es zahlreiche Beispiele für den erfolgreichen Einsatz von Mobilitätsstationen. So hat die Stadt Bremen so genannte „mobil.punkte" eingerichtet und im Rahmen des „Aktionsplan Carsharing" Carsharing-Stationen in diese integriert. Die „mobil.punkte" sind in der Nähe von ÖPNV-Haltestellen platziert. Die räumliche Verknüpfung der Verkehrsmittel wird durch kombinierte ÖPNV- und (E-)Carsharing-Abos und durch umfassendes Marketing durch die Stadt ergänzt (vgl. Loose und Glotz-Richter 2012: 39 ff).

In Leipzig wurden ab Sommer 2015 insgesamt 25 Mobilitätsstationen eröffnet, die Carsharing, Pedelec-Sharing und den ÖPNV verknüpfen und Möglichkeiten für Buchungen vor Ort enthalten. An den Stationen können (bislang konventionelle) Carsharing-Fahrzeuge entliehen werden. Sie sind mit Ladesäulen für E-Fahrzeuge ausgestattet (vgl. LVB 2013; Stadt Leipzig 2015; Leipziger Volkszeitung 2016).

Auch in München werden Mobilitätsstationen eingerichtet (vgl. Landeshauptstadt München & Senatsverwaltung für Stadtentwicklung und Umwelt Berlin (Hg.) 2015). In Osnabrück sollen Mobilitätsstationen nach einem Baukastensystem eingerichtet werden, um einen hohen Wiedererkennungswert zu gewährleisten und die Stationen dennoch an die jeweiligen örtlichen Gegebenheiten anzupassen (vgl. Stadtwerke Osnabrück AG & RWTH Aachen 2014: 70 f).

6.1.4 Ladeinfrastruktur und Fahrzeuge

Zum Aufbau von Ladeinfrastruktur bietet das Bundesministerium für Verkehr und digitale Infrastruktur (BMVI) weiterführende Informationen unter:

„Prozessschritte zur normgerechten Errichtung von Ladesäulen/Wallboxen" (vgl. BMVI 2015c): http://www.xn--starterset-elektromobilitt-4hc.de/Infothek/Publikationen/prozessschritte-zurnormgerechten-errichtung-von-ladesaeulen-wallboxen/prozessschritte-zur-normgerechten-errichtungvon-ladesaeulenwallboxen.pdf

„Genehmigungsprozess der E-Ladeinfrastruktur in Kommunen – strategische und rechtliche Fragen" (vgl. BMVI 2014b): http://www.xn--starterset-elektromobilitt-4hc.

de/Infothek/Publikationen/genehmigungsprozess-der-eladeinfrastruktur-in-kommunen/
genehmigungsprozess_der_e-ladeinfrastruktur_in_kommunen.pdf

„Öffentliche Ladeinfrastruktur für Städte, Kommunen und Versorger" (vgl.
BMVI 2014c): https://www.now-gmbh.de/content/1-aktuelles/1-presse/20140207-
erfolgreiche-konferenzelektromobilitaet-vor-ort-fachkonferenz-fuer-kommunale-
vertreter/oeffentliche_ladeinfrastruktur_fuer_staedte__kommunen_und_versorger.pdf

6.1.4.1 Interne Faktoren

Wenn auch der Bedarf nach längeren Strecken abgedeckt werden soll, bietet es sich an, neben Elektrofahrzeugen auch konventionelle Fahrzeuge in die Flotte zu integrieren. So bietet beispielsweise car2go neben seinem FreeFloating-Angebot auch „car2go black" an, bei dem nur Verbrennungsmotorfahrzeuge angeboten werden und das ähnlich wie klassische Mietangebote auch für die Langstreckenmiete geeignet ist. Auch bei anderen Angeboten mit gemischten Flotten aus batterieelektrischen und konventionellen Fahrzeugen wie teilAuto – CarSharing Tübingen gibt es gesonderte Langstreckenkonditionen (vergünstigter Zeit- und Kilometerpreis über 100 km)(vgl. Ökostadt Tübingen e. V. o.J.). Allerdings gibt es auch Anbieter, die erfolgreich ausschließlich E-Fahrzeuge anbieten und dennoch nicht deshalb auf Langstrecken-Angebote verzichten müssen – so etwa Move About, wo ebenfalls vergünstigte Langstreckentarife angeboten werden und Kunden die E-Fahrzeuge auch bereits heute entlang von Korridoren mit Schnellademöglichkeiten regelmäßig für längere Strecken nutzen (vgl. Holtzmeyer & Koller 2015; Spiekermann 2015).

Für einen sicheren und störungsfreien Betrieb eines elektromobilen Carsharing-Angebots muss die Ladeinfrastruktur in die vorhandene IKT-Infrastruktur des Anbieters eingebunden werden (Hager et al. 2016). Zur Ermittlung des Ladestands und der Reichweite wird eine Schnittstelle zwischen bestehender Buchungssoftware für konventionelle Fahrzeuge und LIS-Management-Software benötigt, sofern keine neue übergreifende Lösung entwickelt wird. Daneben sind für die Nutzung von E-Fahrzeugen im Carsharing Anpassungen im Buchungssystem notwendig. So muss durch die Einrichtung einer Vorblockzeit sichergestellt werden, dass ein Kunde ein ausreichend geladenes Fahrzeug vorfindet. Hierzu finden in entsprechenden Praxisprojekten Untersuchungen dazu statt, wie und inwieweit die Vorblockzeit und Wegezwecke der Nutzer aufeinander abgestimmt werden können (vgl. Reining et al. 2014: 100 f).

Mögliche Varianten des Lademanagements und ihre jeweilige Auswirkung auf die Wirtschaftlichkeit eines E-Carsharing-Angebots wurden von Reining et al. skizziert und sind in Abb. 6.6 dargestellt. So kann der Kunde bei Spontanbuchung mit Teilladung spontan auf ein E-Carsharing-Fahrzeug zugreifen und selbst entscheiden, ob dessen (über die Buchungsplattform einsehbarer) Ladezustand für ihn ausreicht. Diese Buchungsvariante wird im Projekt „RUHRAUTOe" (Ruhrgebiet) und „E-Carflex" (Düsseldorf) angewandt, wobei dort jeweils eine zweistündige Pufferzeit zwischen den Nutzungen eingeplant wird, über die sich der Kunde jedoch hinwegsetzen kann. Bei der Spontanbuchung mit Vollladung greift der Kunde ebenfalls spontan auf ein Fahrzeug zu. Allerdings werden nur

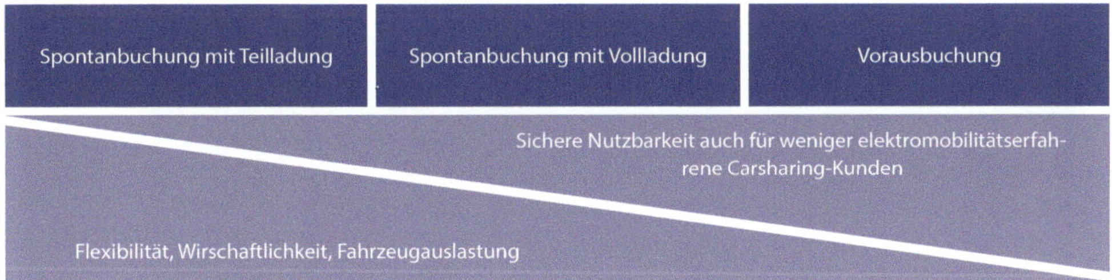

Abb. 6.6 Möglichkeiten zur Gestaltung der Ladezyklen von E-Carsharing-Fahrzeugen. (Quelle: FHE/SI nach Reining et al. 2014: 99)

Fahrzeuge zur Nutzung freigegeben, die zu 100 % geladen sind. Bei der Vorausbuchung ist eine Buchung des Fahrzeugs erst möglich, wenn seit der vorangehenden Buchung die maximale Ladezeit verstrichen und das Fahrzeug somit sicher voll aufgeladen ist. Diese Buchungsvariante wird beispielsweise beim „stadtteilauto"-E-Carsharing in Osnabrück angewandt. Die Spontanbuchung mit Teilladung ist die flexibelste der drei Buchungsformen, die Vorausbuchung ist unflexibelste und damit die unwirtschaftlichste, da die Fahrzeuge so nicht optimal ausgelastet werden können. Allerdings erfordert die Spontanbuchung mit Teilladung mehr Erfahrung der Nutzer im Umgang mit Elektromobilität als die Spontanbuchung mit Vollladung und deutlich mehr Erfahrung als die Vorausbuchung (vgl. Reining et al. 2014: 99). Generell gilt: Es muss die jeweils optimale Vorblockzeit zum Laden gefunden werden (nicht zu kurz, um eine ausreichende Reichweite für den Kunden zu gewährleisten, aber auch nicht zu lang, um eine möglichst hohe Fahrzeug-Auslastung zu gewährleisten) (vgl. Stadtwerke Osnabrück AG & RWTH Aachen 2014: 66 f).

6.1.4.2 Externe Faktoren „Ladeinfrastruktur und Fahrzeuge"

Ein externer Erfolgsfaktor ist die Schaffung von ausreichend Raum für Landeinfrastruktur und Stellplätze von öffentlicher und privater Seite (s. oben: Standort, s. Abb. 6.7). Dazu gehört auch das wirkungsvolle Unterbinden des Blockierens von E-Carsharing-Stellplätzen durch fremdparkende konventionelle Fahrzeuge, die dadurch die Lademöglichkeit für die E-Fahrzeuge blockieren. Neben entsprechender Initiativen von öffentlicher Seite gibt es zwischenzeitlich auch von privater Seite erste Initiativen zur Schaffung von Stellplätzen mit Lademöglichkeiten, so zum Beispiel durch Einzelhandelsunternehmen, die auf ihren Kundenparkplätzen verstärkt Ladeinfrastruktur für entsprechende Fahrzeuge bereitstellen (vgl. einzelhandel.de).

Für den Aufbau eines bedarfsgerechten Ladeinfrastrukturnetzes können Standorte jedoch nicht pauschal gewählt werden. Stattdessen sollte vorab eine Analyse sozioökonomischer, baulich-struktureller und verkehrlicher Parameter sowie eine Analyse der bereits bestehenden E-Carsharing-Angebote durchgeführt werden (vgl. Happold Ingenieurbüro 2014). So wurde etwa die optimale Ladeinfrastrukturverteilung in Göppingen ermittelt,

Aspekt: Ladeinfrastruktur & Fahrzeuge	
Interne Faktoren	
Interne Erfolgsfaktoren	
Ladeinfrastruktur	
Instandhaltung eigener Ladeinfrastruktur: Unterstützung durch externe Fachkräfte	
kabelgebundener Internetanschluss an Ladesäule ermöglicht W-LAN-Spot	
Einsatz von Schnellladekabeln (bewirkt 30 % schnelleres Aufladen)	
Einsatz von Ultraschnellladern zur Steigerung von Attraktivität und Verfügbarkeit (v.a. bei hoher Fluktuation der Auslastung)	
Einsatz leicht bedienbarer Ladeinfrastruktur (z. B. Ladesäule mit integriertem Kabel)	
Anpassung der Ladezyklen an die Nachfrage	
ein Carsharing-Stellplatz pro Ladepunkt	
ein Ladepunkt pro Fahrzeug	
Angebot zur Nutzung von Ladeinfrastruktur für Externe	
Fahrzeuge	
Angebot/Spezifikation	
Einsatz verschiedener Fahrzeugtypen und -größen; z. B. auch für Familien (ausreichende Anzahl an Sitzplätzen)	
Einsatz attraktiver Fahrzeuge	
kombiniertes Angebot von elektrischen und konventionellen Fahrzeugen	
Kompatibilität von E-Fahrzeugen und Ladeinfrastruktur sicherstellen	
Einsatz leicht und intuitiv bedienbarer Fahrzeuge	
Verfügbarkeit	
(langfristige) Verlässlichkeit des Angebots	
flächendeckendes/einheitliches Angebot	
Mögliche interne Hemmnisse	
Ladeinfrastruktur	
erhöhte Kosten durch Ladeinfrastruktur	
erhöhter Platzbedarf durch Ladeinfrastruktur	
fehlende Information für Nutzer bezüglich freier Ladesäulen	
Ladesäulen nicht nutzerfreundlich/schwer bedienbar	
erhöhter Aufwand für Nutzer durch Ladevorgang	
Fahrzeuge	
E-Fahrzeuge: geringere Verfügbarkeit als bei konventionellen Fahrzeugen durch Ladezeiten	
E-Fahrzeuge: unsicherer Wiederverkaufswert, folglich Unsicherheiten für Wiedervermarktung und künftige Neuanschaffungen (Folge: kürzere Abschreibungszeiträume)	
Bereitstellung eines heterogenen Fahrzeugangebots zu kostenintensiv	
E-Fahrzeuge: zu geringe Laufleistung	

Abb. 6.7 Erfolgsfaktoren und mögliche Hemmnisse im Hinblick auf Ladeinfrastruktur & Fahrzeuge von (E-)Carsharing. Analyseergebnisse der Leitfaden-Interviews SI/FHE 2015 (zu den Icons in der letzten Spalte s. einleitende Erläuterung in Abschn. 6.1). (Eigene Darstellung)

Externe Faktoren	
Externe Erfolgsfaktoren	
Ladeinfrastruktur	
bedarfsgerecht verteilte Ladeinfrastruktur	
Kommune fördert den Ausbau von Ladeinfrastruktur	
Vorsehen von Anschlüssen für Ladeinfrastruktur bei Tiefbauarbeiten, neuen Parkanlagen, Parkgaragen etc., um die spätere Installation von Ladeinfrastruktur kostengünstig zu ermöglichen	
Angebot von Ladeinfrastruktur an P&R-Plätzen	
Fahrzeuge	
Reichweite von E-Fahrzeugen i.d.R. für Carsharing ausreichend, da durchschnittliche tägliche Fahrleistung im Carsharing nur bis 60 km beträgt	
keine Reichweitenproblematik in städtischen Räumen, da durchschnittliche tägliche Fahrleistung von Carsharing in der Stadt ca. 10-15km	
E-Fahrzeuge: geringere Betriebskosten im Vergleich zu konventionellen Fahrzeugen	
Mögliche externe Hemmnisse	
Ladeinfrastruktur	
Ladeinfrastrukturnetz nicht flächendeckend ausreichend engmaschig nicht dicht genug	
unterschiedliche, inkompatible Ladesysteme im Markt	
Verunsicherung bei den Nutzern, wenn unklar ist, wo/wie geladen werden kann	
zu lange Ladezeiten	
Fremdparker an Ladesäulen blockieren Zugang zum Ladepunkt	
Gleichstromladetechnik ist (zu) teuer	
Fahrzeuge	
Angebot/Spezifikation	
angebotene Fahrzeuge werden als unattraktiv empfunden	
E-Fahrzeuge nicht immer lieferfähig	
höhere Beschaffungskosten für E-Fahrzeuge im Vergleich zu konventionellen Fahrzeugen	
E-Fahrzeuge: Informationen zum Ladestand etc. werden von Nutzern teils nicht oder falsch verstanden; v.a. bei spezifischen E-Fahrzeug-Konzepten	
Ladeinfrastrukturnetz nicht flächendeckend ausreichend engmaschig nicht dicht genug	
unterschiedliche, inkompatible Ladesysteme im Markt	
Verunsicherung bei den Nutzern, wenn unklar ist, wo/wie geladen werden kann	
zu lange Ladezeiten	
Verfügbarkeit	
eingeschränkte Reichweite erfordert vorab-Planung durch Nutzer (verstärkt bei Fahrten in bergigem Terrain, hoher Zuladung und bei Nutzung von Nebenverbrauchern wie Heizung etc.)	
Herstellerangaben zur Reichweite unrealistisch	
neue Kunden fahren das Fahrzeug häufig komplett leer	
geringe Reichweite im Winter macht E-Fahrzeuge unwirtschaftlicher (kurze Buchungszeiten, lange Standzeiten zwecks Laden)	

Abb. 6.7 (Fortsetzung)

indem als Vorab-Analyse eine Quartierstypologie erstellt wurde (vgl. Forschungsgruppe Stadt | Mobilität | Energie 2015: 18 ff).

Während die Fahrzeuge stationsgebundenen Carsharing an den Stationen aufgeladen werden können, sind FreeFloatingAnbieter auf ein möglichst enges Netz von öffentlicher Ladeinfrastruktur und frei zugänglicher Ladeinfrastruktur z. B. auf Supermarktparkplätzen angewiesen (vgl. Media-Manufaktur o.J.).

Neben der Herausforderung, ein möglichst engmaschiges Ladeinfrastrukturnetz zu schaffen, werden von Carsharing-Anbietern auch die gegenwärtig noch hohen Kosten für die Ladeinfrastruktur moniert. Dies ist auch dadurch bedingt, dass bislang keine tragfähigen Geschäftsmodelle für Betreiber von Ladeinfrastruktur existieren und diese ihre hohen Kosten an ihre Kunden (hier: die E-Carsharing-Anbieter) weitergeben (vgl. z. B. MOONROC 2014).

6.2 Wirtschaftlichkeits-Tool

Einige der in Abschn. 6.1 genannten Erfolgsfaktoren und möglichen Hemmnisse für den erfolgreichen Betrieb von (E-)Carsharing-Angeboten sind eher weiche, nicht unmittelbar messbare Faktoren. Um in der vorliegenden Veröffentlichung auch die unmittelbar messbaren Größen für die Wirtschaftlichkeit eines (E-)Carsharing-Angebotes zu analysieren, wurde ein Wirtschaftlichkeits-Tool entwickelt, das die relevanten Aufwands- und Ertragsfaktoren von (E-)Carsharing-Geschäftsmodellen pro Fahrzeug und Jahr darstellt (s. Abb. 6.9). Vertreter führender deutscher (E-)Carsharing-Anbieter gaben Hinweise zur Ergänzung bzw. Änderung des Tools, das damit ein anwendungsorientiertes Mittel ist, um einen Überblick über die Wirtschaftlichkeit von (E-)Carsharing zu erhalten.

Während die Zielsetzung kommerzieller Carsharing-Anbieter die Erwirtschaftung von Gewinn ist, stellt z. B. für lokale, oftmals als Verein organisierte Initiativen oder für die öffentliche Hand oft bereits der kostendeckende Betrieb eines Carsharing-Angebots eine ausreichende „Wirtschaftlichkeit" dar (vgl. u. a. Bantele 2015; Breindl 2015).

Erträge können Carsharing-Anbieter z. B. aus Nutzungsentgelten, Synergien mit anderen Anbietern, Maßnahmen zur Risikominimierung sowie aus Sponsoring generieren. Der Aufwand lässt sich über die „Total Cost of Ownership" (TCO) berechnen, in die alle quantifizierbaren Kosten des gesamten Nutzungszeitraums einfließen. Dabei fallen beim Carsharing mit Elektrofahrzeugen verschiedene Aufwandsfaktoren geringer aus als bei konventionellen Fahrzeugen, während andere höher ausfallen oder zusätzlich anfallen. Grundsätzlich sind die Betriebskosten eines Elektrofahrzeugs niedriger, die Beschaffungskosten jedoch höher (vgl. FHE/SI 2015a). Zusätzlich gilt es, die Ladeinfrastrukturkosten zu berücksichtigen. Für Risiken wie z. B. das Restwertrisiko können auf Erfahrungen basierende Wahrscheinlichkeitsannahmen getroffen werden, die als Risikozuschläge in die Wirtschaftlichkeitsberechnung einfließen können (vgl. Milan 2013: 51 ff).

6.2.1 Ertrag/Möglichkeiten zur Aufwandsminderung

6.2.1.1 Nutzungsentgelt

Die Tarife von Carsharing-Anbietern bestehen in der Regel aus einer oder mehrerer der Komponenten Grundgebühr, Zeitpreis, Streckenpreis und Registrierungspauschale. Wie in Kap. 5 dargestellt, ist die Kombination aus Grundgebühr, Zeitpreis und Streckenpreis derzeit am weitesten verbreitet (s. Abb. 5.10, Abschn. 5.3.2.8).

Von Vertretern aus der Carsharing-Praxis wird die monatliche Grundgebühr als aktuell zentrale Einnahmenquelle von Anbietern stationsgebundenen Carsharing betrachtet, die jedoch aufgrund der Marktentwicklung langfristig entfallen werde. FreeFloating-Anbieter verzichten in der Regel bereits heute auf die Grundgebühr und auch bei Anbietern stationsgebundenen Carsharing verzichtet eine steigende Anzahl von Anbietern darauf.

Aktuell rechnen FreeFloating-Anbieter die Fahrten ihrer Kunden stattdessen rein durch einen Zeitpreis ab, während die große Mehrheit der Anbieter stationsgebundenen Carsharing einen aus Zeit- und Entfernungspreis zusammengesetzten Tarif anbietet – bislang großteils zusätzlich mit Grundgebühr (s. Abschn. 5.3; vgl. FHE/SI 2015b). Einige Anbieter bieten für längere Fahrten Sondertarife an.

Das jeweils angebotene Tarifmodell beeinflusst auch das Nutzungsverhalten. So führen reine Zeittarife der Erfahrung von Carsharing-Anbieter-Vertretern zufolge zu unökonomischerer Fahrweise, da die Nutzer dann versuchen, die geplanten Wege innerhalb möglichst kurzer Zeit zurückzulegen.

E-Carsharing-Fahrzeuge werden nach Aussage eines Carsharing-Anbieters, der eine Flotte mit konventionellen und batterieelektischen Fahrzeugen betreibt, etwa zu einem Drittel weniger genutzt als konventionelle Fahrzeuge. Elektrofahrzeuge generieren also auch weniger Einnahmen. Diesen niedrigeren Einnahmen stehen die wiederum höheren Anschaffungskosten gegenüber. So gibt es in einem Testprojekt E-Carsharing-Fahrzeuge, deren Laufleistung lediglich 150 km pro Monat beträgt. Um eine höhere Laufleistung von elektromobilen Carsharing-Fahrzeugen zu erreichen, kann als Anreiz für die Nutzung von Elektrofahrzeugen eine niedrigere Grundgebühr für Kunden eingeführt werden, die nur Elektrofahrzeuge nutzen (vgl. Reining et al. 2014: 101).

Da die Anschaffungskosten bei Elektrofahrzeugen höher liegen als bei Verbrennungsmotorfahrzeugen, die Betriebskosten jedoch niedriger, kann zudem der Tarif für Elektrofahrzeuge diesem Sachverhalt entsprechend gestaltet werden, indem ein im Vergleich zum Tarif für Verbrennungsmotorfahrzeuge höherer Zeitpreis mit einem vergleichsweise niedrigeren Entfernungspreis kombiniert wird. Diese Lösung wird beispielsweise beim Carsharing-Angebot von StadtTeilAuto in Osnabrück praktiziert (vgl. Stadtteilauto Osnabrück OS o.J.).

Das Nutzungsentgelt kann reduziert werden, wenn der Kunde durch Selbstladen (im Falle von E-Carsharing) bzw. Volltanken (Carsharing mit konventionellen Fahrzeugen) die Nutzung mit optimaler Reichweite für den Folgekunden sicherstellt. So gewähren z. B. car2go und Multicity ihren Kunden Freiminuten, wenn sie das Fahrzeug selbst aufladen bzw. volltanken (vgl. car2go o.J.; Citroen Deutschland o.J.). Bei anderen Anbietern ist

das Selbstladen bzw. Volltanken durch den Kunden unterhalb eines bestimmten Lade-
bzw. Tankstandes dagegen Pflicht.

6.2.1.2 Synergien mit anderen Anbietern

Unter Carsharing-Anbietern gilt derzeit die überschlägige Kalkulation, dass bei einem Angebot mit weniger als 20 Fahrzeugen ein kostendeckender Betrieb ohne die Nutzung von
Synergieeffekten, z. B. mit anderen Anbietern, nicht möglich ist. Daher haben sich Carsharing-Anbieter, die Mitglied beim bcs sind und weniger als 20 Fahrzeuge betreiben, zum
„Arbeitskreis U 21" zusammengeschlossen, durch den ein entsprechendes Netzwerk aufgebaut bzw. gepflegt sowie der Erfahrungsaustausch gefördert werden soll (vgl. Breindl
2014: 72; Breindl 2015).

Synergieeffekte mit verschiedenen regionalen Carsharing-Anbietern nutzt beispielsweise auch DB Rent mit dem flinkster-Angebot. So können flinkster-Kunden auch die
Fahrzeuge der assoziierten lokalen und regionalen Carsharing-Anbieter nutzen und umgekehrt. Der Kundenkreis erweitert sich dadurch für beide Seiten. Flinkster muss dadurch
nicht in jeder Region selbst aktiv sein, kann seinen Kunden dennoch ein flächendeckendes
Angebot bieten und profitiert von der lokalen oder regionalen Akzeptanz und Vernetzung
der lokalen und regionalen Anbieter. Diese wiederum können mehr Kunden generieren,
indem sie ihnen als Zusatz-Service zum eigenen Angebot vor Ort auch die Nutzung der
flinkster-Fahrzeuge in anderen Regionen anbieten können (vgl. Borcherding 2015).

6.2.1.3 Kostendeckung und Risikominimierung

Neben den reinen Ertragsfaktoren wie der Erhebung von Nutzungsentgelt gibt es auch
Möglichkeiten, durch Maßnahmen der Kostendeckung und Risikominimierung auf den
wirtschaftlichen Betrieb eines Carsharing-Angebotes hinzuwirken.

(1) Entgelte für außerplanmäßigen Aufwand

So werden von Carsharing-Anbietern neben der Grundgebühr, dem Zeit- und Streckenpreis sowie der Registrierungspauschale in der Regel gegebenenfalls auch Entgelte für
außerplanmäßigen Aufwand erhoben, beispielsweise bei Anfallen von Bußgeldern infolge von Verkehrsordnungswidrigkeiten, falls das Fahrzeug nach Ende der Mietzeit ver-
schmutzt abgestellt wird etc.. Ziel ist hierbei nicht die Gewinnerzielung. Es handelt sich
vielmehr um Service-Gebühren, mit denen zusätzlicher Personalaufwand finanziert und
die Funktionsfähigkeit des Carsharing-Angebots gewährleistet wird. Auch die Gebühren
zur Senkung der Selbstbeteiligung dienen der Risiko-Minimierung des Unternehmens, obwohl sich daraus auch geringfügige Gewinne ergeben können. Die Kunden bevorzugen in
der Regel eine höhere Selbstbeteiligung, um die regulären Beiträge zu minimieren. Bei
geringer Selbstbeteiligung neigen Nutzer nach der Erfahrung von Carsharing-Anbieter-
Vertretern zu einem schlechteren Umgang mit den Fahrzeugen. Das erhöht die Wahr-
scheinlichkeit von Beschädigungen und somit die Kosten.

(2) Kaution

Die Kaution wird vor allem von kleineren Anbietern erhoben und wird teilweise verzinst. Sie dient lediglich als Sicherheit zur Abdeckung von durch den Nutzer entstehenden Kosten (z. B. durch Schäden am Fahrzeug) und wird den Nutzern am Ende der Kundenbeziehung vollumfänglich zurückerstattet, sofern keine Kosten entstanden sind, für deren Deckung die Kaution vorgesehen ist. Daher handelt es sich bei der Kaution nicht um einen Ertrag, sondern um eine Möglichkeit, fremdverschuldeten Aufwand zu decken.

(3) Wiedervermarktung

Der finanzielle Effekt der Wiedervermarktung von Fahrzeug und (bei E-Carsharing) Batterie richtet sich bei Leasingfahrzeugen nach den im Leasing- bzw. Mietvertrag festgelegten Rückgabe-Bedingungen, bei Kauffahrzeugen nach dem am Markt erzielbaren Erlös. Wie groß der Ertrag aus der Wiedervermarktung ist, lässt sich schwer vorhersagen, da bei Carsharing-Fahrzeugen schwer kalkulierbar ist, in welchem Zustand sie sich zum Zeitpunkt der Wiedervermarktung befinden. Bei Elektrofahrzeugen kommt die schwer prognostizierbare Marktentwicklung hinzu.

Nach Aussage eines Carsharing-Anbieters stellte gerade in der Vergangenheit die Wiedervermarktung den zentralen Punkt des Geschäftsmodells verschiedener Anbieter dar, indem Kaufrabatte und hohe Rückkaufwerte nach kurzer Haltedauer ausgehandelt wurden. Die hohen Wiedervermarktungs-Erlöse finanzierten auf diese Weise das Carsharing-Angebot. Dieses Geschäftsmodell spiele jedoch eine zunehmend kleinere Rolle. Ein großer regionaler Carsharing-Anbieter vermarktet seine Fahrzeuge nach eigener Aussage nach drei Jahren wieder.

(4) Auslastungs- und Umsatzgarantie

Neben den beschriebenen Möglichkeiten, den Kunden für durch ihn entstehenden Zusatzaufwand in die Verantwortung zu nehmen sowie der Möglichkeit, einen Teil des Beschaffungsaufwands durch die Wiedervermarktung zu decken, vereinbaren einige Carsharing-Anbieter zur Kostendeckung auch eine Auslastungs- und Umsatzgarantie mit Kooperationspartnern. Es handelt sich dabei um Mindestdeckungsbeiträge. Ein wirtschaftlicher Betrieb wird also durch eine Auslastungs- oder Umsatzgarantie nicht garantiert. Beim Anbieter verbleibt ein Restrisiko. Beispiele für solche Kooperationspartner sind Kommunen, die Carsharing-Angebote auf ihrem Gebiet durch die Zusicherung von Umsatzgarantien für den Anbieter fördern.

6.2.1.4 Weitere Einnahmequellen

Weitere potenzielle Einnahmequellen bestehen für Carsharing-Anbieter durch Sponsoring, beispielsweise mittels Vermarktung von Werbeflächen an den Fahrzeugen.

6.2.2 Aufwand

6.2.2.1 Beschaffungskosten

(1) Fahrzeug

Durch eine vorausschauende Beschaffungsplanung lassen sich Skaleneffekte nutzen, um den Aufwand für die Fahrzeugbeschaffung zu minimieren. Neben einmaligem Mengenrabatt können auch Rahmenverträge ausgehandelt werden, die dauerhaft günstige Beschaffungsbedingungen garantieren. Kleinere Anbieter haben in der Regel durch die geringe Anzahl der von ihnen beschafften Fahrzeuge nicht die Möglichkeit, eigenständig Rahmenverträge abzuschließen. Der Bundesverband Carsharing e. V. bcs hat jedoch Rahmenvereinbarungen über den Kauf von Elektrofahrzeugen mit mehreren Fahrzeugherstellern geschlossen. Für Carsharing-Anbieter besteht die Möglichkeit, Elektrofahrzeuge über diese Rahmenvereinbarungen zu beschaffen. Auf diese Weise können auch kleinere Carsharing-Anbieter von Rahmenvereinbarungen bei Elektrofahrzeugen profitieren.

Die Art der Fahrzeugbeschaffung ist bei verschiedenen Carsharing-Anbietern unterschiedlich geregelt. So gibt es Anbieter, die ihre Fahrzeuge ausschließlich kaufen, während andere die Fahrzeuge teilweise auch leasen.

(2) Ladeinfrastruktur, Buchungstool

Neben den Beschaffungskosten für gegebenenfalls eigene Ladeinfrastruktur (siehe hierzu auch unten: Fixkosten) müssen Carsharing-Anbieter gegebenenfalls auch Beschaffungskosten für ein passendes Buchungstool einkalkulieren, sofern sie sich für den Kauf entscheiden. In der Regel erheben die Anbieter von Carsharing-Buchungstools jedoch eine Nutzungsgebühr statt eines einmaligen Kaufpreises (hierzu siehe unten unter Mischkosten). Einzelne Carsharing-Anbieter haben auch selbst ein Buchungstool entwickelt, was jedoch mit hohem finanziellem Aufwand verbunden ist. Durch das Anbieten der selbst entwickelten Buchungsplattform für andere Carsharing-Anbieter können den Entwicklungskosten entsprechende Einnahmen gegenübergestellt werden. Buchungstools müssen sehr leistungsfähig sein sowie möglichst die Möglichkeit für ein integriertes Flottenmanagement und diverse Service-Ausprägungen (inkl. Telefon-Hotline und App-Buchung) bieten. Sie müssen in der Regel spezifisch auf die Ansprüche eines Unternehmens angepasst werden. Daher können sie nicht „von der Stange" gekauft werden.

(3) Stellplätze

Theoretisch bestehen für Anbieter stationsgebundenen Carsharing neben den Beschaffungskosten für Fahrzeug, Ladeinfrastruktur und Buchungstool auch Beschaffungskosten für die Stellplätze. In der Praxis ist deren Kauf jedoch nicht rentabel (bspw. in Hamburg: 25.000 € pro Stellplatz). Daher werden sie in der Regel gemietet (siehe unten: Fixkosten). Die Kosten für die Beschilderung der Stellplätze müssen hingegen unter den Beschaffungskosten eingeplant werden. Allerdings sind diese Kosten gering: In der Regel liegen sie in einem Bereich von bis zu 500 € pro Stellplatz.

6.2.2.2 Fixkosten

(1) Finanzierungskosten

Je nachdem, ob für die beschafften Fahrzeuge etc. Eigenkapital oder Fremdkapital verwendet wird, fallen während des laufenden Betriebs Finanzierungskosten in Form von Zinskosten von Seiten des Kreditgebers oder Opportunitätskosten an. So verursacht ein Fahrzeug mit vergleichsweise hohem Anschaffungspreis und vergleichsweise niedrigen Betriebskosten höhere Opportunitätskosten als ein Fahrzeug mit niedrigerem Anschaffungspreis und höheren Betriebskosten, sofern die Summe aus Anschaffungspreis und Betriebskosten bei beiden gleich hoch ist und das Zinsniveau während der Betriebsdauer der Fahrzeuge konstant bleibt bzw. nicht ansteigt.

(2) Steuern, Hauptuntersuchung

Steuern sind ein vergleichsweise geringer Kostenfaktor – insbesondere bei E-Carsharing-Anbietern, da Elektrofahrzeuge derzeit steuerfrei sind (bei Zulassung ab 01.01.2016 für fünf Jahre, bei früherer Zulassung für zehn Jahre). Auch Rundfunkbeiträge stellen einen überschaubaren Kostenfaktor dar, fallen jedoch für jedes Fahrzeug an: pro Betriebsstätte eines Unternehmens ist ein Fahrzeug im Rundfunkbeitrag der Betriebsstätte enthalten. Für jedes weitere Fahrzeug fällt seit 01.04.2015 ein Beitrag von 5,83 € pro Monat an (vgl. ARD ZDF Deutschlandradio o.J.). Auch die Ausgaben für die Hauptuntersuchung der Fahrzeuge übersteigen 150 € pro Jahr und Fahrzeug nicht.

(3) Versicherung

Die Ausgaben für die Versicherung sind dagegen ein vergleichsweise hoher und wichtiger Kostenfaktor. Hinzu kommt, dass nur noch wenige Versicherungsgesellschaften dazu bereit sind, Carsharing-Fahrzeugflotten zu versichern, da sich dabei ein vergleichsweise hoher Verwaltungsaufwand ergibt.

(4) Ladeinfrastruktur

Die hohen Kosten für die Bereitstellung (Kauf und Betrieb bzw. Miete) eigener Ladeinfrastruktur erschweren aktuell den wirtschaftlichen Betrieb von E-Carsharing-Angeboten erheblich und halten viele Anbieter davon ab, ihr bislang konventionelles Angebot um Elektrofahrzeuge zu erweitern. Ladeinfrastruktur kann allein mit Carsharing-Fahrzeugen angesichts des aktuellen Preisniveaus nicht wirtschaftlich betrieben werden, da die Fahrzeuge teils lange und nicht planbare Standzeiten aufweisen und die Anzahl der Ladevorgänge in der Regel nicht groß genug ist: Für einen wirtschaftlichen Betrieb einer Ladesäule bzw. einer Wallbox werden täglich fünf bis sechs Ladevorgänge benötigt. Ausschließlich durch das Laden von Carsharing-Fahrzeugen eines Anbieters ist diese Anzahl an Ladevorgängen in aller Regel nicht realisierbar. Gleichzeitig muss jedoch pro Fahrzeug ein Ladepunkt vorgehalten werden, um das Laden aller Fahrzeuge zu jedem Zeitpunkt zu gewährleisten. Wird trotz der nicht realisierbaren Wirtschaftlichkeit eigene Ladeinfrastruktur betrieben, können deren Betriebskosten durch Wartungsgemeinschaften mit anderen Betreibern von Ladeinfrastruktur reduziert werden.

Die hohen Ladeinfrastrukturkosten kommen in der Regel jedoch in erster Linie durch die Beschaffung und Instandhaltung zustande und nicht durch die an der Ladeinfrastruktur abgenommene Strommenge. Denn diese ist teilweise so gering, dass der Energieversorger sie nicht in Rechnung stellt, um zu vermeiden, dass der notwendige Verwaltungsaufwand höher liegt als der Ertrag.

Auch Zuwendungen aus Förderprogrammen reichen oft nicht aus, um die anfallenden Kosten für Ladeinfrastruktur zu decken. Daher stellt es für E-Carsharing-Anbieter eine entscheidende und in der Regel auch erwartete Hilfe für einen wirtschaftlichen Betrieb dar, wenn diese Kosten ausgelagert werden können, indem die Anbieter zum Laden ihrer Elektrofahrzeuge auf ein flächendeckendes Ladeinfrastrukturnetz im öffentlichen Raum zurückgreifen können. Allerdings muss dann für jedes Carsharing-Fahrzeug ein Ladepunkt im öffentlichen Raum vorgehalten werden. So mussten in Leipzig eingesetzte E-Carsharing-Fahrzeuge wieder abgezogen werden, da keine E-Carsharing-Stellplätze an der Ladeinfrastruktur im öffentlichen Straßenraum für die E-Golfs reserviert waren und die Plätze daher teilweise belegt waren bzw. ladende Carsharing-Fahrzeuge Strafzettel erhielten. In Berlin und München werden zwischenzeitlich Stellplätze an Ladesäulen speziell für Elektrofahrzeuge vorgehalten. Die Städte wirken auf barrierefreie Ladeinfrastruktur hin (einheitliche technische Standards, Laden über eine kombinierte ÖPNV-/Carsharing-Kundenkarte möglich, Ladestand der Fahrzeuge per App abrufbar; vgl. Landeshauptstadt München & Senatsverwaltung für Stadtentwicklung und Umwelt Berlin: 36 ff).

Ein Möglicher Ansatz für Carsharing-Stellplätze im privaten Raum ist die Bereitstellung der Ladeinfrastruktur vom Wohnungsunternehmen bzw. Hausbesitzer beim Bau des Gebäudes. Als Bestandteil der Gebäudeentstehungskosten fallen diese Kosten somit weniger ins Gewicht. Beispiele für eine entsprechende Umsetzung sind das Projekt der Wohnbau Göppingen und das Sparda-E-Carsharing in Hamburg (s. Kap. 4 sowie Kap. 7).

(5) Personalaufwand

Gerade bei kleineren Carsharing-Anbietern mit knappem Startkapital stellt bereits die Fahrzeug-Beschaffung eine große finanzielle Herausforderung dar. Umso wichtiger ist daher gerade für solche Anbieter das Einsparungspotenzial beim Personalaufwand. Vielfach arbeiten die Mitarbeiter kleiner Anbieter daher teils oder sämtlich ehrenamtlich, um ein andernfalls nicht finanzierbares Carsharing-Angebot zu ermöglichen. Vor allem im ländlichen Raum, wo die „Dorfgemeinschaft" eine wichtige Rolle spielt und die nachbarschaftlichen Beziehungen in der Regel enger sind als im städtischen Raum, ist der Bestand vieler kleiner Carsharing-Initiativen nur durch dieses ehrenamtliche Engagement möglich (vgl. Breindl 2015). Größere Anbieter verzichten dagegen aus Haftungsgründen häufig auf ehrenamtliche Mitarbeiter.

Daneben gilt: Der Aufwand für eigenes Personal wird stark dadurch beeinflusst, welche bzw. wie viele Arbeiten selbst durchgeführt und wie viele Arbeiten eingekauft werden. So können beispielsweise eine eigene Schadenszentrale, ein eigenes Servicebüro und ein eigenes Servicemobil betrieben werden. Diese Einrichtungen können aber auch von Fuhrparkdienstleistern eingekauft werden. Dasselbe gilt für Leistungen wie etwa das Reklamationsmanagement, die Fuhrparkplanung oder die Geschäftskundenbetreuung, die von eigenem Personal oder aber von einem Fuhrparkdienstleister durchgeführt werden können. Insbesondere die Kosten für Buchungspersonal, das per Hotline oder am Schalter Fahrzeugbuchungen entgegennimmt und bearbeitet, verursacht hohe Kosten.

(6) Deckungsbeitrag

Um einen verlustfreien Betrieb sicherzustellen, muss ein Teil der Erträge als Deckungsbeitrag für innerbetriebliche Supportprozesse eingeplant werden, die selbst keinen Ertrag erwirtschaften. Dieser Betrag kann umso geringer ausfallen, je geringer die Aufwendungen insgesamt sind.

(7) Stellplatz

Die Stellplatzmieten sind regional sehr unterschiedlich (bspw. Hamburg teilw. über 100 €/Monat; andere, kleinere Städte: teilweise unter 15 €/Monat). In verschiedenen Städten dürfen Carsharing-Fahrzeuge mittlerweile auch in Anwohnerparkzonen parken, so z. B. die Fahrzeuge von JoeCar in Mannheim. In München wird je nach zwischen Carsharing-Anbieter und Stadt vereinbartem Park-Modell den einzelnen Carsharing-Fahrzeugen ein Gebiet zugewiesen, in dem sie wie Anwohnerfahrzeuge kostenfrei geparkt werden können. Insgesamt werden von der Stadt maximal 1200 dieser Parkausweise gegen eine Gebühr von jeweils 240 € pro Jahr an Carsharing-Anbieter vergeben. Daneben werden in München bis zu 300 Parkausweise pro Carsharing-Anbieter für Parkplätze in Mischparkzonen ausgegeben. Von der Nutzung mit diesen Parkausweisen ausgenommen ist das Parken in Parklizenzgebieten (also z. B. auf Anwohnerparkflächen und in gebührenpflichtigen Kurzparkbereichen). Als Kosten fallen einmalig 30 € Gebühren für die Ausstellung einer fahrzeugbezogenen Ausnahmegenehmigung sowie je nach Lage des Stellplatzes bis zu maximal 6 € pro Werktag (300 Tage pro Jahr) an. Insgesamt liegt der Preis eines solchen Stellplatzes damit bei rund 1800 € pro Jahr. Als weitere Stellplätze bestehen in München (E-)Carsharing-Stellplätze an den Mobilitätsstationen (Umsteigepunkten zwischen (E-)Carsharing, Radverkehr und ÖPNV). Dort werden über eine Sondernutzungsgenehmigung Stellplätze für Carsharing-Unternehmen zur Verfügung gestellt (je Station ein Stellplatz für stationsgebundenes Carsharing, zwei Stellplätze an einer Ladesäule für E-Carsharing, drei weitere Stellplätze ohne Einzelzuweisung für Carsharing-Fahrzeuge aller Art) (s. Abb. 6.8; vgl. Landeshauptstadt München & Senatsverwaltung für Stadtentwicklung und Umwelt Berlin: 30 ff). Ein ähnliches Konzept der Integration von Carsharing-Stellplätzen in intermodale Umsteigepunkte verfolgt seit längerem die Stadt Bremen.

Neben der Stellplatzmiete müssen gegebenenfalls weitere Infrastrukturnutzungsgebühren wie Innenstadtmautkosten abgeführt werden. In Deutschland besteht derzeit kein solches Mautsystem, anders als beispielsweise in London, Oslo oder Stockholm.

Stellplatzmietpreise: Beispiele	
Hamburg (mündl. Auskunft Carsharing-Anbieter)	100 €/Monat
Verschiedene kleinere Städte (mündl. Auskunft Carsharing-Anbieter)	< 15 €/Monat
München: Modell „wie Anwohner" (vgl. Landeshauptstadt München & Senatsverwaltung für Stadtentwicklung und Umwelt Berlin: 30ff)	20 €/Monat
München: Modell „wie Besucher" (vgl. Landeshauptstadt München & Senatsverwaltung für Stadtentwicklung und Umwelt Berlin: 30ff)	max. 150 €/Monat

Abb. 6.8 Beispiele für monatliche Stellplatzmietpreise in verschiedenen Städten

6.2.2.3 Mischkosten

Mischkosten sind gegebenenfalls die Fahrzeug-Leasingraten, bei Elektrofahrzeugen die Batteriemietraten sowie die Nutzungsgebühr des Buchungstools, die sich je nach Vertragsgestaltung aus fixen und variablen Elementen zusammensetzen. Die Mietraten für Buchungstools setzen sich in der Regel aus einem bestimmten Prozentsatz des vom Carsharing-Anbieter erzielten Umsatzes und aus den Servicekosten zusammen. Je nach Spezifikation des Buchungstools fallen die Gebühren für ein auf einer klassischen Website integriertes Buchungstool sowie eine Buchungs-App für Smartphones an.

6.2.2.4 Variable Kosten

(1) Kraftstoff/Strom

Bei den Kraftstoffkosten kann bei den größeren Tankstellen-Betreiber-Unternehmen auf Mischpreise zurückgegriffen werden, d. h. auf überregional einheitliche Preise, die sich aus den verschiedenen lokalen Preisen zusammensetzen. Diese Mischpreise unterliegen somit weniger starken Schwankungen als die lokalen Preise. Stromkosten für Elektrofahrzeuge fallen wie erwähnt teilweise gar nicht an (wenn die abgenommene Menge so gering ist, dass sich eine Rechnungsstellung für die Versorger nicht lohnt).

(2) Instandhaltung

Die Instandhaltung von Fahrzeugen und gegebenenfalls der Ladeinfrastruktur ist ein weiterer Faktor variabler Kosten. In der Regel werden Instandhaltungsarbeiten von Vertragswerkstätten durchgeführt. Carsharing-Anbieter sind daher von den herstellerspezifischen Instandhaltungskosten abhängig, die teilweise deutlichen Schwankungen unterliegen können (z. B. bei Fahrzeugteilepreisen). Sie können ihren Aufwand für die Reparatur und Wartung der Fahrzeuge sowie lokale Werkstattkostenschwankungen jedoch durch das Abschließen von Rahmenverträgen mit Vertragswerkstätten reduzieren. Der Markt freier Werkstätten unterliegt hingegen spürbaren standortbezogenen Preisschwankungen. Häufig vernachlässigt wird der in Verbindung mit den Instandhaltungskosten entstehende Personalaufwand (s. oben: Fixkosten – Personalaufwand).

Ertrag/Möglichkeiten zur Aufwandsminderung (pro Fahrzeug)				
	Einflussfaktoren	Einflussfaktoren	Betrag	Einheit
	interne Maßnahmen/selbst beeinflussbar („Stellschrauben")	extern		
Nutzungsentgelt				
Tarife	• Grundgebühr (tarifabhängig)/Vereinsbeitrag	Marktentwicklung Tarife		EUR/Monat
	• Zeitpreis (tarifabhängig, ggf. Unterschied Zeitpreis Tag/Zeitpreis Nacht)			EUR/h
	• Streckenpreis (tarifabhängig, ggf. Unterschied Streckenpreis Tag/ Streckenpreis Nacht)			EUR/km
	• Registrierungspauschale			EUR
			Summe Nutzungsentgelt pro Jahr	EUR/a
Dienstleistungen für andere Anbieter				
Angebot eigener Buchungssofware	Verkauf	Marktentwicklung Buchungssofware		EUR/a
	Vermietung			EUR/a
Angebot von Fuhrparkdienstleistungen	Beratung bei/Durchführung von:	Marktentwicklung Fuhrparkdienstleistungen		
	… Strategie-Erstellung			EUR/a
	… Fuhrparkanalyse			EUR/a
	… Fahrzeugbeschaffung			EUR/a
	… laufender Fuhrparkorganisation			EUR/a

Abb. 6.9 (E-)Carsharing Wirtschaftlichkeitstool. (Eigene Darstellung)

Synergien mit anderen Anbietern					
	gemeinsame Nutzung von Buchungssoftware; siehe Aufwand			–	(geringerer Aufwand)
	gemeinsamer Nutzerkreis	Anbietermarktentwicklung, Kundenmarktentwicklung	höhere Einnahmen durch mehr Nutzer / höhere Reichweite des Angebots / stärkere Auslastung		EUR/a
	gemeinsame Beschaffung; siehe Aufwand			–	(geringerer Aufwand)
Kostendeckung und Risikominimierung					
Tarife	Strafentgelte (Technikereinsatz, Weiterleitung von Bußgeldbescheiden o.ä.)	Marktentwicklung Tarife			EUR
	Kaution				
	Erlöse aus Senkung der Selbstbeteiligung				EUR
Wiedervermarktung Fahrzeug/Batterie	Verkauf	Marktentwicklung Gebrauchtfahrzeugpreise/ Gebrauchtbatteriepreise			EUR/a
	(Restwert, z. B. nach Abschreibungsende)				EUR/a
Auslastungs-/ Umsatzgarantie		durch Carsharing-Kooperationspartner (Kommune/Wohnungsbau-Genossenschaft/ Nahverkehrsgesellschaft o.ä.) per Mindestumsatz vereinbarung bzw. Mindestdeckungsbeitrag	<fester jährlicher Mindestbetrag>		EUR/a
Förderung über Projekte von Bund, Ländern und Kommunen					
	aktive Fördermittelakquise	Entwicklung der verfügbaren Fördermittel/ Förderprogramme			EUR/a
Weitere Einnahmequellen					
Sponsoring/Werbung	Vermarktung von Werbeflächen				EUR/a
Summe Ertrag (pro Fahrzeug)			Summe Nutzungsentgelt pro Jahr		

Abb. 6.9 (Fortsetzung)

Aufwand				
Beschaffungskosten				
Anschaffungskosten Fahrzeug	Einkaufsgemeinschaften (=> Rahmenverträge), Einkaufsvolumina	Marktentwicklung Fahrzeug-/Batteriepreise		EUR/a
Anschaffungskosten Ladeinfrastruktur	Einkaufsgemeinschaften (=> Rahmenverträge)	Marktentwicklung Ladeinfrastruktur		EUR/a
Anschaffungskosten Buchungs-Tool:	Einkaufsgemeinschaften (=> Rahmenverträge)	Marktentwicklung Buchungssoftware		EUR/a
Anschaffungskosten Stellplatz		Marktentwicklung Boden		EUR/a
Baukosten (Beschilderung)		Marktentwicklung Beschilderungskosten		EUR/a
Fixkosten				
Finanzierungskosten:	Haftpflicht, ggf. (Teil-)Kasko			EUR/a
Versicherung:				EUR/a
Steuer:		E-Fahrzeuge: Steuerbefreiung 10 J. bzw. 5 J.		EUR/a
Rundfunkbeitrag		Entwicklung Rundfunkbeitragskosten		EUR/a
Hauptuntersuchung		Entwicklung Hauptuntersuchungskosten		EUR/a
Personalaufwand (eigener Aufwand des Unternehmens durch verschiedene Personen/Abteilungen bzw. durch Kümmerer in Personalunion. Oder: eingekaufte Dienstleistung)	Kosten Schadenzentrale	Kosten Schadenzentrale		EUR/a
	Backoffice / Reklamanagement intern/extern	Backoffice / Reklamanagement intern/extern		EUR/a
	Kosten Servicebüro intern/extern	Kosten Servicebüro intern/extern		EUR/a
	Kosten Servicemobil intern/extern	Kosten Servicemobil intern/extern		EUR/a
	Fuhrparkplanung intern/extern	Fuhrparkplanung intern/extern		EUR/a
	Kosten Buchungspersonal (Hotline, App, ggf. Schalter)	Kosten Buchungspersonal (Hotline, App, ggf. Schalter)		EUR/a
	Geschäftskundenbetreuung	Geschäftskundenbetreuung		EUR/a
	Stationsakquise/ Verwaltung	Rechtsberatung/ Vertretung		EUR/a
		Debimanagement/ Inkasso		EUR/a
Deckungsbeitrag x%	Kosten für Personal, Fahrzeuge etc. begrenzen			EUR/a
Mietrate Stellplatz		lokale Stellplatzmietunterschiede, Entwicklung Stellplatzmietpreise		EUR/a
Infrastrukturnutzungsgebühren (ggf. fixe Park-/Mautkosten etc.)		Entwicklung Infrastrukturnutzungsgebühren		EUR/a

Abb. 6.9 (Fortsetzung)

Mischkosten			
Leasingrate Fahrzeug		Marktentwicklung Fahrzeugmietpreise	EUR/a
Mietrate Batterie		Marktentwicklung Batteriemietpreise	EUR/a
Mietrate Buchungs-Tool (inkl. Datentransfer, Ein- & Ausbaukosten, App, Website)		Marktentwicklung Buchungs-Tool-Preise	EUR/a
Variable Kosten			
Kraftstoffkosten (Benzin, Diesel,…)		lokale Kraftstoffpreise; Mischpreiskalkulation mit geringeren Schwankungen, Kraftstoffpreisentwicklung	EUR/a
Stromkosten		lokale Strompreise, Strompreisentwicklung	EUR/a
Instandhaltung/Werkstattkosten (ohne Personalaufwand; hierzu siehe Personalaufwand) Reparatur, Wartung	Nutzung von Rahmverträgen mit Vertragswerkstätten	lokale Preise freier Werkstätten, Preisentwicklung Vertragswerkstätten	EUR/a
Reifen		Entwicklung Reifenkosten	EUR/a
Rückgabekosten bei Leasing	Fahrzeugnutzung auf Leasingbedingungen abstimmen		EUR/a
Gewaltschäden, Dellenrisiko	Förderung des pfleglichen Umgangs mit den Fahrzeugen	Entwicklung Werkstattkosten	EUR/a
Infrastrukturnutzungsgebühren (ggf. variable Park-/Mautkosten etc.)		Entwicklung Infrastrukturnutzungsgebühren	EUR/a
Ein-/Aussteuerung	saisonale Auslastungsteuerung durch bedarfsorientierten An- und Verkauf der Fahrzeuge	Marktentwicklung Fuhrparkdienstleistungen	EUR/a
Marketing (Overhead/ Fz.-Beklebung)			EUR/a
Summe Aufwand (pro Fahrzeug)			
Ergebnis Gewinn/Verlust			**EUR/a**

weiche Faktoren u.a.:
- Auslastungssteuerung (Saison)
- Fuhrparkmix
- Stationsmix
- Gemeinschaftsgefühl in der Carsharing-Community und Mund-Zu-Mund-Propaganda
- Anteil Firmenkunden
- soziodemograph. Faktoren
- Lage/Einzugsgebiet
- „Lifestylefaktor"

(zu den weichen Faktoren im Detail s. Kap. 5.1)

* erstellt auf Basis der Interviews von FHE/SI (s. Lit.verzeichnis: eigene Quellen) und in Abstimmung mit Vertretern aus der (E-)Carsharing-Praxis

■ nur für E-Fahrzeuge relevanter Aufwandsfaktor

Abb. 6.9 (Fortsetzung)

(3) Leasing-Rückgabekosten

Gegebenenfalls fallen am Ende eines Leasing-Vertrages Leasing-Rückgabekosten an, z. B. das Delta zwischen dem tatsächlichen Restwert und dem höheren, im Restwertleasingvertrag prognostizierten Restwert; oder aber eine Nachzahlung im Falle der Überschreitung der im Kilometerleasingvertrag festgeschriebenen Kilometerbegrenzung. Diese Kosten fallen umso geringer aus, je optimaler der Leasingvertrag von vornherein auf die Fahrzeugnutzung abgestimmt wurde (vgl. FHE/SI 2015a: 61).

(4) Gewaltschäden, Dellenrisiko

Einen häufig signifikanten Kostenfaktor stellen Gewaltschäden und das Dellenrisiko dar. Durch die Erzeugung von Gemeinschaftsgefühl in der Carsharing-Community, durch eine moderate Motorisierung der Fahrzeuge sowie durch die Vermeidung der Abrechnung über einen reinen Zeittarif kann ein pfleglicherer Umgang mit den Fahrzeugen erreicht werden. Reine Zeittarife mit minutengenauer Abrechnung tragen ebenfalls zum Unfallrisiko bei, da Nutzer zügiger fahren, um Geld zu sparen. Das standortspezifische Risiko von Gewaltschäden durch Vandalismus ist ein Faktor bei der Wahl der Fahrzeugstandorte.

(5) Marketing

Ein möglichst großer Teil der Erträge sollte als Overhead für Aufwendungen im Marketing verwendet werden. Der finanzielle Spielraum für kostenintensive Marketingmaßnahmen ist für die meisten Carsharing-Anbieter allerdings gering. Für die Bewerbung ihres Angebotes sind sie daher auf Mund-zu-Mund-Propaganda sowie auf die Unterstützung der Kommunen ihres Carsharing-Angebotsraumes angewiesen.

Übersicht ausgewählter (E-)Carsharing Anbieter in Deutschland

Dieses Kapitel enthält Steckbriefe zu über 40 Carsharing-Anbietern, die auch oder ausschließlich Elektrofahrzeuge zur Nutzung anbieten. Die Steckbriefe der einzelnen E-Carsharing-Anbieter enthalten Informationen zu ausgewählten Kriterien, durch die sich E-Carsharing-Anbieter charakterisieren lassen. Die gewählten Kriterien stellen eine Auswahl der in Abschn. 5.2 erläuterten Kriterien dar.

© Springer Fachmedien Wiesbaden GmbH 2018
W. Rid et al., *Carsharing in Deutschland*, ATZ/MTZ-Fachbuch,
https://doi.org/10.1007/978-3-658-15906-1_7

Die Autonative e.V. („OberSchwabenMobil")			
Grunddaten			
Sitz des Anbieters	Räumliche Ausdehnung des Angebots	Nutzergruppe	Standortbezug
Ravensburg (BW)	regional	offen	stationsgebunden
Angebotsraum			
Siedlungsstruktureller Raumtyp (nach BBSR)		Kommunengröße (nach Destatis)	
☐ städtische Region ☑ Region mit Verstädterungsansätzen ☐ ländliche Region		☐ Großstadt (>100.000 Einwohner) ☑ Mittelstadt (20.000 – 100.000 Einwohner) ☐ Kleinstadt/Landgemeinde (<20.000 Einwohner)	
Stationen, Standorte und Flotte			
Anzahl der Standorte	Anzahl der Stationen	Anzahl aller Fahrzeuge	Anzahl der Elektrofahrzeuge
☐ 1 ☐ 21–50 ☐ 2–5 ☐ 51–100 ☑ 6–10 ☐ >100 ☐ 11–20 ☐ k.A.	☐ 1 ☐ 21–50 ☐ 2–5 ☐ 51–100 ☑ 6–10 ☐ >100 ☐ 11–20 ☐ k.A.	☐ 1 ☐ 21–100 ☐ 2–5 ☐ >100 ☑ 6–20 ☐ k.A.	☑ 1 ☐ 21–100 ☐ 2–5 ☐ >100 ☐ 6–20 ☐ k.A.
Angebotene Fahrzeugsegmente (nach KBA)			
☑ Mini ☑ Kleinwagen ☑ Kompaktklasse ☐ Mittelklasse	☐ Obere Mittelklasse ☐ Oberklasse ☐ Sport Utility Vehicle (SUV)	☐ Geländewagen ☐ Sportwagen ☐ Mini-Van ☐ Großraum-Van	☑ Utility ☐ k.A.
Buchungsformen		**Abrechnungsmodus**	
☑ Internet ☐ Smartphone-App ☐ Schalter ☑ Anruf/Mail ☐ automatisch bei Öffnen des Fahrzeugs ☐ k.A.		☑ nach Zeiteinheit ☑ nach Streckeneinheit ☑ Grundgebühr ☐ Flatrate ☐ nach Zeiteinheit mit Kilometerbegrenzung ☐ k.A.	
Zusätzliche Informationen			
Kooperationen			
mit bundesweitem Carsharing-Anbieter			
Besonderheiten			
Weiterführende Informationen/Quelle			
http://www.die-autonative.de			

Bodensee-Oberschwaben Verkehrsverbundgesellschaft mbH („emma")			
Grunddaten			
Sitz des Anbieters	Räumliche Ausdehnung des Angebots	Nutzergruppe	Standortbezug
Friedrichshafen (BW)	regional	offen	stationsgebunden
Angebotsraum			
Siedlungsstruktureller Raumtyp (nach BBSR)		Kommunengröße (nach Destatis)	
☐ städtische Region ☑ Region mit Verstädterungsansätzen ☑ ländliche Region		☐ Großstadt (>100.000 Einwohner) ☑ Mittelstadt (20.000 – 100.000 Einwohner) ☑ Kleinstadt/Landgemeinde (<20.000 Einwohner)	
Stationen, Standorte und Flotte			
Anzahl der Standorte	Anzahl der Stationen	Anzahl aller Fahrzeuge	Anzahl der Elektrofahrzeuge
☐ 1 ☐ 21–50 ☑ 2–5 ☐ 51–100 ☐ 6–10 ☐ >100 ☐ 11–20 ☐ k.A.	☐ 1 ☐ 21–50 ☐ 2–5 ☐ 51–100 ☑ 6–10 ☐ >100 ☐ 11–20 ☐ k.A.	☐ 1 ☐ 21–100 ☐ 2–5 ☐ >100 ☑ 6–20 ☐ k.A.	☐ 1 ☐ 21–100 ☐ 2–5 ☐ >100 ☑ 6–20 ☐ k.A.
Angebotene Fahrzeugsegmente (nach KBA)			
☐ Mini ☑ Kleinwagen ☑ Kompaktklasse ☐ Mittelklasse	☐ Obere Mittelklasse ☐ Oberklasse ☐ Sport Utility Vehicle (SUV)	☐ Geländewagen ☐ Sportwagen ☐ Mini-Van ☐ Großraum-Van	☐ Utility ☐ k.A.
Buchungsformen		**Abrechnungsmodus**	
☑ Internet ☑ Smartphone-App ☐ Schalter ☑ Anruf/Mail ☐ automatisch bei Öffnen des Fahrzeugs ☐ k.A.		☑ nach Zeiteinheit ☑ nach Streckeneinheit ☑ Grundgebühr ☐ Flatrate ☐ nach Zeiteinheit mit Kilometerbegrenzung ☐ k.A.	
Zusätzliche Informationen			
Kooperationen			
• mit regionalem ÖPNV-Anbieter (Verkehrsverbund) • mit lokalem Energieunternehmen • mit bundesweiten Unternehmen			
Besonderheiten			
• E-Carsharing-Anbieter mit reiner E-Fahrzeugflotte • enge Kooperation mit Flinkster: Registrierung, Buchung, Abrechnung • Einbindung in Energienetze lokaler Energieanbieter • Ergänzung des ÖPNV: fahrplangebundener ÖPNV-Einsatz der E-Fahrzeuge auf bestimmte Strecken • gefördert im Programm „Landesinitiative Elektromobilität" (BW)			
Weiterführende Informationen/Quelle			

http://www.emma-elektromobil.de

BSMF mbH („Leben im Westen")

Grunddaten

Sitz des Anbieters	Räumliche Ausdehnung des Angebots	Nutzergruppe	Standortbezug
Frankfurt am Main	regional	offen, geschlossen (Bewohnerschaft)	stationsgebunden

Angebotsraum

Siedlungsstruktureller Raumtyp (nach BBSR)	Kommunengröße (nach Destatis)
☑ städtische Region ☐ Region mit Verstädterungsansätzen ☐ ländliche Region	☑ Großstadt (>100.000 Einwohner) ☐ Mittelstadt (20.000 – 100.000 Einwohner) ☐ Kleinstadt/Landgemeinde (<20.000 Einwohner)

Stationen, Standorte und Flotte

Anzahl der Standorte	Anzahl der Stationen	Anzahl aller Fahrzeuge	Anzahl der Elektrofahrzeuge
☑ 1 ☐ 21–50 ☐ 2–5 ☐ 51–100 ☐ 6–10 ☐ >100 ☐ 11–20 ☐ k.A.	☐ 1 ☐ 21–50 ☐ 2–5 ☐ 51–100 ☐ 6–10 ☐ >100 ☑ 11–20 ☐ k.A.	☐ 1 ☐ 21–100 ☐ 2–5 ☐ >100 ☑ 6–20 ☐ k.A.	☐ 1 ☐ 21–100 ☐ 2–5 ☐ >100 ☑ 6–20 ☐ k.A.

Angebotene Fahrzeugsegmente (nach KBA)

☑ Mini ☑ Kleinwagen ☐ Kompaktklasse ☐ Mittelklasse	☐ Obere Mittelklasse ☐ Oberklasse ☐ Sport Utility Vehicle (SUV)	☐ Geländewagen ☐ Sportwagen ☐ Mini-Van ☐ Großraum-Van	☑ Utility ☐ k.A.

Buchungsformen	Abrechnungsmodus
☐ Internet ☐ Smartphone-App ☑ Schalter ☑ Anruf/Mail ☐ automatisch bei Öffnen des Fahrzeugs ☐ k.A.	☑ nach Zeiteinheit ☐ nach Streckeneinheit ☐ Grundgebühr ☐ Flatrate ☐ nach Zeiteinheit mit Kilometerbegrenzung ☐ k.A.

Zusätzliche Informationen

Kooperationen

- mit lokalen Wohnungsbaugesellschaften
- mit lokalem ÖPNV-Anbieter
- mit lokalem Carsharing-Anbieter
- mit weiteren lokale Unternehmen

Besonderheiten

- neben (E-)Carsharing-Fahrzeugen auch E-Lastenräder im Angebot;Angebot steht allen Bürgern auch ohne Registrierung zur Verfügung
- gegen geringen Aufpreis wird ein Hol- und Bringservice angeboten
- gefördert im Programm „Modellregionen Elektromobilität – Modellregion Rhein-Main"

Weiterführende Informationen/Quelle

http://www.lebenimwesten.de

Cambio Mobilitätsservice GmbH & Co KG			
Grunddaten			
Sitz des Anbieters	Räumliche Ausdehnung des Angebots	Nutzergruppe	Standortbezug
Bremen	überregional	offen, geschlossen (Corporate Carsharing)*	stationsgebunden

Angebotsraum

Siedlungsstruktureller Raumtyp (nach BBSR)	Kommunengröße (nach Destatis)
☑ städtische Region ☑ Region mit Verstädterungsansätzen ☑ ländliche Region	☑ Großstadt (>100.000 Einwohner) ☑ Mittelstadt (20.000 – 100.000 Einwohner) ☑ Kleinstadt/Landgemeinde (<20.000 Einwohner)

Stationen, Standorte und Flotte

Anzahl der Standorte	Anzahl der Stationen	Anzahl aller Fahrzeuge	Anzahl der Elektrofahrzeuge
☐ 1 ☐ 21–50 ☐ 2–5 ☐ 51–100 ☐ 6–10 ☐ >100 ☑ 11–20 ☐ k.A.	☐ 1 ☐ 21–50 ☐ 2–5 ☐ 51–100 ☐ 6–10 ☑ >100 ☐ 11–20 ☐ k.A.	☐ 1 ☐ 21–100 ☐ 2–5 ☑ >100 ☐ 6–20 ☐ k.A.	☐ 1 ☐ 21–100 ☐ 2–5 ☐ >100 ☐ 6–20 ☑ k.A.

Angebotene Fahrzeugsegmente (nach KBA)

☑ Mini ☑ Kleinwagen ☑ Kompaktklasse ☑ Mittelklasse	☐ Obere Mittelklasse ☐ Oberklasse ☐ Sport Utility Vehicle (SUV)	☐ Geländewagen ☐ Sportwagen ☐ Mini-Van ☐ Großraum-Van	☑ Utility ☐ k.A.

Buchungsformen	Abrechnungsmodus
☑ Internet ☑ Smartphone-App ☐ Schalter ☑ Anruf/Mail ☐ automatisch bei Öffnen des Fahrzeugs ☐ k.A.	☑ nach Zeiteinheit ☑ nach Streckeneinheit ☑ Grundgebühr ☐ Flatrate ☐ nach Zeiteinheit mit Kilometerbegrenzung ☐ k.A.

Zusätzliche Informationen

Kooperationen

- mit lokalem ÖPNV-Anbieter
- mit lokalen und bundesweiten Unternehmen

Besonderheiten

- Ergänzung des Angebotes durch Mobilitätsstationen in Bremen
- Blauer Engel für umweltschonende Verkehrsdienstleistungen (gemäß RAL-UZ 100 für Carsharing)
- gefördert u. a. im Projekt „Modellregionen Elektromobilität – Modellregion Rhein-Ruhr"

Weiterführende Informationen/Quelle

http://www.emma-elektromobil.de

* Die folgenden Angaben beziehen sich nur auf die offene Nutzergruppe.

car2go Deutschland GmbH			
Grunddaten			
Sitz des Anbieters	Räumliche Ausdehnung des Angebots	Nutzergruppe	Standortbezug
Leinfelden-Echterdingen (BW)	international*	offen, geschlossen (Corporate Carsharing)**	FreeFloating
Angebotsraum			
Siedlungsstruktureller Raumtyp (nach BBSR)		Kommunengröße (nach Destatis)	
☑ städtische Region ☐ Region mit Verstädterungsansätzen ☐ ländliche Region		☑ Großstadt (>100.000 Einwohner) ☐ Mittelstadt (20.000 – 100.000 Einwohner) ☐ Kleinstadt/Landgemeinde (<20.000 Einwohner)	
Stationen, Standorte und Flotte			
Anzahl der Standorte	Anzahl der Stationen	Anzahl aller Fahrzeuge	Anzahl der Elektrofahrzeuge
☐ 1　　☐ 21–50 ☐ 2–5　☐ 51–100 ☑ 6–10　☐ >100 ☐ 11–20　☐ k.A.	-	3.750	500
Angebotene Fahrzeugsegmente (nach KBA)			
☑ Mini ☐ Kleinwagen ☐ Kompaktklasse ☐ Mittelklasse	☐ Obere Mittelklasse ☐ Oberklasse ☐ Sport Utility Vehicle (SUV)	☐ Geländewagen ☐ Sportwagen ☐ Mini-Van ☐ Großraum-Van	☐ Utility ☐ k.A.
Buchungsformen		**Abrechnungsmodus**	
☐ Internet ☑ Smartphone-App ☐ Schalter ☐ Anruf/Mail ☐ automatisch bei Öffnen des Fahrzeugs ☐ k.A.		☑ nach Zeiteinheit ☐ nach Streckeneinheit ☐ Grundgebühr ☐ Flatrate ☐ nach Zeiteinheit mit Kilometerbegrenzung ☐ k.A.	
Zusätzliche Informationen			
Kooperationen			
• mit lokalen ÖPNV-Anbietern			
Besonderheiten			
• Tochterunternehmen der Daimler AG • an mehren Standorten ist das Parken auf öffentlich bewirtschafteten kostenpflichtigen Parkplätzen kostenlos			
Weiterführende Informationen/Quelle			
https://www.car2go.com/de			

* Die folgenden Angaben beziehen sich nur auf das bundesweite Angebot.
** Die folgenden Angaben beziehen sich nur auf die offene Nutzergruppe.

Carsharing Erlangen e.V.			
Grunddaten			
Sitz des Anbieters	Räumliche Ausdehnung des Angebots	Nutzergruppe	Standortbezug
Buckenhof(Mittelfranken)	lokal	offen	stationsgebunden
Angebotsraum			
Siedlungsstruktureller Raumtyp (nach BBSR)		Kommunengröße (nach Destatis)	
☑ städtische Region ☐ Region mit Verstädterungsansätzen ☐ ländliche Region		☑ Großstadt (>100.000 Einwohner) ☐ Mittelstadt (20.000 – 100.000 Einwohner) ☐ Kleinstadt/Landgemeinde (<20.000 Einwohner)	

Stationen, Standorte und Flotte

Anzahl der Standorte		Anzahl der Stationen		Anzahl aller Fahrzeuge		Anzahl der Elektrofahrzeuge	
☑ 1	☐ 21–50	☐ 1	☐ 21–50	☐ 1	☐ 21–100	☐ 1	☐ 21–100
☐ 2–5	☐ 51–100	☐ 2–5	☐ 51–100	☐ 2–5	☐ >100	☑ 2–5	☐ >100
☐ 6–10	☐ >100	☑ 6–10	☐ >100	☑ 6–20	☐ k.A.	☐ 6–20	☐ k.A.
☐ 11–20	☐ k.A.	☐ 11–20	☐ k.A.				

Angebotene Fahrzeugsegmente (nach KBA)

☐ Mini ☑ Kleinwagen ☑ Kompaktklasse ☐ Mittelklasse	☐ Obere Mittelklasse ☐ Oberklasse ☐ Sport Utility Vehicle (SUV)	☐ Geländewagen ☐ Sportwagen ☐ Mini-Van ☑ Großraum-Van	☐ Utility ☐ k.A.

Buchungsformen	Abrechnungsmodus
☑ Internet ☑ Smartphone-App ☐ Schalter ☑ Anruf/Mail ☐ automatisch bei Öffnen des Fahrzeugs ☐ k.A.	☑ nach Zeiteinheit ☑ nach Streckeneinheit ☐ Grundgebühr ☐ Flatrate ☐ nach Zeiteinheit mit Kilometerbegrenzung ☐ k.A.

Zusätzliche Informationen

Kooperationen

- mit überregionalen Carsharing-Anbietern
- mit bundesweitem Carsharing-Anbieter

Besonderheiten

Weiterführende Informationen/Quelle

http://www.carsharing-erlangen.de

Carsharing Kaufbeuren e.V.			
Grunddaten			
Sitz des Anbieters	Räumliche Ausdehnung des Angebots	Nutzergruppe	Standortbezug
Kaufbeuren(Schwaben)	regional	offen	stationsgebunden

Angebotsraum	
Siedlungsstruktureller Raumtyp (nach BBSR)	Kommunengröße (nach Destatis)
☐ städtische Region ☐ Region mit Verstädterungsansätzen ☑ ländliche Region	☐ Großstadt (>100.000 Einwohner) ☑ Mittelstadt (20.000 – 100.000 Einwohner) ☐ Kleinstadt/Landgemeinde (<20.000 Einwohner)

Stationen, Standorte und Flotte			
Anzahl der Standorte	Anzahl der Stationen	Anzahl aller Fahrzeuge	Anzahl der Elektrofahrzeuge
☐ 1　　☐ 21–50 ☑ 2–5　☐ 51–100 ☐ 6–10　☐ >100 ☐ 11–20　☐ k.A.	☐ 1　　☐ 21–50 ☑ 2–5　☐ 51–100 ☐ 6–10　☐ >100 ☐ 11–20　☐ k.A.	☐ 1　　☐ 21–100 ☑ 2–5　☐ >100 ☐ 6–20　☐ k.A.	☑ 1　　☐ 21–100 ☐ 2–5　☐ >100 ☐ 6–20　☐ k.A.

Angebotene Fahrzeugsegmente (nach KBA)			
☑ Mini ☑ Kleinwagen ☐ Kompaktklasse ☐ Mittelklasse	☐ Obere Mittelklasse ☐ Oberklasse ☐ Sport Utility Vehicle (SUV)	☐ Geländewagen ☐ Sportwagen ☐ Mini-Van ☐ Großraum-Van	☐ Utility ☐ k.A.

Buchungsformen	**Abrechnungsmodus**
☑ Internet ☐ Smartphone-App ☐ Schalter ☐ Anruf/Mail ☐ automatisch bei Öffnen des Fahrzeugs ☐ k.A.	☑ nach Zeiteinheit ☑ nach Streckeneinheit ☑ Grundgebühr ☐ Flatrate ☐ nach Zeiteinheit mit Kilometerbegrenzung ☐ k.A.

Zusätzliche Informationen
Kooperationen
k.A.
Besonderheiten
Weiterführende Informationen/Quelle
http://www.carsharing-kf.de

CITROËN Deutschland GmbH („multicity")			
Grunddaten			
Sitz des Anbieters	Räumliche Ausdehnung des Angebots	Nutzergruppe	Standortbezug
Köln	lokal	offen	FreeFloating

Angebotsraum	
Siedlungsstruktureller Raumtyp (nach BBSR)	Kommunengröße (nach Destatis)
☑ städtische Region ☐ Region mit Verstädterungsansätzen ☐ ländliche Region	☑ Großstadt (>100.000 Einwohner) ☐ Mittelstadt (20.000 – 100.000 Einwohner) ☐ Kleinstadt/Landgemeinde (<20.000 Einwohner)

Stationen, Standorte und Flotte			
Anzahl der Standorte	Anzahl der Stationen	Anzahl aller Fahrzeuge	Anzahl der Elektrofahrzeuge
☑ 1 ☐ 21–50 ☐ 2–5 ☐ 51–100 ☐ 6–10 ☐ >100 ☐ 11–20 ☐ k.A.	–	☐ 1 ☐ 21–100 ☐ 2–5 ☑ >100 ☐ 6–20 ☐ k.A.	☐ 1 ☐ 21–100 ☐ 2–5 ☑ >100 ☐ 6–20 ☐ k.A.

Angebotene Fahrzeugsegmente (nach KBA)			
☑ Mini ☐ Kleinwagen ☐ Kompaktklasse ☐ Mittelklasse	☐ Obere Mittelklasse ☐ Oberklasse ☐ Sport Utility Vehicle (SUV)	☐ Geländewagen ☐ Sportwagen ☐ Mini-Van ☐ Großraum-Van	☐ Utility ☐ k.A.

Buchungsformen	**Abrechnungsmodus**
☑ Internet ☑ Smartphone-App ☐ Schalter ☑ Anruf/Mail ☐ automatisch bei Öffnen des Fahrzeugs ☐ k.A.	☑ nach Zeiteinheit ☐ nach Streckeneinheit ☐ Grundgebühr ☐ Flatrate ☐ nach Zeiteinheit mit Kilometerbegrenzung ☐ k.A.

Zusätzliche Informationen

Kooperationen
• mit lokalem ÖPNV-Anbieter • mit bundesweitem Carsharing-Anbieter

Besonderheiten
• E-Carsharing-Anbieter mit reiner E-Fahrzeugflotte • gefördert im Projekt „Modellregionen Elektromobilität – Modellregion Berlin/Brandenburg"

Weiterführende Informationen/Quelle

https://www.multicity-carsharing.de

DB Rent GmbH („Flinkster")			
Grunddaten			
Sitz des Anbieters	Räumliche Ausdehnung des Angebots	Nutzergruppe	Standortbezug
Frankfurt am Main	International*	offen, geschlossen (Corporate Carsharing)**	stationsgebunden
Angebotsraum			
Siedlungsstruktureller Raumtyp (nach BBSR)		Kommunengröße (nach Destatis)	
☑ städtische Region ☑ Region mit Verstädterungsansätzen ☑ ländliche Region		☑ Großstadt (>100.000 Einwohner) ☑ Mittelstadt (20.000 – 100.000 Einwohner) ☑ Kleinstadt/Landgemeinde (<20.000 Einwohner)	
Stationen, Standorte und Flotte			
Anzahl der Standorte	Anzahl der Stationen	Anzahl aller Fahrzeuge	Anzahl der Elektrofahrzeuge
300***	1.700***	4.000***	700***
Angebotene Fahrzeugsegmente (nach KBA)			
☑ Mini ☑ Kleinwagen ☑ Kompaktklasse ☑ Mittelklasse	☑ Obere Mittelklasse ☑ Oberklasse ☐ Sport Utility Vehicle (SUV)	☐ Geländewagen ☐ Sportwagen ☐ Mini-Van ☐ Großraum-Van	☑ Utility ☐ k. A.
Buchungsformen		**Abrechnungsmodus**	
☑ Internet ☑ Smartphone-App ☐ Schalter ☑ Anruf/Mail ☐ automatisch bei Öffnen des Fahrzeugs ☐ k. A.		☑ nach Zeiteinheit ☑ nach Streckeneinheit ☐ Grundgebühr ☐ Flatrate ☐ nach Zeiteinheit mit Kilometerbegrenzung ☐ k. A.	
Zusätzliche Informationen			
Kooperationen			
Zahlreiche Kooperationen mit Unternehmen verschiedener Bereiche, v.a. Carsharing-Anbietern und anderen Unternehmen aus dem Verkehrssektor			
Besonderheiten			
• Mitwirkung in Projekten wie „Elektromobiles Thüringen in der Fläche" (EMOTIF) und „BerlinelektroMobil" (BeMobilty) • gefördert u. a. im Programm „Modellregionen Elektromobilität – Modellregion Berlin/Brandenburg"			
Weiterführende Informationen/Quelle			
• https://www.flinkster.de • http://www.emotif.de • https://www.bemobility.de			

*　　Die Angaben dieses Steckbriefes beziehen sich nur auf das bundesweite Angebot.

**　 Die folgenden Angaben beziehen sich nur auf die offene Nutzergruppe.

*** Diese Angaben schließen Zahlen von kooperierenden Anbietern ein.

Drive-CarSharing GmbH			
Grunddaten			
Sitz des Anbieters	Räumliche Ausdehnung des Angebots	Nutzergruppe	Standortbezug
Solingen	national	offen, geschlossen (Corporate Carsharing)*	stationsgebunden

Angebotsraum	
Siedlungsstruktureller Raumtyp (nach BBSR)	Kommunengröße (nach Destatis)
☑ städtische Region ☑ Region mit Verstädterungsansätzen ☐ ländliche Region	☑ Großstadt (>100.000 Einwohner) ☑ Mittelstadt (20.000 – 100.000 Einwohner) ☑ Kleinstadt/Landgemeinde (<20.000 Einwohner)

Stationen, Standorte und Flotte			
Anzahl der Standorte	Anzahl der Stationen	Anzahl aller Fahrzeuge	Anzahl der Elektrofahrzeuge
☐ 1 ☑ 21–50 ☐ 2–5 ☐ 51–100 ☐ 6–10 ☐ >100 ☐ 11–20 ☐ k. A.	☐ 1 ☐ 21–50 ☐ 2–5 ☐ 51–100 ☐ 6–10 ☐ >100 ☐ 11–20 ☑ k. A.	☐ 1 ☐ 21–100 ☐ 2–5 ☐ >100 ☐ 6–20 ☑ k. A.	☐ 1 ☑ 21–100 ☐ 2–5 ☐ >100 ☐ 6–20 ☐ k. A.

Angebotene Fahrzeugsegmente (nach KBA)			
☑ Mini ☑ Kleinwagen ☑ Kompaktklasse ☑ Mittelklasse	☐ Obere Mittelklasse ☑ Oberklasse ☐ Sport Utility Vehicle (SUV)	☐ Geländewagen ☐ Sportwagen ☐ Mini-Van ☐ Großraum-Van	☑ Utility ☐ k. A.

Buchungsformen	**Abrechnungsmodus**
☑ Internet ☑ Smartphone-App ☐ Schalter ☑ Anruf/Mail ☐ automatisch bei Öffnen des Fahrzeugs ☐ k.A.	☑ nach Zeiteinheit ☑ nach Streckeneinheit ☑ Grundgebühr ☐ Flatrate ☐ nach Zeiteinheit mit Kilometerbegrenzung ☐ k.A.

Zusätzliche Informationen
Kooperationen

- mit lokalen Carsharing-Anbietern
- mit bundesweitem Carsharing-Anbieter

Besonderheiten

- Unternehmen wirkt u. a. in Projekten wie RuhrautoE und E-Carflex Business mit
- gefördert im Programm „Modellregionen Elektromobilität – Modellregion Rhein Ruhr"

Weiterführende Informationen/Quelle

- https://www.drive-carsharing.com
- http://www.ruhrautoe.de
- http://www.e-carflex.de

* Die folgenden Angaben beziehen sich nur auf die offene Nutzergruppe.

DriveNow GmbH & Co KG			
Grunddaten			
Sitz des Anbieters	Räumliche Ausdehnung des Angebots	Nutzergruppe	Standortbezug
München	international*	offen, geschlossen (Corporate Carsharing)**	FreeFloating
Angebotsraum			
Siedlungsstruktureller Raumtyp (nach BBSR)		Kommunengröße (nach Destatis)	
☑ städtische Region ☐ Region mit Verstädterungsansätzen ☐ ländliche Region		☑ Großstadt (>100.000 Einwohner) ☐ Mittelstadt (20.000 – 100.000 Einwohner) ☐ Kleinstadt/Landgemeinde (<20.000 Einwohner)	
Stationen, Standorte und Flotte			
Anzahl der Standorte	Anzahl der Stationen	Anzahl aller Fahrzeuge	Anzahl der Elektrofahrzeuge
☐ 1　　☐ 21–50 ☑ 2–5　　☐ 51–100 ☐ 6–10　　☐ >100 ☐ 11–20　　☐ k.A.		2.600	> 800
Angebotene Fahrzeugsegmente (nach KBA)			
☐ Mini ☑ Kleinwagen ☑ Kompaktklasse ☐ Mittelklasse	☐ Obere Mittelklasse ☐ Oberklasse ☑ Sport Utility Vehicle (SUV)	☐ Geländewagen ☐ Sportwagen ☐ Mini-Van ☐ Großraum-Van	☐ Utility ☐ k.A.
Buchungsformen		**Abrechnungsmodus**	
☑ Internet ☑ Smartphone-App ☐ Schalter ☑ Anruf/Mail ☑ automatisch bei Öffnen des Fahrzeugs ☐ k.A.		☐ nach Zeiteinheit ☐ nach Streckeneinheit ☐ Grundgebühr ☐ Flatrate ☑ nach Zeiteinheit mit Kilometerbegrenzung ☐ k.A.	
Zusätzliche Informationen			
Kooperationen			
• mit lokalem ÖPNV-Anbieter • mit lokalen Unternehmen • mit dem Einzelhandel			
Besonderheiten			
• Joint Venture der BMW Group und der Sixt SE • gefördert im Projekt „Schaufenster Elektromobilität – Schaufenster Bayern/Sachsen"			
Weiterführende Informationen/Quelle			
https://www.drive-now.com			

* Die folgenden Angaben beziehen sich nur auf das bundesweite Angebot.

** Die folgenden Angaben beziehen sich nur auf die offene Nutzergruppe.

einfach mobil CarSharing GmbH			
Grunddaten			
Sitz des Anbieters	Räumliche Ausdehnung des Angebots	Nutzergruppe	Standortbezug
Marburg (Hessen)	überregional	offen, geschlossen (Corporate Carsharing)*	stationsgebunden
Angebotsraum			
Siedlungsstruktureller Raumtyp (nach BBSR)		Kommunengröße (nach Destatis)	
☑ städtische Region ☑ Region mit Verstädterungsansätzen ☐ ländliche Region		☑ Großstadt (>100.000 Einwohner) ☑ Mittelstadt (20.000 – 100.000 Einwohner) ☐ Kleinstadt/Landgemeinde (<20.000 Einwohner)	
Stationen, Standorte und Flotte			
Anzahl der Standorte	Anzahl der Stationen	Anzahl aller Fahrzeuge	Anzahl der Elektrofahrzeuge
☐ 1 ☐ 21–50 ☑ 2–5 ☐ 51–100 ☐ 6–10 ☐ >100 ☐ 11–20 ☐ k.A.	☐ 1 ☑ 21–50 ☐ 2–5 ☐ 51–100 ☐ 6–10 ☐ >100 ☐ 11–20 ☐ k.A.	☐ 1 ☑ 21–100 ☐ 2–5 ☐ >100 ☐ 6–20 ☐ k.A.	☐ 1 ☐ 21–100 ☐ 2–5 ☐ >100 ☑ 6–20 ☐ k.A.
Angebotene Fahrzeugsegmente (nach KBA)			
☑ Mini ☑ Kleinwagen ☑ Kompaktklasse ☑ Mittelklasse	☐ Obere Mittelklasse ☐ Oberklasse ☐ Sport Utility Vehicle (SUV)	☐ Geländewagen ☐ Sportwagen ☑ Mini-Van ☐ Großraum-Van	☑ Utility ☐ k.A.
Buchungsformen		**Abrechnungsmodus**	
☑ Internet ☑ Smartphone-App ☐ Schalter ☑ Anruf/Mail ☐ automatisch bei Öffnen des Fahrzeugs ☐ k.A.		☑ nach Zeiteinheit ☑ nach Streckeneinheit ☑ Grundgebühr ☐ Flatrate ☐ nach Zeiteinheit mit Kilometerbegrenzung ☐ k.A.	
Zusätzliche Informationen			
Kooperationen			
• mit lokalen ÖPNV-Anbietern • mit lokalen Bikesharing-Anbietern • mit bundesweitem Carsharing-Anbieter			
Besonderheiten			
• die Höhe der Kosten (Abrechnung nach Zeiteinheit) variiert gemäß aktueller Kraftstoffpreise			
Weiterführende Informationen/Quelle			
• http://www.einfach-mobil.de			

* Die folgenden Angaben beziehen sich nur auf die offene Nutzergruppe.

E-WALD GmbH			
Grunddaten			
Sitz des Anbieters	Räumliche Ausdehnung des Angebots	Nutzergruppe	Standortbezug
Teisnach (Niederbayern)	überregional	offen, geschlossen (Corporate Carsharing)*	stationsgebunden

Angebotsraum	
Siedlungsstruktureller Raumtyp (nach BBSR)	Kommunengröße (nach Destatis)
☑ städtische Region ☑ Region mit Verstädterungsansätzen ☑ ländliche Region	☐ Großstadt (>100.000 Einwohner) ☑ Mittelstadt (20.000 – 100.000 Einwohner) ☑ Kleinstadt/Landgemeinde (<20.000 Einwohner)

Stationen, Standorte und Flotte			
Anzahl der Standorte	Anzahl der Stationen	Anzahl aller Fahrzeuge	Anzahl der Elektrofahrzeuge
☐ 1 ☐ 21–50 ☐ 2–5 ☑ 51–100 ☐ 6–10 ☐ >100 ☐ 11–20 ☐ k.A.	☐ 1 ☐ 21–50 ☐ 2–5 ☑ 51–100 ☐ 6–10 ☐ >100 ☐ 11–20 ☐ k.A.	☐ 1 ☐ 21–100 ☐ 2–5 ☑ >100 ☐ 6–20 ☐ k.A.	☐ 1 ☐ 21–100 ☐ 2–5 ☑ >100 ☐ 6–20 ☐ k.A.

Angebotene Fahrzeugsegmente (nach KBA)			
☑ Mini ☑ Kleinwagen ☑ Kompaktklasse ☐ Mittelklasse	☐ Obere Mittelklasse ☑ Oberklasse ☐ Sport Utility Vehicle (SUV)	☐ Geländewagen ☑ Sportwagen ☐ Mini-Van ☐ Großraum-Van	☑ Utility ☐ k.A.

Buchungsformen	**Abrechnungsmodus**
☑ Internet ☑ Smartphone-App ☐ Schalter ☑ Anruf/Mail ☐ automatisch bei Öffnen des Fahrzeugs ☐ k.A.	☑ nach Zeiteinheit ☐ nach Streckeneinheit ☐ Grundgebühr ☐ Flatrate ☐ nach Zeiteinheit mit Kilometerbegrenzung ☐ k.A.

Zusätzliche Informationen
Kooperationen
• mit lokalen Unternehmen • mit Kommunen der Region
Besonderheiten
• E-Carsharing-Anbieter mit reiner E-Fahrzeugflotte für den ländlichen Raum • gefördert im Projekt „Schaufenster Elektromobilität – Schaufenster Bayern/Sachsen"
Weiterführende Informationen/Quelle
http://e-wald.eu

* Die folgenden Angaben beziehen sich nur auf das bundesweite Angebot.

FM future mobility GmbH			
Grunddaten			
Sitz des Anbieters	Räumliche Ausdehnung des Angebots	Nutzergruppe	Standortbezug
Zwickau (Sachsen)	überregional	offen	stationsgebunden

Angebotsraum

Siedlungsstruktureller Raumtyp (nach BBSR)	Kommunengröße (nach Destatis)
☐ städtische Region ☑ Region mit Verstädterungsansätzen ☐ ländliche Region	☑ Großstadt (>100.000 Einwohner) ☑ Mittelstadt (20.000 – 100.000 Einwohner) ☑ Kleinstadt/Landgemeinde (<20.000 Einwohner)

Stationen, Standorte und Flotte

Anzahl der Standorte	Anzahl der Stationen	Anzahl aller Fahrzeuge	Anzahl der Elektrofahrzeuge
☐ 1 ☐ 21–50 ☐ 2–5 ☐ 51–100 ☐ 6–10 ☐ >100 ☑ 11–20 ☐ k.A.	☐ 1 ☑ 21–50 ☐ 2–5 ☐ 51–100 ☐ 6–10 ☐ >100 ☐ 11–20 ☐ k.A.	☐ 1 ☐ 21–100 ☐ 2–5 ☐ >100 ☐ 6–20 ☑ k.A.	☐ 1 ☐ 21–100 ☐ 2–5 ☐ >100 ☐ 6–20 ☑ k.A.

Angebotene Fahrzeugsegmente (nach KBA)

☑ Mini ☑ Kleinwagen ☑ Kompaktklasse ☐ Mittelklasse	☐ Obere Mittelklasse ☐ Oberklasse ☐ Sport Utility Vehicle (SUV)	☐ Geländewagen ☐ Sportwagen ☐ Mini-Van ☐ Großraum-Van	☑ Utility ☐ k.A.

Buchungsformen	Abrechnungsmodus
☑ Internet ☑ Smartphone-App ☐ Schalter ☑ Anruf/Mail ☐ automatisch bei Öffnen des Fahrzeugs ☐ k.A.	☑ nach Zeiteinheit ☑ nach Streckeneinheit ☑ Grundgebühr ☐ Flatrate ☐ nach Zeiteinheit mit Kilometerbegrenzung ☐ k.A.

Zusätzliche Informationen

Kooperationen

k. A.

Besonderheiten

- Hol- und Bringservice für die Fahrzeuge

Weiterführende Informationen/Quelle

https://www.fahrmitfm.de

Gemeinsam Unterwegs e. V. („schöner mobil")

Grunddaten

Sitz des Anbieters	Räumliche Ausdehnung des Angebots	Nutzergruppe	Standortbezug
Schönstadt -Gde. Cölbe(Hessen)	lokal	offen	stationsgebunden

Angebotsraum

Siedlungsstruktureller Raumtyp (nach BBSR)	Kommunengröße (nach Destatis)
☐ städtische Region ☐ Region mit Verstädterungsansätzen ☑ ländliche Region	☐ Großstadt (>100.000 Einwohner) ☐ Mittelstadt (20.000 – 100.000 Einwohner) ☑ Kleinstadt/Landgemeinde (<20.000 Einwohner)

Stationen, Standorte und Flotte

Anzahl der Standorte	Anzahl der Stationen	Anzahl aller Fahrzeuge	Anzahl der Elektrofahrzeuge
☑ 1 ☐ 21–50 ☐ 2–5 ☐ 51–100 ☐ 6–10 ☐ >100 ☐ 11–20 ☐ k. A.	☑ 1 ☐ 21–50 ☐ 2–5 ☐ 51–100 ☐ 6–10 ☐ >100 ☐ 11–20 ☐ k. A.	☐ 1 ☐ 21–100 ☑ 2–5 ☐ >100 ☐ 6–20 ☐ k. A.	☐ 1 ☐ 21–100 ☑ 2–5 ☐ >100 ☐ 6–20 ☐ k. A.

Angebotene Fahrzeugsegmente (nach KBA)

☐ Mini ☑ Kleinwagen ☐ Kompaktklasse ☐ Mittelklasse	☐ Obere Mittelklasse ☐ Oberklasse ☐ Sport Utility Vehicle (SUV)	☐ Geländewagen ☐ Sportwagen ☐ Mini-Van ☐ Großraum-Van	☑ Utility ☐ k. A.

Buchungsformen / Abrechnungsmodus

Buchungsformen	Abrechnungsmodus
☑ Internet ☐ Smartphone-App ☐ Schalter ☑ Anruf/Mail ☐ automatisch bei Öffnen des Fahrzeugs ☐ k.A.	☑ nach Zeiteinheit ☐ nach Streckeneinheit ☐ Grundgebühr ☐ Flatrate ☐ nach Zeiteinheit mit Kilometerbegrenzung ☐ k. A.

Zusätzliche Informationen

Kooperationen

k. A.

Besonderheiten

E-Carsharing-Anbieter mit reiner E-Fahrzeugflotte

Weiterführende Informationen/Quelle

http://www.schoenstadt.net/index.php/elektromobilitaet/schoener-mobil

Grünes Auto Göttingen

Grunddaten

Sitz des Anbieters	Räumliche Ausdehnung des Angebots	Nutzergruppe	Standortbezug
Göttingen	lokal	offen	stationsgebunden

Angebotsraum

Siedlungsstruktureller Raumtyp (nach BBSR)	Kommunengröße (nach Destatis)
☐ städtische Region ☑ Region mit Verstädterungsansätzen ☐ ländliche Region	☑ Großstadt (>100.000 Einwohner) ☐ Mittelstadt (20.000 – 100.000 Einwohner) ☐ Kleinstadt/Landgemeinde (<20.000 Einwohner)

Stationen, Standorte und Flotte

Anzahl der Standorte	Anzahl der Stationen	Anzahl aller Fahrzeuge	Anzahl der Elektrofahrzeuge
☑ 1 ☐ 21–50 ☐ 2–5 ☐ 51–100 ☐ 6–10 ☐ >100 ☐ 11–20 ☐ k.A.	☐ 1 ☐ 21–50 ☐ 2–5 ☐ 51–100 ☑ 6–10 ☐ >100 ☐ 11–20 ☐ k.A.	☐ 1 ☑ 21–100 ☐ 2–5 ☐ >100 ☐ 6–20 ☐ k.A.	☐ 1 ☐ 21–100 ☑ 2–5 ☐ >100 ☐ 6–20 ☐ k.A.

Angebotene Fahrzeugsegmente (nach KBA)

☑ Mini ☑ Kleinwagen ☑ Kompaktklasse ☑ Mittelklasse	☐ Obere Mittelklasse ☐ Oberklasse ☐ Sport Utility Vehicle (SUV)	☐ Geländewagen ☐ Sportwagen ☑ Mini-Van ☐ Großraum-Van	☑ Utility ☐ k.A.

Buchungsformen	Abrechnungsmodus
☑ Internet ☐ Smartphone-App ☐ Schalter ☑ Anruf/Mail ☑ automatisch bei Öffnen des Fahrzeugs ☐ k.A.	☑ nach Zeiteinheit ☑ nach Streckeneinheit ☐ Grundgebühr ☐ Flatrate ☐ nach Zeiteinheit mit Kilometerbegrenzung ☐ k.A.

Zusätzliche Informationen

Kooperationen

- mit lokalem ÖPNV-Anbieter
- mit lokalen Unternehmen
- mit bundesweitem Carsharing-Anbieter

Besonderheiten

- so genannte „Flexi-Autos" können ohne Buchung an den Stationen abgeholt und beliebig lange genutzt werden

Weiterführende Informationen/Quelle

http://www.gruenes-auto.de

Hochschwarzwald Tourismus AG			
Grunddaten			
Sitz des Anbieters	Räumliche Ausdehnung des Angebots	Nutzergruppe	Standortbezug
Hinterzarten (BW)	regional	offen	stationsgebunden
Angebotsraum			
Siedlungsstruktureller Raumtyp (nach BBSR)		Kommunengröße (nach Destatis)	
☐ städtische Region ☑ Region mit Verstädterungsansätzen ☐ ländliche Region		☐ Großstadt (>100.000 Einwohner) ☐ Mittelstadt (20.000 – 100.000 Einwohner) ☑ Kleinstadt/Landgemeinde (<20.000 Einwohner)	
Stationen, Standorte und Flotte			
Anzahl der Standorte	Anzahl der Stationen	Anzahl aller Fahrzeuge	Anzahl der Elektrofahrzeuge
☐ 1 ☐ 21–50 ☐ 2–5 ☐ 51–100 ☐ 6–10 ☐ >100 ☑ 11–20 ☐ k.A.	☐ 1 ☐ 21–50 ☐ 2–5 ☐ 51–100 ☐ 6–10 ☐ >100 ☑ 11–20 ☐ k.A.	☐ 1 ☑ 21–100 ☐ 2–5 ☐ >100 ☐ 6–20 ☐ k.A.	☐ 1 ☑ 21–100 ☐ 2–5 ☐ >100 ☐ 6–20 ☐ k.A.
Angebotene Fahrzeugsegmente (nach KBA)			
☐ Mini ☑ Kleinwagen ☐ Kompaktklasse ☐ Mittelklasse	☐ Obere Mittelklasse ☐ Oberklasse ☐ Sport Utility Vehicle (SUV)	☐ Geländewagen ☐ Sportwagen ☐ Mini-Van ☐ Großraum-Van	☐ Utility ☐ k.A.
Buchungsformen		**Abrechnungsmodus**	
☑ Internet ☑ Smartphone-App ☐ Schalter ☐ Anruf/Mail ☐ automatisch bei Öffnen des Fahrzeugs ☐ k.A.		☑ nach Zeiteinheit ☐ nach Streckeneinheit ☐ Grundgebühr ☐ Flatrate ☐ nach Zeiteinheit mit Kilometerbegrenzung ☐ k.A.	
Zusätzliche Informationen			
Kooperationen			
• Kooperation mit lokalen ÖPNV-Anbietern • mit lokalen Unternehmen			
Besonderheiten			
• E-Carsharing-Anbieter mit reiner E-Fahrzeugflotte • auf Touristen zugeschnittenes Angebot (Preisvorteile für „Hochschwarzwald Card"-Besitzer)			
Weiterführende Informationen/Quelle			
http://www.hochschwarzwald.de/carsharing			

Königsbrunner Auto-Teiler			
Grunddaten			
Sitz des Anbieters	Räumliche Ausdehnung des Angebots	Nutzergruppe	Standortbezug
Bobingen (Schwaben)	regional	offen	stationsgebunden

Angebotsraum

Siedlungsstruktureller Raumtyp (nach BBSR)	Kommunengröße (nach Destatis)
☐ städtische Region ☑ Region mit Verstädterungsansätzen ☐ ländliche Region	☐ Großstadt (>100.000 Einwohner) ☑ Mittelstadt (20.000 – 100.000 Einwohner) ☐ Kleinstadt/Landgemeinde (<20.000 Einwohner)

Stationen, Standorte und Flotte

Anzahl der Standorte	Anzahl der Stationen	Anzahl aller Fahrzeuge	Anzahl der Elektrofahrzeuge
☐ 1 ☐ 21–50 ☑ 2–5 ☐ 51–100 ☐ 6–10 ☐ >100 ☐ 11–20 ☐ k.A.	☐ 1 ☐ 21–50 ☑ 2–5 ☐ 51–100 ☐ 6–10 ☐ >100 ☐ 11–20 ☐ k.A.	☐ 1 ☐ 21–100 ☐ 2–5 ☐ >100 ☑ 6–20 ☐ k.A.	☐ 1 ☐ 21–100 ☑ 2–5 ☐ >100 ☐ 6–20 ☐ k.A.

Angebotene Fahrzeugsegmente (nach KBA)

☑ Mini ☑ Kleinwagen ☐ Kompaktklasse ☐ Mittelklasse	☐ Obere Mittelklasse ☐ Oberklasse ☐ Sport Utility Vehicle (SUV)	☐ Geländewagen ☐ Sportwagen ☑ Mini-Van ☑ Großraum-Van	☑ Utility ☐ k.A.

Buchungsformen	Abrechnungsmodus
☑ Internet ☐ Smartphone-App ☐ Schalter ☐ Anruf/Mail ☐ automatisch bei Öffnen des Fahrzeugs ☐ k.A.	☑ nach Zeiteinheit ☑ nach Streckeneinheit ☐ Grundgebühr ☐ Flatrate ☐ nach Zeiteinheit mit Kilometerbegrenzung ☐ k.A.

Zusätzliche Informationen

Kooperationen

- mit bundesweitem Carsharing-Anbieter

Besonderheiten

Weiterführende Informationen/Quelle

http://www.carsharing-koenigsbrunn.de

LAG Eifel beim Naturpark Nordeifel e.V. („E-ifel mobil")			
Grunddaten			
Sitz des Anbieters	Räumliche Ausdehnung des Angebots	Nutzergruppe	Standortbezug
Nettersheim (NRW)	regional	offen	stationsgebunden
Angebotsraum			
Siedlungsstruktureller Raumtyp (nach BBSR)		Kommunengröße (nach Destatis)	
☐ städtische Region ☐ Region mit Verstädterungsansätzen ☑ ländliche Region		☐ Großstadt (>100.000 Einwohner) ☐ Mittelstadt (20.000 – 100.000 Einwohner) ☑ Kleinstadt/Landgemeinde (<20.000 Einwohner)	
Stationen, Standorte und Flotte			
Anzahl der Standorte	Anzahl der Stationen	Anzahl aller Fahrzeuge	Anzahl der Elektrofahrzeuge
☑ 1 ☐ 21–50 ☐ 2–5 ☐ 51–100 ☐ 6–10 ☐ >100 ☐ 11–20 ☐ k.A.	☑ 1 ☐ 21–50 ☐ 2–5 ☐ 51–100 ☐ 6–10 ☐ >100 ☐ 11–20 ☐ k.A.	☑ 1 ☐ 21–100 ☐ 2–5 ☐ >100 ☐ 6–20 ☐ k.A.	☑ 1 ☐ 21–100 ☐ 2–5 ☐ >100 ☐ 6–20 ☐ k.A.
Angebotene Fahrzeugsegmente (nach KBA)			
☑ Mini ☐ Kleinwagen ☐ Kompaktklasse ☐ Mittelklasse	☐ Obere Mittelklasse ☐ Oberklasse ☐ Sport Utility Vehicle (SUV)	☐ Geländewagen ☐ Sportwagen ☐ Mini-Van ☐ Großraum-Van	☐ Utility ☐ k.A.
Buchungsformen		**Abrechnungsmodus**	
☑ Internet ☐ Smartphone-App ☐ Schalter ☑ Anruf/Mail ☐ automatisch bei Öffnen des Fahrzeugs ☐ k.A.		☑ nach Zeiteinheit ☑ nach Streckeneinheit ☑ Grundgebühr ☐ Flatrate ☐ nach Zeiteinheit mit Kilometerbegrenzung ☐ k.A.	
Zusätzliche Informationen			
Kooperationen			
• mit regionalen Kommunen			
Besonderheiten			
• Standort des E-Carsharing-Fahrzeugs ist nur temporär und wechselt in bestimmten Zeitabständen • gefördert im Aktionsprogramm „Modellvorhaben der Raumordnung (MORO)"			
Weiterführende Informationen/Quelle			
http://www.leader-eifel.de/go/projekte-details/25-e-ifel-mobil.html			

Lebensgarten Steyerberg e. V.			
Grunddaten			
Sitz des Anbieters	Räumliche Ausdehnung des Angebots	Nutzergruppe	Standortbezug
Steyerberg (NI)	Arealgebunden (ein Areal, z. B. Quartier)	offen	stationsgebunden

Angebotsraum	
Siedlungsstruktureller Raumtyp (nach BBSR)	Kommunengröße (nach Destatis)
☑ städtische Region ☐ Region mit Verstädterungsansätzen ☐ ländliche Region	☐ Großstadt (>100.000 Einwohner) ☐ Mittelstadt (20.000 – 100.000 Einwohner) ☑ Kleinstadt/Landgemeinde (<20.000 Einwohner)

Stationen, Standorte und Flotte

Anzahl der Standorte		Anzahl der Stationen		Anzahl aller Fahrzeuge		Anzahl der Elektrofahrzeuge	
☑ 1	☐ 21–50	☑ 1	☐ 21–50	☐ 1	☐ 21–100	☐ 1	☐ 21–100
☐ 2–5	☐ 51–100	☐ 2–5	☐ 51–100	☐ 2–5	☐ >100	☐ 2–5	☐ >100
☐ 6–10	☐ >100	☐ 6–10	☐ >100	☑ 6–20	☐ k. A.	☑ 6–20	☐ k. A.
☐ 11–20	☐ k. A.	☐ 11–20	☐ k. A.				

Angebotene Fahrzeugsegmente (nach KBA)

☑ Mini	☐ Obere Mittelklasse	☐ Geländewagen	☐ Utility
☑ Kleinwagen	☐ Oberklasse	☐ Sportwagen	☐ k. A.
☐ Kompaktklasse	☐ Sport Utility Vehicle	☐ Mini-Van	
☐ Mittelklasse	(SUV)	☐ Großraum-Van	

Buchungsformen	Abrechnungsmodus
☑ Internet ☐ Smartphone-App ☐ Schalter ☑ Anruf/Mail ☐ automatisch bei Öffnen des Fahrzeugs ☐ k.A.	☐ nach Zeiteinheit ☐ nach Streckeneinheit ☐ Grundgebühr ☐ Flatrate ☐ nach Zeiteinheit mit Kilometerbegrenzung ☑ k. A.

Zusätzliche Informationen

Kooperationen

- mit lokalen Vereinen
- mit überregionalem Carsharing-Anbieter
- mit Kommunen der Region

Besonderheiten

- private Initiative
- Pionierarbeit im privaten (E-)Carsharing seit den frühen 1990er-Jahren
- Mitwirkung an Forschungsprojekten (z. B. GO ELK zur Erprobung von Ladeinfrastruktur)
- Ganzheitlicher Ansatz (lokale Erzeugung regnerativer Energie, Einsatz von E-Fahrzeugen, Sharing-Gedanke)

Weiterführende Informationen/Quelle

http://lebensgarten.de/solar-elektromobilitaet/

Lippe (Landkreis; „elektrisch bewegt")			
Grunddaten			
Sitz des Anbieters	Räumliche Ausdehnung des Angebots	Nutzergruppe	Standortbezug
Detmold	regional	offen	stationsgebunden
Angebotsraum			
Siedlungsstruktureller Raumtyp (nach BBSR)		Kommunengröße (nach Destatis)	
☑ städtische Region ☑ Region mit Verstädterungsansätzen ☐ ländliche Region		☐ Großstadt (>100.000 Einwohner) ☑ Mittelstadt (20.000 – 100.000 Einwohner) ☑ Kleinstadt/Landgemeinde (<20.000 Einwohner)	
Stationen, Standorte und Flotte			
Anzahl der Standorte	Anzahl der Stationen	Anzahl aller Fahrzeuge	Anzahl der Elektrofahrzeuge
☐ 1　　☐ 21–50 ☑ 2–5　☐ 51–100 ☐ 6–10　☐ >100 ☐ 11–20　☐ k.A.	☐ 1　　☐ 21–50 ☐ 2–5　☐ 51–100 ☐ 6–10　☐ >100 ☐ 11–20　☑ k.A.	☐ 1　　☐ 21–100 ☐ 2–5　☐ >100 ☐ 6–20　☑ k.A.	☐ 1　　☐ 21–100 ☐ 2–5　☐ >100 ☐ 6–20　☑ k.A.
Angebotene Fahrzeugsegmente (nach KBA)			
☐ Mini ☐ Kleinwagen ☑ Kompaktklasse ☐ Mittelklasse	☐ Obere Mittelklasse ☐ Oberklasse ☐ Sport Utility Vehicle (SUV)	☐ Geländewagen ☐ Sportwagen ☐ Mini-Van ☐ Großraum-Van	☐ Utility ☐ k.A.
Buchungsformen		**Abrechnungsmodus**	
☐ Internet ☐ Smartphone-App ☐ Schalter ☑ Anruf/Mail ☐ automatisch bei Öffnen des Fahrzeugs ☐ k.A.		☐ nach Zeiteinheit ☐ nach Streckeneinheit ☐ Grundgebühr ☐ Flatrate ☐ nach Zeiteinheit mit Kilometerbegrenzung ☑ k.A.	
Zusätzliche Informationen			
Kooperationen			
k. A.			
Besonderheiten			
Weiterführende Informationen/Quelle			
http://www.elektrisch-bewegt.de			

Mobility Center GmbH („teilAuto")			
Grunddaten			
Sitz des Anbieters	Räumliche Ausdehnung des Angebots	Nutzergruppe	Standortbezug
Halle/Saale	überregional	offen	stationsgebunden

Angebotsraum

Siedlungsstruktureller Raumtyp (nach BBSR)	Kommunengröße (nach Destatis)
☑ städtische Region ☑ Region mit Verstädterungsansätzen ☑ ländliche Region	☑ Großstadt (>100.000 Einwohner) ☑ Mittelstadt (20.000 – 100.000 Einwohner) ☐ Kleinstadt/Landgemeinde (<20.000 Einwohner)

Stationen, Standorte und Flotte

Anzahl der Standorte		Anzahl der Stationen		Anzahl aller Fahrzeuge		Anzahl der Elektrofahrzeuge	
☐ 1	☐ 21–50	☐ 1	☐ 21–50	☐ 1	☐ 21–100	☐ 1	☐ 21–100
☐ 2–5	☐ 51–100	☐ 2–5	☐ 51–100	☐ 2–5	☑ >100	☑ 2–5	☐ >100
☐ 6–10	☐ >100	☐ 6–10	☑ >100	☐ 6–20	☐ k.A.	☐ 6–20	☐ k.A.
☑ 11–20	☐ k.A.	☐ 11–20	☐ k.A.				

Angebotene Fahrzeugsegmente (nach KBA)

☑ Mini ☑ Kleinwagen ☑ Kompaktklasse ☑ Mittelklasse	☐ Obere Mittelklasse ☐ Oberklasse ☐ Sport Utility Vehicle (SUV)	☐ Geländewagen ☐ Sportwagen ☐ Mini-Van ☐ Großraum-Van	☑ Utility ☐ k.A.

Buchungsformen	Abrechnungsmodus
☑ Internet ☑ Smartphone-App ☐ Schalter ☑ Anruf/Mail ☐ automatisch bei Öffnen des Fahrzeugs ☐ k.A.	☑ nach Zeiteinheit ☑ nach Streckeneinheit ☑ Grundgebühr ☐ Flatrate ☐ nach Zeiteinheit mit Kilometerbegrenzung ☐ k.A.

Zusätzliche Informationen

Kooperationen

- mit lokalen ÖPNV-Anbietern
- mit lokalen Unternehmen
- mit bundesweitem Carsharing-Anbieter

Besonderheiten

- Blauer Engel für umweltschonende Verkehrsdienstleistungen (gemäß RAL-UZ 100 für Carsharing)
- gefördert durch „Modellregionen Elektromobilität – Modellregion Sachsen"

Weiterführende Informationen/Quelle

- http://www.teilauto.net
- http://sax-mobility.de/

Move About GmbH

Grunddaten

Sitz des Anbieters	Räumliche Ausdehnung des Angebots	Nutzergruppe	Standortbezug
Bremen	international*	offen, geschlossen (Corporate Carsharing)**	stationsgebunden

Angebotsraum

Siedlungsstruktureller Raumtyp (nach BBSR)	Kommunengröße (nach Destatis)
☑ städtische Region ☑ Region mit Verstädterungsansätzen ☐ ländliche Region	☑ Großstadt (>100.000 Einwohner) ☑ Mittelstadt (20.000 – 100.000 Einwohner) ☑ Kleinstadt/Landgemeinde (<20.000 Einwohner)

Stationen, Standorte und Flotte

Anzahl der Standorte	Anzahl der Stationen	Anzahl aller Fahrzeuge	Anzahl der Elektrofahrzeuge
☐ 1 ☐ 21–50 ☑ 2–5 ☐ 51–100 ☐ 6–10 ☐ >100 ☐ 11–20 ☐ k.A.	☐ 1 ☐ 21–50 ☐ 2–5 ☐ 51–100 ☑ 6–10 ☐ >100 ☐ 11–20 ☐ k.A.	☐ 1 ☐ 21–100 ☐ 2–5 ☑ >100 ☐ 6–20 ☐ k.A.	☐ 1 ☐ 21–100 ☐ 2–5 ☑ >100 ☐ 6–20 ☐ k.A.

Angebotene Fahrzeugsegmente (nach KBA)

☑ Mini ☐ Kleinwagen ☑ Kompaktklasse ☐ Mittelklasse	☐ Obere Mittelklasse ☐ Oberklasse ☐ Sport Utility Vehicle (SUV)	☐ Geländewagen ☐ Sportwagen ☐ Mini-Van ☐ Großraum-Van	☑ Utility ☐ k.A.

Buchungsformen / Abrechnungsmodus

Buchungsformen	Abrechnungsmodus
☑ Internet ☑ Smartphone-App ☐ Schalter ☑ Anruf/Mail ☐ automatisch bei Öffnen des Fahrzeugs ☐ k.A.	☑ nach Zeiteinheit ☑ nach Streckeneinheit ☑ Grundgebühr ☐ Flatrate ☐ nach Zeiteinheit mit Kilometerbegrenzung ☐ k.A.

Zusätzliche Informationen

Kooperationen

- mit lokalen, bundesweiten und internationalen Unternehmen

Besonderheiten

- E-Carsharing-Anbieter mit reiner Elektrofahrzeugflotte und ausschließlichem Betrieb der Fahrzeuge mit Ökostrom
- Ergänzung des Angebotes durch (Lasten-)Pedelecs
- Blauer Engel für umweltschonende Verkehrsdienstleistungen (gemäß RAL-UZ 100b für Carsharing für Fahrzeugflotten mit elektromotorischem Antrieb)
- gefördert im Programm „Modellregionen Elektromobilität – Modellregion Bremen/Oldenburg"

Weiterführende Informationen/Quelle

http://www.move-about.de

*   Die Angaben dieses Steckbriefes beziehen sich nur auf das bundesweite Angebot.

** Die folgenden Angaben beziehen sich nur auf die offene Nutzergruppe.

my e-car GmbH			
Grunddaten			
Sitz des Anbieters	Räumliche Ausdehnung des Angebots	Nutzergruppe	Standortbezug
Lörrach (BW)	regional	offen	stationsgebunden

Angebotsraum

Siedlungsstruktureller Raumtyp (nach BBSR)	Kommunengröße (nach Destatis)
☐ städtische Region ☑ Region mit Verstädterungsansätzen ☐ ländliche Region	☐ Großstadt (>100.000 Einwohner) ☑ Mittelstadt (20.000 – 100.000 Einwohner) ☑ Kleinstadt/Landgemeinde (<20.000 Einwohner)

Stationen, Standorte und Flotte

Anzahl der Standorte	Anzahl der Stationen	Anzahl aller Fahrzeuge	Anzahl der Elektrofahrzeuge
☐ 1 ☐ 21–50 ☐ 2–5 ☐ 51–100 ☐ 6–10 ☐ >100 ☑ 11–20 ☐ k.A.	☐ 1 ☐ 21–50 ☐ 2–5 ☐ 51–100 ☐ 6–10 ☐ >100 ☑ 11–20 ☐ k.A.	☐ 1 ☑ 21–100 ☐ 2–5 ☐ >100 ☐ 6–20 ☐ k.A.	☐ 1 ☑ 21–100 ☐ 2–5 ☐ >100 ☐ 6–20 ☐ k.A.

Angebotene Fahrzeugsegmente (nach KBA)

☑ Mini ☐ Kleinwagen ☑ Kompaktklasse ☐ Mittelklasse	☐ Obere Mittelklasse ☐ Oberklasse ☐ Sport Utility Vehicle (SUV)	☐ Geländewagen ☐ Sportwagen ☐ Mini-Van ☐ Großraum-Van	☐ Utility ☐ k.A.

Buchungsformen	Abrechnungsmodus
☑ Internet ☑ Smartphone-App ☐ Schalter ☑ Anruf/Mail ☐ automatisch bei Öffnen des Fahrzeugs ☐ k.A.	☑ nach Zeiteinheit ☑ nach Streckeneinheit ☐ Grundgebühr ☐ Flatrate ☐ nach Zeiteinheit mit Kilometerbegrenzung ☐ k.A.

Zusätzliche Informationen

Kooperationen

- mit lokalen Unternehmen
- mit regionalem Carsharing-Anbieter

Besonderheiten

- E-Carsharing-Anbieter mit reiner E-Fahrzeugflotte
- gefördert durch das Ministerium für Ländlichen Raum und Verbraucherschutz des Landes Baden-Württemberg im Projekt „Modellregion Elektromobilität Naturpark Südschwarzwald"

Weiterführende Informationen/Quelle

https://www.my-e-car.de

Ökobil e.V.

Grunddaten

Sitz des Anbieters	Räumliche Ausdehnung des Angebots	Nutzergruppe	Standortbezug
Bamberg (Oberfranken)	regional	offen	stationsgebunden

Angebotsraum

Siedlungsstruktureller Raumtyp (nach BBSR)	Kommunengröße (nach Destatis)
☐ städtische Region ☐ Region mit Verstädterungsansätzen ☑ ländliche Region	☐ Großstadt (>100.000 Einwohner) ☑ Mittelstadt (20.000 – 100.000 Einwohner) ☐ Kleinstadt/Landgemeinde (<20.000 Einwohner)

Stationen, Standorte und Flotte

Anzahl der Standorte	Anzahl der Stationen	Anzahl aller Fahrzeuge	Anzahl der Elektrofahrzeuge
☑ 1 ☐ 21–50 ☐ 2–5 ☐ 51–100 ☐ 6–10 ☐ >100 ☐ 11–20 ☐ k.A.	☐ 1 ☐ 21–50 ☐ 2–5 ☐ 51–100 ☐ 6–10 ☐ >100 ☑ 11–20 ☐ k.A.	☐ 1 ☑ 21–100 ☐ 2–5 ☐ >100 ☐ 6–20 ☐ k.A.	☑ 1 ☐ 21–100 ☐ 2–5 ☐ >100 ☐ 6–20 ☐ k.A.

Angebotene Fahrzeugsegmente (nach KBA)

☐ Mini ☑ Kleinwagen ☑ Kompaktklasse ☑ Mittelklasse	☐ Obere Mittelklasse ☐ Oberklasse ☐ Sport Utility Vehicle (SUV)	☐ Geländewagen ☐ Sportwagen ☑ Mini-Van ☑ Großraum-Van	☑ Utility ☐ k.A.

Buchungsformen	Abrechnungsmodus
☑ Internet ☑ Smartphone-App ☐ Schalter ☑ Anruf/Mail ☐ automatisch bei Öffnen des Fahrzeugs ☐ k.A.	☑ nach Zeiteinheit ☑ nach Streckeneinheit ☐ Grundgebühr ☐ Flatrate ☐ nach Zeiteinheit mit Kilometerbegrenzung ☐ k.A.

Zusätzliche Informationen

Kooperationen

- mit lokalen Unternehmen
- mit Kommunen aus der Region
- mit bundesweitem Carsharing-Anbieter

Besonderheiten

Weiterführende Informationen/Quelle

http://www.oekobil.de

Ökostadt Tübingen e.V. („teilAuto – Carsharing Tübingen)			
Grunddaten			
Sitz des Anbieters	Räumliche Ausdehnung des Angebots	Nutzergruppe	Standortbezug
Tübingen (BW)	regional	offen	stationsgebunden
Angebotsraum			
Siedlungsstruktureller Raumtyp (nach BBSR)		Kommunengröße (nach Destatis)	
☐ städtische Region ☑ Region mit Verstädterungsansätzen ☐ ländliche Region		☐ Großstadt (>100.000 Einwohner) ☑ Mittelstadt (20.000 – 100.000 Einwohner) ☑ Kleinstadt/Landgemeinde (<20.000 Einwohner)	
Stationen, Standorte und Flotte			
Anzahl der Standorte	Anzahl der Stationen	Anzahl aller Fahrzeuge	Anzahl der Elektrofahrzeuge
☐ 1 ☐ 21–50 ☐ 2–5 ☐ 51–100 ☐ 6–10 ☐ >100 ☑ 11–20 ☐ k.A.	☐ 1 ☐ 21–50 ☐ 2–5 ☑ 51–100 ☐ 6–10 ☐ >100 ☐ 11–20 ☐ k.A.	☐ 1 ☐ 21–100 ☐ 2–5 ☑ >100 ☐ 6–20 ☐ k.A.	☐ 1 ☐ 21–100 ☑ 2–5 ☐ >100 ☐ 6–20 ☐ k.A.
Angebotene Fahrzeugsegmente (nach KBA)			
☑ Mini ☑ Kleinwagen ☑ Kompaktklasse ☑ Mittelklasse	☐ Obere Mittelklasse ☐ Oberklasse ☐ Sport Utility Vehicle (SUV)	☐ Geländewagen ☐ Sportwagen ☑ Mini-Van ☐ Großraum-Van	☑ Utility ☐ k.A.
Buchungsformen		**Abrechnungsmodus**	
☑ Internet ☑ Smartphone-App ☑ Schalter ☑ Anruf/Mail ☐ automatisch bei Öffnen des Fahrzeugs ☐ k.A.		☑ nach Zeiteinheit ☑ nach Streckeneinheit ☑ Grundgebühr ☐ Flatrate ☐ nach Zeiteinheit mit Kilometerbegrenzung ☐ k.A.	
Zusätzliche Informationen			
Kooperationen			
• mit lokalen ÖPNV-Anbietern • mit sozialen Institutionen • mit Kommunen aus der Region • mit bundesweitem Carsharing-Anbieter			
Besonderheiten			
Weiterführende Informationen/Quelle			

http://www.teilauto-tuebingen.de

PEUGEOT Deutschland GmbH („mu by PEUGEOT")

Grunddaten

Sitz des Anbieters	Räumliche Ausdehnung des Angebots	Nutzergruppe	Standortbezug
Köln	national	offen	stationsgebunden

Angebotsraum

Siedlungsstruktureller Raumtyp (nach BBSR)	Kommunengröße (nach Destatis)
☑ städtische Region ☑ Region mit Verstädterungsansätzen ☑ ländliche Region	☑ Großstadt (>100.000 Einwohner) ☑ Mittelstadt (20.000 – 100.000 Einwohner) ☑ Kleinstadt/Landgemeinde (<20.000 Einwohner)

Stationen, Standorte und Flotte

Anzahl der Standorte	Anzahl der Stationen	Anzahl aller Fahrzeuge	Anzahl der Elektrofahrzeuge
☐ 1 ☐ 21–50 ☐ 2–5 ☑ 51–100 ☐ 6–10 ☐ >100 ☐ 11–20 ☐ k.A.	☐ 1 ☐ 21–50 ☐ 2–5 ☐ 51–100 ☐ 6–10 ☐ >100 ☐ 11–20 ☑ k.A.	☐ 1 ☐ 21–100 ☐ 2–5 ☐ >100 ☐ 6–20 ☑ k.A.	☐ 1 ☐ 21–100 ☐ 2–5 ☐ >100 ☐ 6–20 ☑ k.A.

Angebotene Fahrzeugsegmente (nach KBA)

☑ Mini ☑ Kleinwagen ☑ Kompaktklasse ☑ Mittelklasse	☐ Obere Mittelklasse ☐ Oberklasse ☑ Sport Utility Vehicle (SUV)	☐ Geländewagen ☑ Sportwagen ☑ Mini-Van ☑ Großraum-Van	☑ Utility ☐ k.A.

Buchungsformen / Abrechnungsmodus

Buchungsformen	Abrechnungsmodus
☑ Internet ☑ Smartphone-App ☐ Schalter ☑ Anruf/Mail ☐ automatisch bei Öffnen des Fahrzeugs ☐ k.A.	☐ nach Zeiteinheit ☐ nach Streckeneinheit ☐ Grundgebühr ☐ Flatrate ☑ nach Zeiteinheit mit Kilometerbegrenzung ☐ k.A.

Zusätzliche Informationen

Kooperationen

k. A.

Besonderheiten

- Angebot erfolgt über lokale Vertragshändler
- dadurch steht ein Großteil der Modellpalette als Carsharing-Fahrzeuge zur Verfügung (inkl. Wohnmobile)

Weiterführende Informationen/Quelle

http://www.mu.peugeot.de/

Sparda Immobilien GmbH („Sparda E-Carsharing")			
Grunddaten			
Sitz des Anbieters	Räumliche Ausdehnung des Angebots	Nutzergruppe	Standortbezug
Hamburg	Arealgebunden (ein Areal, z. B. Quartier)	geschlossen (Bewohnerschaft)	stationsgebunden

Angebotsraum	
Siedlungsstruktureller Raumtyp (nach BBSR)	Kommunengröße (nach Destatis)
☑ städtische Region ☐ Region mit Verstädterungsansätzen ☐ ländliche Region	☑ Großstadt (>100.000 Einwohner) ☐ Mittelstadt (20.000 – 100.000 Einwohner) ☐ Kleinstadt/Landgemeinde (<20.000 Einwohner)

Stationen, Standorte und Flotte

Anzahl der Standorte		Anzahl der Stationen		Anzahl aller Fahrzeuge		Anzahl der Elektrofahrzeuge	
☑ 1 ☐ 2–5 ☐ 6–10 ☐ 11–20	☐ 21–50 ☐ 51–100 ☐ >100 ☐ k.A.	☑ 1 ☐ 2–5 ☐ 6–10 ☐ 11–20	☐ 21–50 ☐ 51–100 ☐ >100 ☐ k.A.	☐ 1 ☑ 2–5 ☐ 6–20	☐ 21–100 ☐ >100 ☐ k.A.	☐ 1 ☑ 2–5 ☐ 6–20	☐ 21–100 ☐ >100 ☐ k.A.

Angebotene Fahrzeugsegmente (nach KBA)

☑ Mini ☐ Kleinwagen ☐ Kompaktklasse ☐ Mittelklasse	☐ Obere Mittelklasse ☐ Oberklasse ☐ Sport Utility Vehicle (SUV)	☐ Geländewagen ☐ Sportwagen ☐ Mini-Van ☐ Großraum-Van	☐ Utility ☐ k.A.

Buchungsformen	**Abrechnungsmodus**
☑ Internet ☑ Smartphone-App ☐ Schalter ☑ Anruf/Mail ☐ automatisch bei Öffnen des Fahrzeugs ☐ k.A.	☑ nach Zeiteinheit ☑ nach Streckeneinheit ☐ Grundgebühr ☐ Flatrate ☐ nach Zeiteinheit mit Kilometerbegrenzung ☐ k.A.

Zusätzliche Informationen

Kooperationen

- mit lokalen Unternehmen
- mit lokalem Carsharing-Anbieter

Besonderheiten

- E-Carsharing-Anbieter mit reiner E-Fahrzeugflotte für die Bewohnerschaft eines Wohnhauses
- Projektende 31.03.2016
- Bestandteil des Projektes e-Quartier Hamburg
- gefördert im Programm „Modellregionen Elektromobilität – Modellregion Hamburg"

Weiterführende Informationen/Quelle

http://spardaimmobilien.de/das-sparda-e-car-sharinghttp://www.elektromobilitaethamburg.de/EQuartier

Stadtflitzer Carsharing

Grunddaten

Sitz des Anbieters	Räumliche Ausdehnung des Angebots	Nutzergruppe	Standortbezug
Kempten (Allgäu)	lokal	offen	stationsgebunden

Angebotsraum

Siedlungsstruktureller Raumtyp (nach BBSR)		Kommunengröße (nach Destatis)	
☐ städtische Region ☐ Region mit Verstädterungsansätzen ☑ ländliche Region		☐ Großstadt (>100.000 Einwohner) ☑ Mittelstadt (20.000 – 100.000 Einwohner) ☐ Kleinstadt/Landgemeinde (<20.000 Einwohner)	

Stationen, Standorte und Flotte

Anzahl der Standorte		Anzahl der Stationen		Anzahl aller Fahrzeuge		Anzahl der Elektrofahrzeuge	
☑ 1	☐ 21–50	☐ 1	☐ 21–50	☐ 1	☐ 21–100	☐ 1	☐ 21–100
☐ 2–5	☐ 51–100	☐ 2–5	☐ 51–100	☐ 2–5	☐ >100	☑ 2–5	☐ >100
☐ 6–10	☐ >100	☑ 6–10	☐ >100	☑ 6–20	☐ k.A.	☐ 6–20	☐ k.A.
☐ 11–20	☐ k.A.	☐ 11–20	☐ k.A.				

Angebotene Fahrzeugsegmente (nach KBA)

☑ Mini	☐ Obere Mittelklasse	☐ Geländewagen	☑ Utility
☑ Kleinwagen	☐ Oberklasse	☐ Sportwagen	☐ k.A.
☑ Kompaktklasse	☐ Sport Utility Vehicle	☐ Mini-Van	
☐ Mittelklasse	(SUV)	☐ Großraum-Van	

Buchungsformen	Abrechnungsmodus
☑ Internet ☐ Smartphone-App ☐ Schalter ☑ Anruf/Mail ☐ automatisch bei Öffnen des Fahrzeugs ☐ k.A.	☑ nach Zeiteinheit ☑ nach Streckeneinheit ☑ Grundgebühr ☐ Flatrate ☐ nach Zeiteinheit mit Kilometerbegrenzung ☐ k.A.

Zusätzliche Informationen

Kooperationen

- mit lokalen Unternehmen

Besonderheiten

Weiterführende Informationen/Quelle

http://www.stadtflitzer-carsharing.de

stadt-teil-auto CarSharing Göttingen GmbH			
Grunddaten			
Sitz des Anbieters	Räumliche Ausdehnung des Angebots	Nutzergruppe	Standortbezug
Göttingen	lokal	offen	stationsgebunden
Angebotsraum			
Siedlungsstruktureller Raumtyp (nach BBSR)		Kommunengröße (nach Destatis)	
☐ städtische Region ☑ Region mit Verstädterungsansätzen ☐ ländliche Region		☑ Großstadt (>100.000 Einwohner) ☐ Mittelstadt (20.000 – 100.000 Einwohner) ☐ Kleinstadt/Landgemeinde (<20.000 Einwohner)	
Stationen, Standorte und Flotte			
Anzahl der Standorte	Anzahl der Stationen	Anzahl aller Fahrzeuge	Anzahl der Elektrofahrzeuge
☑ 1 ☐ 21–50 ☐ 2–5 ☐ 51–100 ☐ 6–10 ☐ >100 ☐ 11–20 ☐ k.A.	☐ 1 ☐ 21–50 ☐ 2–5 ☐ 51–100 ☐ 6–10 ☐ >100 ☑ 11–20 ☐ k.A.	☐ 1 ☑ 21–100 ☐ 2–5 ☐ >100 ☐ 6–20 ☐ k.A.	☐ 1 ☐ 21–100 ☑ 2–5 ☐ >100 ☐ 6–20 ☐ k.A.
Angebotene Fahrzeugsegmente (nach KBA)			
☑ Mini ☑ Kleinwagen ☑ Kompaktklasse ☐ Mittelklasse	☐ Obere Mittelklasse ☐ Oberklasse ☐ Sport Utility Vehicle (SUV)	☐ Geländewagen ☐ Sportwagen ☐ Mini-Van ☐ Großraum-Van	☑ Utility ☐ k.A.
Buchungsformen		**Abrechnungsmodus**	
☑ Internet ☐ Smartphone-App ☐ Schalter ☐ Anruf/Mail ☐ automatisch bei Öffnen des Fahrzeugs ☐ k.A.		☑ nach Zeiteinheit ☑ nach Streckeneinheit ☐ Grundgebühr ☐ Flatrate ☐ nach Zeiteinheit mit Kilometerbegrenzung ☐ k.A.	
Zusätzliche Informationen			
Kooperationen			
• mit lokalem ÖPNV-Anbieter • mit lokalen Unternehmen			
Besonderheiten			
• die Höhe der Kosten (Abrechnung nach Zeiteinheit) variiert gemäß aktueller Kraftstoffpreise			
Weiterführende Informationen/Quelle			
http://www.stadt-teil-auto-goettingen.de			

Stadtteilauto CarSharing Münster GmbH

Grunddaten

Sitz des Anbieters	Räumliche Ausdehnung des Angebots	Nutzergruppe	Standortbezug
Münster	regional	offen, geschlossen (Corporate Carsharing)*	stationsgebunden

Angebotsraum

Siedlungsstruktureller Raumtyp (nach BBSR)	Kommunengröße (nach Destatis)
☑ städtische Region ☑ Region mit Verstädterungsansätzen ☑ ländliche Region	☑ Großstadt (>100.000 Einwohner) ☑ Mittelstadt (20.000 – 100.000 Einwohner) ☑ Kleinstadt/Landgemeinde (<20.000 Einwohner)

Stationen, Standorte und Flotte

Anzahl der Standorte	Anzahl der Stationen	Anzahl aller Fahrzeuge	Anzahl der Elektrofahrzeuge
☐ 1 ☐ 21–50 ☐ 2–5 ☐ 51–100 ☑ 6–10 ☐ >100 ☐ 11–20 ☐ k.A.	☐ 1 ☑ 21–50 ☐ 2–5 ☐ 51–100 ☐ 6–10 ☐ >100 ☐ 11–20 ☐ k.A.	☐ 1 ☐ 21–100 ☐ 2–5 ☑ >100 ☐ 6–20 ☐ k.A.	☑ 1 ☐ 21–100 ☐ 2–5 ☐ >100 ☐ 6–20 ☐ k.A.

Angebotene Fahrzeugsegmente (nach KBA)

☑ Mini ☑ Kleinwagen ☑ Kompaktklasse ☑ Mittelklasse	☑ Obere Mittelklasse ☐ Oberklasse ☐ Sport Utility Vehicle (SUV)	☐ Geländewagen ☑ Sportwagen ☑ Mini-Van ☑ Großraum-Van	☑ Utility ☐ k.A.

Buchungsformen / Abrechnungsmodus

Buchungsformen	Abrechnungsmodus
☑ Internet ☑ Smartphone-App ☐ Schalter ☑ Anruf/Mail ☑ automatisch bei Öffnen des Fahrzeugs ☐ k.A.	☑ nach Zeiteinheit ☑ nach Streckeneinheit ☑ Grundgebühr ☐ Flatrate ☐ nach Zeiteinheit mit Kilometerbegrenzung ☐ k.A.

Zusätzliche Informationen

Kooperationen

- mit lokalen Unternehmen
- mit Kommunen aus der Region
- mit bundesweitem Carsharing-Anbieter

Besonderheiten

- an einer Station sind die Fahrzeuge auch ohne vorherige Buchung nutzbar
- gesondertes Angebot: Fahrzeug-Pool, der für Corporate Carsharing zur Verfügung steht, kann werktags zwischen 17 und 8 Uhr des Folgetags (Freitag ab 13 Uhr) sowie am Wochenende zu vergünstigten Konditionen genutzt werden, bei Registrierung für die Pool-Nutzung ist die Nutzung anderer Fahrzeuge des Anbieters nicht möglich
- Blauer Engel für umweltschonende Verkehrsdienstleistungen (gemäß RAL-UZ 100 für Carsharing)

Weiterführende Informationen/Quelle

http://www.stadtteilauto.com

* Die folgenden Angaben beziehen sich nur auf die offene Nutzergruppe.

Stadtteilauto OS GmbH			
Grunddaten			
Sitz des Anbieters	Räumliche Ausdehnung des Angebots	Nutzergruppe	Standortbezug
Osnabrück	lokal	offen, geschlossen (Corporate Carsharing)*	stationsgebunden, Free Floating

Angebotsraum	
Siedlungsstruktureller Raumtyp (nach BBSR)	Kommunengröße (nach Destatis)
☐ städtische Region ☑ Region mit Verstädterungsansätzen ☐ ländliche Region	☑ Großstadt (>100.000 Einwohner) ☐ Mittelstadt (20.000 – 100.000 Einwohner) ☐ Kleinstadt/Landgemeinde (<20.000 Einwohner)

Stationen, Standorte und Flotte			
Anzahl der Standorte	Anzahl der Stationen	Anzahl aller Fahrzeuge	Anzahl der Elektrofahrzeuge
☑ 1 ☐ 21–50 ☐ 2–5 ☐ 51–100 ☐ 6–10 ☐ >100 ☐ 11–20 ☐ k.A.	☐ 1 ☑ 21–50 ☐ 2–5 ☐ 51–100 ☐ 6–10 ☐ >100 ☐ 11–20 ☐ k.A.	☐ 1 ☑ 21–100 ☐ 2–5 ☐ >100 ☐ 6–20 ☐ k.A.	☐ 1 ☐ 21–100 ☑ 2–5 ☐ >100 ☐ 6–20 ☐ k.A.

Angebotene Fahrzeugsegmente (nach KBA)			
☑ Mini ☑ Kleinwagen ☑ Kompaktklasse ☐ Mittelklasse	☐ Obere Mittelklasse ☐ Oberklasse ☐ Sport Utility Vehicle (SUV)	☐ Geländewagen ☐ Sportwagen ☑ Mini-Van ☐ Großraum-Van	☑ Utility ☐ k.A.

Buchungsformen	**Abrechnungsmodus**
☑ Internet ☑ Smartphone-App ☐ Schalter ☑ Anruf/Mail ☑ automatisch bei Öffnen des Fahrzeugs** ☐ k.A.	☑ nach Zeiteinheit ☑ nach Streckeneinheit ☑ Grundgebühr ☐ Flatrate ☐ nach Zeiteinheit mit Kilometerbegrenzung ☐ k.A.

Zusätzliche Informationen
Kooperationen
• mit überregionalem Carsharing-Anbieter
Besonderheiten
• neben stationsgebundenem Carsharing wird Free Floating-Carsharing angeboten
Weiterführende Informationen/Quelle
http://www.stadtteilauto.info

*   Die folgenden Angaben beziehen sich nur auf die offene Nutzergruppe.
** Diese Buchungsform gilt nur für FreeFloating-Fahrzeuge.

Stadtwerke Aalen GmbH			
Grunddaten			
Sitz des Anbieters	Räumliche Ausdehnung des Angebots	Nutzergruppe	Standortbezug
Aalen (BW)	lokal	offen, geschlossen (Corporate Carsharing)*	stationsgebunden
Angebotsraum			
Siedlungsstruktureller Raumtyp (nach BBSR)		**Kommunengröße (nach Destatis)**	
☐ städtische Region ☑ Region mit Verstädterungsansätzen ☐ ländliche Region		☐ Großstadt (>100.000 Einwohner) ☑ Mittelstadt (20.000 – 100.000 Einwohner) ☐ Kleinstadt/Landgemeinde (<20.000 Einwohner)	
Stationen, Standorte und Flotte			
Anzahl der Standorte	Anzahl der Stationen	Anzahl aller Fahrzeuge	Anzahl der Elektrofahrzeuge
☑ 1 ☐ 21–50 ☐ 2–5 ☐ 51–100 ☐ 6–10 ☐ >100 ☐ 11–20 ☐ k.A.	☐ 1 ☐ 21–50 ☑ 2–5 ☐ 51–100 ☐ 6–10 ☐ >100 ☐ 11–20 ☐ k.A.	☐ 1 ☐ 21–100 ☐ 2–5 ☐ >100 ☑ 6–20 ☐ k.A.	☐ 1 ☐ 21–100 ☐ 2–5 ☐ >100 ☑ 6–20 ☐ k.A.
Angebotene Fahrzeugsegmente (nach KBA)			
☑ Mini ☐ Kleinwagen ☐ Kompaktklasse ☐ Mittelklasse	☐ Obere Mittelklasse ☐ Oberklasse ☐ Sport Utility Vehicle (SUV)	☐ Geländewagen ☐ Sportwagen ☐ Mini-Van ☐ Großraum-Van	☐ Utility ☐ k.A.
Buchungsformen		**Abrechnungsmodus**	
☑ Internet ☑ Smartphone-App ☐ Schalter ☑ Anruf/Mail ☐ automatisch bei Öffnen des Fahrzeugs ☐ k.A.		☑ nach Zeiteinheit ☑ nach Streckeneinheit ☐ Grundgebühr ☐ Flatrate ☐ nach Zeiteinheit mit Kilometerbegrenzung ☐ k.A.	
Zusätzliche Informationen			
Kooperationen			
• mit bundesweitem Carsharing-Anbieter			
Besonderheiten			
• E-Carsharing-Anbieter mit reiner E-Fahrzeugflotte			
Weiterführende Informationen/Quelle			
www.sw-aalen.de			

* Die folgenden Angaben beziehen sich nur auf die offene Nutzergruppe.

Stadtwerke Offenbach Holding GmbH (eMio – Elektromobilität in Offenbach)*			
Grunddaten			
Sitz des Anbieters	Räumliche Ausdehnung des Angebots	Nutzergruppe	Standortbezug
Offenbach am Main	regional	offen, geschlossen (Corporate Carsharing)**	stationsgebunden
Angebotsraum			
Siedlungsstruktureller Raumtyp (nach BBSR)		Kommunengröße (nach Destatis)	
☑ städtische Region ☐ Region mit Verstädterungsansätzen ☐ ländliche Region		☑ Großstadt (>100.000 Einwohner) ☐ Mittelstadt (20.000 – 100.000 Einwohner) ☐ Kleinstadt/Landgemeinde (<20.000 Einwohner)	
Stationen, Standorte und Flotte			
Anzahl der Standorte	Anzahl der Stationen	Anzahl aller Fahrzeuge	Anzahl der Elektrofahrzeuge
☑ 1 ☐ 21–50 ☐ 2–5 ☐ 51–100 ☐ 6–10 ☐ >100 ☐ 11–20 ☐ k.A.	☐ 1 ☐ 21–50 ☑ 2–5 ☐ 51–100 ☐ 6–10 ☐ >100 ☐ 11–20 ☐ k.A.	☐ 1 ☐ 21–100 ☑ 2–5 ☐ >100 ☐ 6–20 ☐ k.A.	☐ 1 ☐ 21–100 ☑ 2–5 ☐ >100 ☐ 6–20 ☐ k.A.
Angebotene Fahrzeugsegmente (nach KBA)			
☑ Mini ☐ Kleinwagen ☑ Kompaktklasse ☐ Mittelklasse	☐ Obere Mittelklasse ☐ Oberklasse ☐ Sport Utility Vehicle (SUV)	☐ Geländewagen ☐ Sportwagen ☐ Mini-Van ☐ Großraum-Van	☐ Utility ☐ k.A.
Buchungsformen		**Abrechnungsmodus**	
☑ Internet ☑ Smartphone-App ☑ Schalter ☑ Anruf/Mail ☐ automatisch bei Öffnen des Fahrzeugs** ☐ k.A.		☑ nach Zeiteinheit ☐ nach Streckeneinheit ☐ Grundgebühr ☐ Flatrate ☐ nach Zeiteinheit mit Kilometerbegrenzung ☐ k.A.	
Zusätzliche Informationen			
Kooperationen			
• mit lokalen Unternehmen			
Besonderheiten			
• die E-Fahrzeuge werden werktags von lokalen Unternehmen und anderen gewerblichen Kunden genutzt und stehen auf freiwilliger Basis am Wochenende als E-Carsharing-Fahrzeuge zur Verfügung • das Angebot wird mit E-Pedelecs und intermodaler Verknüpfung ergänzt;gefördert im Programm „Modellregionen Elektromobilität – Modellregion Rhein-Main"			
Weiterführende Informationen/Quelle			
• http://www.emobil-rheinmain.de/index.php/emobil.html • http://www.offenbach.de/stadtwerke/microsite/emio/eMiO/CarSharing-mit-eMiO.php • http://www.soh-of.de/emio			

* Insgesamt sind im Projekt 40 E-Fahrzeuge vorhanden, von denen 4 Fahrzeuge im E-Carsharing nutzbar sind. Die folgenden Angaben beziehen sich ausschließlich auf diese 4 E-Fahrzeuge.

** Die folgenden Angaben beziehen sich nur auf die offene Nutzergruppe.

STARCAR GmbH Kraftfahrzeugvermietung („SHARE A STARCAR")			
Grunddaten			
Sitz des Anbieters	Räumliche Ausdehnung des Angebots	Nutzergruppe	Standortbezug
Hamburg	lokal	offen, geschlossen (Corporate Carsharing)*	stationsgebunden

Angebotsraum

Siedlungsstruktureller Raumtyp (nach BBSR)	Kommunengröße (nach Destatis)
☑ städtische Region ☐ Region mit Verstädterungsansätzen ☐ ländliche Region	☑ Großstadt (>100.000 Einwohner) ☐ Mittelstadt (20.000 – 100.000 Einwohner) ☐ Kleinstadt/Landgemeinde (<20.000 Einwohner)

Stationen, Standorte und Flotte

Anzahl der Standorte	Anzahl der Stationen	Anzahl aller Fahrzeuge	Anzahl der Elektrofahrzeuge
☑ 1　　☐ 21–50 ☐ 2–5　☐ 51–100 ☐ 6–10　☐ >100 ☐ 11–20　☐ k.A.	☐ 1　　☐ 21–50 ☐ 2–5　☐ 51–100 ☐ 6–10　☐ >100 ☑ 11–20　☐ k.A.	☐ 1　　☐ 21–100 ☐ 2–5　☐ >100 ☑ 6–20　☐ k.A.	☐ 1　　☐ 21–100 ☑ 2–5　☐ >100 ☐ 6–20　☐ k.A.

Angebotene Fahrzeugsegmente (nach KBA)

☑ Mini ☑ Kleinwagen ☑ Kompaktklasse ☐ Mittelklasse	☐ Obere Mittelklasse ☐ Oberklasse ☐ Sport Utility Vehicle (SUV)	☐ Geländewagen ☐ Sportwagen ☐ Mini-Van ☐ Großraum-Van	☑ Utility ☐ k.A.

Buchungsformen	Abrechnungsmodus
☑ Internet ☑ Smartphone-App ☐ Schalter ☐ Anruf/Mail ☐ automatisch bei Öffnen des Fahrzeugs ☐ k.A.	☑ nach Zeiteinheit ☑ nach Streckeneinheit ☐ Grundgebühr ☐ Flatrate ☐ nach Zeiteinheit mit Kilometerbegrenzung ☐ k.A.

Zusätzliche Informationen

Kooperationen

- mit diversen Wohnungsbaugesellschaften

Besonderheiten

- Autovermietung mit Carsharing im Dienstleistungsprofil
- Erhöhung der Anzahl der E-Fahrzeuge im Verlauf 2016 geplant (auf insgesamt 8 Fahrzeuge)
- gefördert im Programm „Modellregionen Elektromobilität – Modellregion Hamburg"

Weiterführende Informationen/Quelle

https://www.share-a-starcar.de

* Die folgenden Angaben beziehen sich nur auf die offene Nutzergruppe.

StattAuto eG			
Grunddaten			
Sitz des Anbieters	Räumliche Ausdehnung des Angebots	Nutzergruppe	Standortbezug
Lübeck	überregional	offen, geschlossen (Corporate Carsharing)*	stationsgebunden
Angebotsraum			
Siedlungsstruktureller Raumtyp (nach BBSR)		Kommunengröße (nach Destatis)	
☐ städtische Region ☑ Region mit Verstädterungsansätzen ☐ ländliche Region		☑ Großstadt (>100.000 Einwohner) ☐ Mittelstadt (20.000 – 100.000 Einwohner) ☑ Kleinstadt/Landgemeinde (<20.000 Einwohner)	
Stationen, Standorte und Flotte			
Anzahl der Standorte	Anzahl der Stationen	Anzahl aller Fahrzeuge	Anzahl der Elektrofahrzeuge
☐ 1 ☐ 21–50 ☐ 2–5 ☐ 51–100 ☑ 6–10 ☐ >100 ☐ 11–20 ☐ k.A.	☐ 1 ☐ 21–50 ☐ 2–5 ☑ 51–100 ☐ 6–10 ☐ >100 ☐ 11–20 ☐ k.A.	☐ 1 ☐ 21–100 ☐ 2–5 ☑ >100 ☐ 6–20 ☐ k.A.	☐ 1 ☐ 21–100 ☑ 2–5 ☐ >100 ☐ 6–20 ☐ k.A.
Angebotene Fahrzeugsegmente (nach KBA)			
☑ Mini ☑ Kleinwagen ☑ Kompaktklasse ☐ Mittelklasse	☐ Obere Mittelklasse ☐ Oberklasse ☐ Sport Utility Vehicle (SUV)	☐ Geländewagen ☐ Sportwagen ☐ Mini-Van ☐ Großraum-Van	☑ Utility ☐ k.A.
Buchungsformen		**Abrechnungsmodus**	
☑ Internet ☐ Smartphone-App ☐ Schalter ☑ Anruf/Mail ☐ automatisch bei Öffnen des Fahrzeugs ☐ k.A.		☑ nach Zeiteinheit ☑ nach Streckeneinheit ☑ Grundgebühr ☐ Flatrate ☐ nach Zeiteinheit mit Kilometerbegrenzung ☐ k.A.	
Zusätzliche Informationen			
Kooperationen			
• mit lokalem ÖPNV-Anbieter • mit lokalen Unternehmen			
Besonderheiten			
Weiterführende Informationen/Quelle			
http://www.stattauto-hl.de			

* Die folgenden Angaben beziehen sich nur auf die offene Nutzergruppe.

teilAuto Biberach e. V.			
Grunddaten			
Sitz des Anbieters	Räumliche Ausdehnung des Angebots	Nutzergruppe	Standortbezug
Biberach/Riss (BW)	lokal	offen	stationsgebunden
Angebotsraum			
Siedlungsstruktureller Raumtyp (nach BBSR)		Kommunengröße (nach Destatis)	
☐ städtische Region ☑ Region mit Verstädterungsansätzen ☐ ländliche Region		☐ Großstadt (>100.000 Einwohner) ☑ Mittelstadt (20.000 – 100.000 Einwohner) ☐ Kleinstadt/Landgemeinde (<20.000 Einwohner)	
Stationen, Standorte und Flotte			
Anzahl der Standorte	Anzahl der Stationen	Anzahl aller Fahrzeuge	Anzahl der Elektrofahrzeuge
☑ 1　　☐ 21–50 ☐ 2–5　☐ 51–100 ☐ 6–10　☐ >100 ☐ 11–20　☐ k.A.	☐ 1　　☐ 21–50 ☐ 2–5　☐ 51–100 ☑ 6–10　☐ >100 ☐ 11–20　☐ k.A.	☐ 1　　☐ 21–100 ☐ 2–5　☐ >100 ☑ 6–20　☐ k.A.	☑ 1　　☐ 21–100 ☐ 2–5　☐ >100 ☐ 6–20　☐ k.A.
Angebotene Fahrzeugsegmente (nach KBA)			
☑ Mini ☑ Kleinwagen ☑ Kompaktklasse ☐ Mittelklasse	☐ Obere Mittelklasse ☐ Oberklasse ☐ Sport Utility Vehicle (SUV)	☐ Geländewagen ☐ Sportwagen ☑ Mini-Van ☑ Großraum-Van	☑ Utility ☐ k.A.
Buchungsformen		**Abrechnungsmodus**	
☑ Internet ☐ Smartphone-App ☐ Schalter ☑ Anruf/Mail ☐ automatisch bei Öffnen des Fahrzeugs ☐ k.A.		☑ nach Zeiteinheit ☑ nach Streckeneinheit ☑ Grundgebühr ☐ Flatrate ☐ nach Zeiteinheit mit Kilometerbegrenzung ☐ k.A.	
Zusätzliche Informationen			
Kooperationen			
• mit lokalen ÖPNV-Unternehmen			
Besonderheiten			
Weiterführende Informationen/Quelle			
http://www.teilauto-biberach.de			

Volkswagen Leasing GmbH („Quicar – Share a Volkswagen")

Grunddaten

Sitz des Anbieters	Räumliche Ausdehnung des Angebots	Nutzergruppe	Standortbezug
Braunschweig	regional	offen, geschlossen (Corporate Carsharing)*	stationsgebunden, One Way

Angebotsraum

Siedlungsstruktureller Raumtyp (nach BBSR)	Kommunengröße (nach Destatis)
☑ städtische Region ☑ Region mit Verstädterungsansätzen ☐ ländliche Region	☑ Großstadt (>100.000 Einwohner) ☐ Mittelstadt (20.000 – 100.000 Einwohner) ☐ Kleinstadt/Landgemeinde (<20.000 Einwohner)

Stationen, Standorte und Flotte

Anzahl der Standorte		Anzahl der Stationen		Anzahl aller Fahrzeuge		Anzahl der Elektrofahrzeuge	
☐ 1	☐ 21–50	☐ 1	☐ 21–50	☐ 1	☐ 21–100	☐ 1	☑ 21–100
☑ 2–5	☐ 51–100	☐ 2–5	☑ 51–100	☐ 2–5	☑ >100	☐ 2–5	☐ >100
☐ 6–10	☐ >100	☐ 6–10	☐ >100	☐ 6–20	☐ k. A.	☐ 6–20	☐ k. A.
☐ 11–20	☐ k. A.	☐ 11–20	☐ k. A.				

Angebotene Fahrzeugsegmente (nach KBA)

☑ Mini	☐ Obere Mittelklasse	☐ Geländewagen	☐ Utility
☐ Kleinwagen	☐ Oberklasse	☐ Sportwagen	☐ k. A.
☑ Kompaktklasse	☐ Sport Utility Vehicle (SUV)	☐ Mini-Van	
☐ Mittelklasse		☐ Großraum-Van	

Buchungsformen / Abrechnungsmodus

Buchungsformen	Abrechnungsmodus
☑ Internet ☑ Smartphone-App ☐ Schalter ☑ Anruf/Mail ☑ automatisch bei Öffnen des Fahrzeugs ☑ k. A.	☐ nach Zeiteinheit ☐ nach Streckeneinheit ☐ Grundgebühr ☐ Flatrate ☑ nach Zeiteinheit mit Kilometerbegrenzung ☐ k. A.

Zusätzliche Informationen

Kooperationen

- mit lokalen Unternehmen

Besonderheiten

- Angebot wird ab 31.03.2016 von der Greenwheels GmbH fortgeführt
- mit Aufpreis auf einer Strecke zwischen Hannover und Braunschweig One-Way-Fahrten möglich

Weiterführende Informationen/Quelle

https://web.quicar.de

* Die folgenden Angaben beziehen sich nur auf die offene Nutzergruppe.

Gemeinde Werther („Werthermobil")			
Grunddaten			
Sitz des Anbieters	Räumliche Ausdehnung des Angebots	Nutzergruppe	Standortbezug
Werther (Thüringen)	lokal	offen	stationsgebunden
Angebotsraum			
Siedlungsstruktureller Raumtyp (nach BBSR)		Kommunengröße (nach Destatis)	
☐ städtische Region ☐ Region mit Verstädterungsansätzen ☑ ländliche Region		☐ Großstadt (>100.000 Einwohner) ☐ Mittelstadt (20.000 – 100.000 Einwohner) ☑ Kleinstadt/Landgemeinde (<20.000 Einwohner)	
Stationen, Standorte und Flotte			
Anzahl der Standorte	Anzahl der Stationen	Anzahl aller Fahrzeuge	Anzahl der Elektrofahrzeuge
☑ 1　　☐ 21–50 ☐ 2–5　☐ 51–100 ☐ 6–10　☐ >100 ☐ 11–20　☐ k.A.	☑ 1　　☐ 21–50 ☐ 2–5　☐ 51–100 ☐ 6–10　☐ >100 ☐ 11–20　☐ k.A.	☑ 1　　☐ 21–100 ☑ 2–5　☐ >100 ☐ 6–20　☐ k.A.	☑ 1　　☐ 21–100 ☐ 2–5　☐ >100 ☐ 6–20　☐ k.A.
Angebotene Fahrzeugsegmente (nach KBA)			
☐ Mini ☐ Kleinwagen ☐ Kompaktklasse ☐ Mittelklasse	☐ Obere Mittelklasse ☐ Oberklasse ☐ Sport Utility Vehicle (SUV)	☐ Geländewagen ☐ Sportwagen ☐ Mini-Van ☐ Großraum-Van	☑ Utility ☐ k.A.
Buchungsformen		**Abrechnungsmodus**	
☐ Internet ☐ Smartphone-App ☐ Schalter ☑ Anruf/Mail ☐ automatisch bei Öffnen des Fahrzeugs** ☐ k.A.		☑ nach Zeiteinheit ☐ nach Streckeneinheit ☐ Grundgebühr ☐ Flatrate ☐ nach Zeiteinheit mit Kilometerbegrenzung ☐ k.A.	
Zusätzliche Informationen			
Kooperationen			
Besonderheiten			
• bessere Auslastung des E-Fahrzeugs durch die zusätzliche Nutzung als Lieferfahrzeug, Hol- und Bringdienst-Fahrzeug bzw. Bürgerbus • Steigerung der Versorgungssicherung im ländlichen Raum • Nutzung lokal erzeugter regenerativer Energien durch Solar-Carport • Unterstützung der Mobilität Älterer im ländlichen Raum • gefördert durch das Thüringer Ministerium für Umwelt, Energie und Naturschutz			
Weiterführende Informationen/Quelle			

http://www.werther.de/inhalte/gemeinde-werther/emobil/emobil/emobil

WOGENO München eG			
Grunddaten			
Sitz des Anbieters	Räumliche Ausdehnung des Angebots	Nutzergruppe	Standortbezug
München	Arealgebunden (ein Areal, z. B. Quartier)	geschlossen (Bewohnerschaft)	stationsgebunden
Angebotsraum			
Siedlungsstruktureller Raumtyp (nach BBSR)		Kommunengröße (nach Destatis)	
☑ städtische Region ☐ Region mit Verstädterungsansätzen ☐ ländliche Region		☑ Großstadt (>100.000 Einwohner) ☐ Mittelstadt (20.000 – 100.000 Einwohner) ☐ Kleinstadt/Landgemeinde (<20.000 Einwohner)	
Stationen, Standorte und Flotte			
Anzahl der Standorte	Anzahl der Stationen	Anzahl aller Fahrzeuge	Anzahl der Elektrofahrzeuge
☑ 1 ☐ 21–50 ☐ 2–5 ☐ 51–100 ☐ 6–10 ☐ >100 ☐ 11–20 ☐ k. A.	☐ 1 ☐ 21–50 ☐ 2–5 ☐ 51–100 ☐ 6–10 ☐ >100 ☐ 11–20 ☑ k. A.	☐ 1 ☐ 21–100 ☐ 2–5 ☐ >100 ☐ 6–20 ☑ k. A.	☐ 1 ☐ 21–100 ☐ 2–5 ☐ >100 ☐ 6–20 ☑ k. A.
Angebotene Fahrzeugsegmente (nach KBA)			
☐ Mini ☐ Kleinwagen ☐ Kompaktklasse ☐ Mittelklasse	☐ Obere Mittelklasse ☐ Oberklasse ☐ Sport Utility Vehicle (SUV)	☐ Geländewagen ☐ Sportwagen ☐ Mini-Van ☐ Großraum-Van	☐ Utility ☑ k. A.
Buchungsformen		**Abrechnungsmodus**	
☐ Internet ☐ Smartphone-App ☐ Schalter ☐ Anruf/Mail ☐ automatisch bei Öffnen des Fahrzeugs** ☑ k. A.		☐ nach Zeiteinheit ☐ nach Streckeneinheit ☐ Grundgebühr ☐ Flatrate ☐ nach Zeiteinheit mit Kilometerbegrenzung ☑ k. A.	
Zusätzliche Informationen			
Kooperationen			
• mit lokalem Carsharing-Anbieter			
Besonderheiten			
Weiterführende Informationen/Quelle			
http://www.wogeno.de/wogeno-labor/mobilitaet.html			

Wohnbau GmbH Göppingen („Wohnquartier Stadtgarten")

Grunddaten

Sitz des Anbieters	Räumliche Ausdehnung des Angebots	Nutzergruppe	Standortbezug
Göppingen (BW)	lokal	geschlossen (Bewohnerschaft)	stationsgebunden

Angebotsraum

Siedlungsstruktureller Raumtyp (nach BBSR)	Kommunengröße (nach Destatis)
☑ städtische Region ☐ Region mit Verstädterungsansätzen ☐ ländliche Region	☐ Großstadt (>100.000 Einwohner) ☑ Mittelstadt (20.000 – 100.000 Einwohner) ☐ Kleinstadt/Landgemeinde (<20.000 Einwohner)

Stationen, Standorte und Flotte

Anzahl der Standorte	Anzahl der Stationen	Anzahl aller Fahrzeuge	Anzahl der Elektrofahrzeuge
☑ 1　　☐ 21–50 ☐ 2–5　☐ 51–100 ☐ 6–10　☐ >100 ☐ 11–20　☐ k.A.	☑ 1　　☐ 21–50 ☐ 2–5　☐ 51–100 ☐ 6–10　☐ >100 ☐ 11–20　☐ k.A.	☑ 1　　☐ 21–100 ☐ 2–5　☐ >100 ☐ 6–20　☐ k.A.	☑ 1　　☐ 21–100 ☐ 2–5　☐ >100 ☐ 6–20　☐ k.A.

Angebotene Fahrzeugsegmente (nach KBA)

☐ Mini ☑ Kleinwagen ☐ Kompaktklasse ☐ Mittelklasse	☐ Obere Mittelklasse ☐ Oberklasse ☐ Sport Utility Vehicle (SUV)	☐ Geländewagen ☐ Sportwagen ☐ Mini-Van ☐ Großraum-Van	☐ Utility ☐ k.A.

Buchungsformen / Abrechnungsmodus

Buchungsformen	Abrechnungsmodus
☑ Internet ☐ Smartphone-App ☑ Schalter ☑ Anruf/Mail ☐ automatisch bei Öffnen des Fahrzeugs ☐ k.A.	☑ nach Zeiteinheit ☑ nach Streckeneinheit ☐ Grundgebühr ☐ Flatrate ☐ nach Zeiteinheit mit Kilometerbegrenzung ☐ k.A.

Zusätzliche Informationen

Kooperationen

k. A.

Besonderheiten

- E-Carsharing-Anbieter mit reiner E-Fahrzeugflotte für die Bewohnerschaft eines Wohnhauses
- um das Angebot attraktiv zu gestalten und dadurch Akzeptanzbarrieren abzubauen, war es zunächst kostenfrei
- künftig fällt eine Jahresgebühr von 50 € an
- gefördert im Programm „Modellregionen Elektromobilität – Modellregion Stuttgart"

Weiterführende Informationen/Quelle

http://www.stadtgarten-goeppingen.de

In dem vorliegenden Buch werden die komplexen Zusammenhänge von Akteuren, Technologien, Marktdeterminanten und Wirtschaftlichkeitsaspekten des (E-)Carsharing in Deutschland analysiert und transparent gemacht. Mit Hilfe einer empirischen Studie konnten die Sichtweisen, Meinungen und Erwartungen von zentralen Akteuren des (E-)Carsharing in die Ergebnisdarstellung einbezogen werden. Dies erlaubt Einsichten in die Einflussfaktoren sowohl der Anbieter- als auch der Nachfrageseite des (E-)Carsharing und bietet damit die Möglichkeit, das Potenzial und die Erfolgsfaktoren für die zukünftige Entwicklung des (E-)Carsharing in Deutschland abzuschätzen. Die Studie erkennt ein hohes Potential für (E-)Carsharing und differenziert die Erfolgsfaktoren auch vor dem Hintergrund des räumlichen Kontextes: Auch in ländlichen Kommunen wird auf ein Potential für (E-)Carsharing geschlossen, obgleich sich dort die Erfolgsparameter und die Wirtschaftlichkeitsanalyse häufig anders darstellen als in verdichteten städtischen Räumen.

Die Ergebnisse der Studie ermöglichen differenzierte Hinweise für die praktische Umsetzung von (E-)Carsharing, beispielsweise ein zielgerichtetes Vorgehen bei Standortplanung und Marketing. Da die Nutzung von (E-)Carsharing zu einem hohen Grad von den Erfahrungen, Einstellungen oder Lebensstilen der Nutzer beeinflusst wird, gibt das Buch aufbauend auf theoretischen Überlegungen zu Handlungslogiken der Akteure auch Hinweise zur Ausgestaltung eines effizienten Marketings. Damit möchte das Buch zur wachsenden Akzeptanz und Verbreitung des (E-)Carsharing im Sinne einer nachhaltigen Stadt- und Verkehrsplanung beitragen. Im Folgenden werden die Kernaussagen zusammenfassend dargestellt.

Potenziale von (E-)Carsharing

Die ermittelten Potenziale von (E-)Carsharing lassen sich gliedern in allgemeine Potenziale sowie in Potenziale mit besonderer Bedeutung für Kommunen im städtischen und im verdichteten Raum sowie Potenziale mit besonderer Bedeutung für Kommunen im ländlichen Raum.

© Springer Fachmedien Wiesbaden GmbH 2018
W. Rid et al., *Carsharing in Deutschland*, ATZ/MTZ-Fachbuch,
https://doi.org/10.1007/978-3-658-15906-1_8

Allgemeine Potenziale stellen dabei beispielsweise der Beitrag von Carsharing zur Reduzierung des Gesamtfahrzeugbestands und zur Änderung von Mobilitätsroutinen oder der Beitrag von E-Carsharing zum Abbau von Hemmschwellen gegenüber der Nutzung von Elektrofahrzeugen dar (s. Abschn. 4.1). Ein Potenzial für Kommunen allgemein stellt vor allem die Ergänzung des ÖPNV und die Stärkung des Umweltverbundes durch (E-)Carsharing dar (s. Abschn. 4.2). Besondere Bedeutung für Kommunen im städtischen und im verdichteten Raum haben etwa der Beitrag von Carsharing zur Reduzierung des Parkraumbedarfs oder der Beitrag von (E-)Carsharing zur Reduzierung lokaler Emissionen (s. Abschn. 4.3). Ein Potenzial von E-Carsharing mit besonderer Bedeutung für Kommunen im ländlichen Raum stellt beispielsweise die Nutzung lokal erzeugter regenerativer Energie dar (s. Abschn. 4.4).

Status quo: (E-)Carsharing-Systeme und Akteure
Die Entwicklung im (E-)Carsharing geht mit einem wachsenden Markt neuer Dienstleister einher, die beispielsweise multimodal einsetzbare Mobilitäts-Buchungs- und -Bezahlsysteme oder Echtzeit-Informationsanwendungen anbieten. Neben diesen neuen Dienstleistern spielen die Zulieferer von Fahrzeugen und Batterietechnik sowie die Kredit- und Kapitalgeber eine wichtige Rolle in der Wertschöpfungskette des (E-)Carsharing. Kooperationsmodelle wie beispielsweise die Kooperation mit ÖPNV-Anbietern oder mit anderen Carsharing-Anbietern sind weitere Erfolgsfaktoren im (E-)Carsharing. Auf Kundenseite stellen neben den Privatkunden insbesondere Organisationen als Corporate-Carsharing-Kunden eine wichtige Kundengruppe dar. Neben Umsatzsteigerungen wird dadurch auch eine im Wochenverlauf gleichmäßigere Auslastung der (E-)Carsharing-Flotte ermöglicht (s. Abschn. 5.1).

Carsharing-Angebote werden gegenwärtig in erster Linie in stationsgebundenes Carsharing einerseits und in FreeFloating-Carsharing andererseits eingeteilt. Neben diesem zentralen Unterscheidungskriterium lassen sich die einzelnen (E-)Carsharing-Anbieter in der aktuellen, differenzierten Carsharing-Landschaft in Deutschland jedoch noch anhand von zahlreichen weiteren Kriterien charakterisieren, beispielsweise anhand der räumlichen Marktabdeckung (städtisch, ländlich) oder danach, ob es sich um klassische, reine (E-)Carsharing-Anbieter handelt oder um Anbieter, die neben (E-)Carsharing noch weitere Geschäftsfelder betreiben. Auch die Rechtsform oder die Flottengröße stellen wichtige Kriterien dar, hinsichtlich derer sich (E-)Carsharing-Anbieter teilweise deutlich voneinander unterscheiden und die sich für eine detaillierte Charakterisierung der Anbieter eignen (s. Abschn. 5.2). Anhand dieser sowie weiterer Kriterien wurden Profile von 40 E-Carsharing-Anbietern erstellt, die im Kap. 7 der vorliegenden Veröffentlichung in Form von Steckbriefen zusammengestellt wurden (s. Kap. 7).

Zum Stichtag 01.01.2015 gab es in Deutschland rund 150 Anbieter im stationsgebundenen Carsharing sowie vier Anbieter von FreeFloating-Carsharing (vgl. bcs 2015d). Mehrheitlich sind die Carsharing-Anbieter als eingetragener Verein oder als Kapitalgesellschaft bzw. als Mischform (z. B. GmbH & Co. KG.) organisiert. Seit den Anfängen des Carsharing in den 1990er-Jahren hat eine deutliche Professionalisierung der Branche stattgefunden, wie der nur leichte Anstieg der Anzahl eingetragener Carsharing-Vereine und der demgegenüber starke Anstieg der Anzahl von als Kapitalgesellschaft bzw. Mischform organisierten Carsharing-Anbietern zeigt.

Etwa ein Drittel der Carsharing-Anbieter bieten ihren Nutzern heute auch oder ausschließlich Elektrofahrzeuge an – in erster Linie professionelle, gewinnorientierte Anbieter, die ihren Nutzern meist neben den Elektrofahrzeugen auch konventionelle Fahrzeuge anbieten. Mit zunehmender Flottengröße steigt tendenziell auch der Anteil an Elektrofahrzeugen in der Flotte. Der Anteil der Anbieter, die ihren Nutzern Elektrofahrzeuge anbieten, ist in städtischen Räumen (44 % der dort aktiven Anbieter) höher als in ländlichen Räumen (35 % der dort aktiven Anbieter). Mehrheitlich sind E-Carsharing-Angebote lokal oder regional tätig. Überregional, national oder international tätig sind nur wenige große Anbieter. Die Fahrzeugbuchung erfolgt in der Regel per Internet. Daneben wird die Buchung per Telefon oder Mail jedoch immer noch häufiger nachgefragt als die Buchung per App. Die Abrechnung erfolgt bei den meisten (E-)Carsharing-Anbietern über kombinierte Zeit- und Streckentarife. Mehrheitlich kommt dabei eine zusätzliche Grundgebühr hinzu (s. Abschn. 5.3).

Handreichungen für den Weg zur Wirtschaftlichkeit
Aus der Auswertung von über 20 leitfadengestützten Experteninterviews mit Vertretern von (E-)Carsharing-Anbietern, von Corporate-Carsharing-Kunden und von Kommunen wurden Erfolgsfaktoren und mögliche Hemmnisse für (E-)Carsharing ermittelt, die den thematischen Aspekten „Organisation", „Marketing", „Standort" sowie „Ladeinfrastruktur und Fahrzeuge" zugeordnet wurden. Dabei können jeweils interne und externe Erfolgsfaktoren sowie mögliche Hemmnisse voneinander unterschieden werden. Interne Erfolgsfaktoren sind solche, die direkt vom (E-)Carsharing-Anbieter selbst beeinflusst werden können, während externe Faktoren Rahmenbedingungen wie etwa die rechtliche Situation oder die gesellschaftliche Einstellung gegenüber (E-)Carsharing umfassen. Erfolgsfaktoren bezüglich der Organisation sind beispielsweise die Nutzung verschiedener Synergien mit anderen Anbietern, Möglichkeiten der Verknüpfung des (E-)Carsharing mit ÖV-Angeboten und die Auslastungsoptimierung. Externe Erfolgsfaktoren bestehen beispielsweise durch Gütesiegel wie das Blauer-Engel-Umweltzeichen UZ 100b für E-Fahrzeug-Carsharing.

Im Bereich Marketing spielt neben der Nutzer-Kommunikation auch das interne Marketing eine wichtige Rolle – gerade beim Einsatz von Elektrofahrzeugen, um eventuell bestehende Vorbehalte gegenüber der Elektromobilität nicht nur bei den Nutzern, sondern auch bei den eigenen Mitarbeitern abzubauen. Zu den entscheidenden Erfolgsfaktoren bezüglich des Standorts zählen die möglichst optimale Sichtbarkeit und Erreichbarkeit der Fahrzeug-Standorte. Ein möglichst flächendeckendes Netz öffentlicher Ladeinfrastruktur mit einheitlichen technischen Standards sowie eine grundsätzlich möglichst „bunte Mischung" der Flotte stellen zentrale Erfolgsfaktoren im Bereich des Aspekts „Ladeinfrastruktur und Fahrzeuge" dar (s. Abschn. 6.1).

In Abschn. 6.2 werden alle wesentlichen Aufwands- und Ertragsfaktoren von (E-)Carsharing-Angeboten in Form eines Wirtschaftlichkeits-Tools einander gegenübergestellt. Das Tool kann als Hilfsmittel dienen, um einen Überblick über die Wirtschaftlichkeit von (E-)Carsharing-Angeboten zu erlangen. Den Erträgen durch Nutzungsentgelte und Synergien mit anderen Anbietern sowie Maßnahmen zur Kostendeckung und Risikominimierung (z. B. Mindestumsatzvereinbarungen) steht Aufwand durch Beschaffungskosten, Fixkosten (z. B. Personalaufwand), Mischkosten (z. B. Batteriemietraten) sowie variablen Kosten (z. B. Kraftstoffkosten, Kosten durch Gewaltschäden) gegenüber.

Mit der beschriebenen Darstellung von Status quo, Potenzialen und Erfolgsfaktoren von (E-)Carsharing-Angeboten richtet sich die vorliegende Veröffentlichung an alle Stakeholder von Carsharing-Angeboten (Kommunen, Nutzer, Mitarbeiter, Multiplikatoren/Medien/Öffentlichkeit, Lieferanten, Länder/Bund, Kooperationspartner, Kredit-/Kapitalgeber). Insbesondere sollen mit dem Thema nachhaltiger (Elektro-)Mobilität betraute Akteure in Kommunen, kommunalen Unternehmen und Regionalverwaltungen angesprochen werden sowie Akteure in Organisationen oder Institutionen, die ihr Mobilitätsmanagement neu aufstellen möchten und dabei mit der Einführung von (E-)Carsharing planen.

Glossar

bcs Bundesverband Carsharing bcs e. V.

Bottom-Up Hierarchische Wirkrichtung von Prozessen: von unten nach oben

Carsharing Organisierte, gemeinschaftliche Nutzung von Kraftfahrzeugen. Abgrenzung von der Fahrzeug-Miete s. Abb. 1.2. Detaillierte Definition und Unterscheidung verschiedener Carsharing-Angebote s. Abschn. 5.2

CO_2 Kohlenstoffdioxid

Bikesharing Teilen von Fahrrädern

E-Bike Elektrofahrrad; Fahrrad das nur durch einen Elektromotor angetrieben wird

E-Carsharing gemeinschaftlich organisierte Nutzung von Elektrofahrzeugen

(E-)Carsharing Carsharing mit und ohne Elektrofahrzeuge

E-Fahrzeug Elektrofahrzeug; Fahrzeug mit elektrischem Antrieb

E-Fuhrpark Aus Elektrofahrzeugen bestehender Fuhrpark

EmoG Elektromobilitätsgesetz

Fahrzeug-Pool Gesamtheit der Fahrzeuge eines Unternehmens, die in der Regel keinem Mitarbeiter persönlich zugeordnet sind

Fahrzeugsegment Bezeichnet die Einteilung von Personenkraftwagen

Fixkosten Nach der Beschaffung fix anfallende Kosten

FreeFloating-Carsharing Stationsungebundenes Carsharing mit Fahrzeugen die i. d. R. innerhalb eines definierten Angebotsgebietes frei genutzt und abgestellt werden können

Halböffentlicher Raum Eingeschränkt (z. B. Öffnungszeiten, Personenkreis, Besitzverhältnis) öffentlich zugängliche Flächen; vgl. Abschn. 5.2.2.5

Hybridfahrzeug Fahrzeug mit Elektro- und Verbrennungsmotor

IKT Informations- und Kommunikationstechnik

Initialkosten Anfängliche Kosten

Ladeinfrastruktur Sammelbegriff für alle Geräte, die das Laden von Elektrofahrzeugen aus dem öffentlichen Stromnetz ermöglichen

Ladestation Vorrichtung, die durch eine physikalische Einrichtung Elektrofahrzeuge mit Strom versorgen kann

LIS Ladeinfrastruktur

© Springer Fachmedien Wiesbaden GmbH 2018

W. Rid et al., *Carsharing in Deutschland*, ATZ/MTZ-Fachbuch,

https://doi.org/10.1007/978-3-658-15906-1

Mischkosten Hier: 1) Kosten, die sich aus einer überregionalen Mischkalkulation von Kraftstoffpreisen ergeben; 2) teils bzw. fallabhängig fixe und teils bzw. fallabhängig variable Kosten, die nach der Beschaffung anfallen

Mobilitätsmanagement Zielt auf die effiziente Organisation der Mobilitätsnachfrage und die damit einhergehende Veränderung der Mobilitätsinfrastruktur ab

Mobilitätsstation Umsteigepunkt für einen möglichst optimalen Wechsel zwischen Verkehrsträgern (Unterstützung multimodaler Wegeketten durch Abbau von Umsteigebarrieren)

Modellregionen Elektromobilität Elektromobilitäts-Förderprogramm des Bundesministeriums für Verkehr und digitale Infrastruktur BMVI

NOW NOW GmbH – Nationale Organisation Wasserstoff- und Brennstoffzellentechnologie

OEM Original Equipment Manufacturer

One-Way-Carsharing Carsharing mit der Möglichkeit, den Leihvorgang an Punkt A (Station oder bei FreeFloating an beliebiger Stelle im Angebotsgebiet) zu beginnen und an Punkt B zu beenden (keine Rückkehr zu Punkt A notwendig)

ÖPNV Öffentlicher Personen-Nahverkehr

ÖV Öffentlicher Verkehr (hier: öffentlicher Personenverkehr; schließt neben dem ÖPNV auch den öffentlichen Personenfernverkehr ein)

Pedelec Pedal Electric Cycle; E-Bike mit Elektromotor, der beim Pedalieren unterstützt

Pedelecsharing Teilen von Pedelecs

Plugin-Hybridfahrzeug Fahrzeug mit Elektro- und Verbrennungsmotor, das aus einer externen Quelle (per Stecker = plug) aufgeladen werden kann

Stakeholder Anspruchsgruppen; im Falle von (E-)Carsharing: Zulieferer, Kredit-/Kapitalgeber, Kunden, Mitarbeiter, öffentliche Hand (gestaltet Rahmenbedingungen)

Stationsgebundenes Carsharing Die Carsharing-Fahrzeuge sind an feste Standorte gebunden, an denen das Fahrzeug zu Buchungsbeginn in Empfang genommen und zu Buchungsende wieder abgestellt wird

Strommix Anteilige Betrachtung der Energieformen (z. B. Erdöl, Windenergie), aus denen die verwendete Energie gewonnen wurde

TCO Gesamtkosten über den gesamten Nutzungszeitraum (Total Cost of Ownership)

Umweltverbund Öffentlicher Personenverkehr, Radverkehr und Fußverkehr – im Verbund ggf. eine Alternative zum motorisierten Individualverkehr

Utility Pkw-Segment der Nutzfahrzeuge

Variable Kosten Variable Kosten, die nach der Beschaffung anfallen (z. B. für nicht kalkulierbare, unvorhersehbare Reparaturen)

Wallbox Wandkasten – Anschlussmöglichkeit zum Laden von Elektrofahrzeugen

Literatur

6-t – bureau de recherche (Hg.)(2014): One-way carsharing: which alternative to private cars?. Online verfügbar unter http://6t.fr/download/AD_ExecutiveSummary_140523.pdf, zuletzt geprüft am 17.12.2015.

Aarts, H.; Verplanken, B.; Knippenberg, A. (1997): Habit and information use in travel mode choices. In: Acta Psychologica, 96, S. 1–14.

AIM – Automotive Institute for Management, EBS Business School (2013a): AIM Carsharing-Barometer.

AIM – Automotive Institute for Management, EBS Business School (2013b): Pressemitteilung „Aktuelles AIM Carsharing-Barometer 2013". Online ehemals verfügbar unter http://www.aim-ebs.de/?p=1255 bzw. http://www.aim-ebs.de/wp-content/uploads/PM_CS3_20130614.docx, zuletzt geprüft am 23.12.2015 (nicht mehr verfügbar).

ARD ZDF Deutschlandradio (o.J.): Rundfunkbeitrag – das gilt für Unternehmen und Institutionen. Online verfügbar unter: http://www.rundfunkbeitrag.de/informationen/unternehmen_und_institutionen/index_ger.html, zuletzt geprüft am 12.01.2016.

Autolib' Métropole (2015): Données arrêtées au dimanche 25 octobre 2015 – Tableau de bord Autolib'. Online verfügbar unter https://drive.google.com/file/d/0B8MFxB5YvOOkZUdMWVdsdTZPMVk/view?pli=1, zuletzt geprüft am 21.01.2016.

Autolib' Métropole (o.J.): http://www.autolibmetropole.fr/, zuletzt geprüft am 21.01.2016.

Avineri, E. (2011): Applying behavioural economics in the design of travel information systems. In: 43rd Universities Transport Study Group Conference, Milton Keynes, UK, 5th–7th January, 2011. Online verfügbar unter: http://eprints.uwe.ac.uk/16911, zuletzt geprüft am 21.02.2017.

Avineri, E. (2012): On the use and potential of behavioural economics from the perspective of transport and climate change. In: Journal of Transport Geography, 25, S. 512–521.

Ballach, A. (2009): Mobilität trifft Wohnen – eine aussichtsreiche Begegnung! Dokumentation des 9. Fachgesprächs „Wohnungsunternehmen als Akteure in der integrierten Stadt(teil)entwicklung". Hrsg.: ILS – Institut für Landes- und Stadtentwicklungsforschung gGmbH u. LEG. Arbeitsmarkt- und Strukturentwicklung GmbH. Online verfügbar unter: http://www.ils-forschung.de/files_publikationen/pdfs/dokumentation_9_fachgespraech.pdf, zuletzt geprüft am 28.12.2015.

Bamberg, S. (2009): Evaluation von Dialogmarketing für Neubürger. Abschlussbericht im Auftrag des Bundesministerium für Verkehr, Bau und Stadtentwicklung FoPS Projekt Nr. 70.0795/2007. Institut für Stadtbauwesen und Stadtverkehr, Rheinisch-Westfälische Technische Hochschule Aachen.

Baum. H.; Pesch, S. (1994): Untersuchung der Eignung von Carsharing im Hinblick auf die Reduzierung von Stadtverkehrsproblemen. Schlussbericht im Auftrag des Bundesministers für Verkehr FE-Nr. 70421/93. Institut für Verkehrswissenschaft, Universität Köln.

BBSR – Bundesinstitut für Bau-, Stadt- und Raumforschung. Neue Mobilitätsformen, Mobilitätsstationen und Stadtgestalt (Hg.) (2014): Eine ExWoSt-Studie. In: Experimenteller Wohnungs- und Städtebau (ExWoSt) Informationen 45 (1). Online verfügbar unter http://research.ptvgroup.com/fileadmin/files_conceptsandsolutions/Downloads/5_News/2014/ExWoSt45_1.pdf, zuletzt geprüft am 18.11.2015.

BBSR – Bundesinstitut für Bau-, Stadt- und Raumforschung. Neue Mobilitätsformen, Mobilitätsstationen und Stadtgestalt (Hg.) (2015): Siedlungsstrukturelle Regionstypen. Stand: 31.12.2013. Online verfügbar unter http://www.bbsr.bund.de/BBSR/DE/Raumbeobachtung/Raumabgrenzungen/Regionstypen/Download_ref_Regionstyp_xls.xlsx?__blob=publicationFile&v=7, zuletzt geprüft am 22.01.2016.

bcs – Bundesverband CarSharing e. V. (2015a): Über CarSharing. Online verfügbar unter http://www.carsharing.de/alles-ueber-carsharing/faq, zuletzt aktualisiert am 08.10.2015, zuletzt geprüft am 08.10.2015.

bcs – Bundesverband CarSharing e. V. (2015b): Jahresbericht 2014/2015. Auf dem Weg zu einer neuen Mobilitätskultur – Mehr als eine Million CarSharing-Nutzer. Berlin. Online verfügbar unter http://carsharing.de/sites/default/files/uploads/ueber_den_bcs/pdf/bcs_jahresbericht_2014_final.pdf, zuletzt geprüft am 20.07.2015.

bcs – Bundesverband CarSharing e. V. (2015c): bcs-Mitglieder am 04.02.2015. Online verfügbar unter http://www.carsharing.de/ueber-den-bcs/bcs-mitglieder/bcs-mitglieder-am-04022015, zuletzt geprüft am 22.01.2016.

bcs – Bundesverband CarSharing e. V. (2015d): Aktuelle Zahlen und Daten zum CarSharing in Deutschland. Online verfügbar unter http://www.carsharing.de/alles-ueber-carsharing/carsharing-zahlen, zuletzt geprüft am 22.01.2016.

bcs – Bundesverband CarSharing e. V. (o.J.a): Wie Verkehrsunternehmen und CarSharing-Anbieter zusammenarbeiten. Online verfügbar unter http://www.carsharing.de/arbeitsschwerpunkte/umweltverbund/wie-verkehrsunternehmen-und-carsharing-anbieter-zusammenarbeiten, zuletzt geprüft am 22.12.2015.

bcs – Bundesverband CarSharing e. V. (o.J.b): Die CarSharing-Versorgung in deutschen Städten und Gemeinden – eine Erhebung des Bundesverband CarSharing e. V. (bcs). Online verfügbar unter http://www.carsharing.de/staedte-ranking/index.html, zuletzt geprüft am 22.01.2016.

bcs – Bundesverband CarSharing e. V. (2017): Aktuelle Zahlen und Daten zum CarSharing in Deutschland. Online verfügbar unter https://carsharing.de/alles-ueber-carsharing/carsharing-zahlen/aktuelle-zahlen-daten-zum-carsharing-deutschland, zuletzt geprüft am 29.02.2017.

BMUB – Bundesministerium für Umwelt, Naturschutz, Bau und Reaktorsicherheit (2015): Wie klimafreundlich sind Elektroautos? Online verfügbar unter http://www.bmub.bund.de/fileadmin/Daten_BMU/Download_PDF/Verkehr/emob_klimabilanz_2015_bf.pdf, zuletzt geprüft am 18.12.2015.

BMVBS – Bundesministerium für Verkehr, Bau und Stadtentwicklung (Hg.) (2012): Roadmap zur Kundenakzeptanz. Online verfügbar unter https://www.now-gmbh.de/content/5-service/4-publikationen/1-begleitforschung/roadmap_kundenakzeptanz.pdf, zuletzt geprüft am 09.02.2016.

BMVI – Bundesministerium für Verkehr und digitale Infrastruktur (Hg.) (2014a): Elektromobilität in Kommunen – Handlungsleitfaden. Online verfügbar unter http://starterset-elektromobilitaet.

de/sites/default/files/Dokumente/Elektromobilitaet_in_Kommunen_-_Handlungsleitfaden.pdf, zuletzt geprüft am 23.12.2015.

BMVI – Bundesministerium für Verkehr und digitale Infrastruktur (Hg.) (2014b): Genehmigungsprozess der E-Ladeinfrastruktur in Kommunen – strategische und rechtliche Fragen. Online verfügbar unter https://www.now-gmbh.de/content/5-service/4-publikationen/3-modellregionen-elektromobilitaet/genehmigungsprozess-der-e-ladeinfrastruktur-in-kommunen_strategische-und-rechtliche-fragen.pdf, zuletzt geprüft am 22.01.2016.

BMVI – Bundesministerium für Verkehr und digitale Infrastruktur (Hg.) (2014c): Öffentliche Ladeinfrastruktur für Städte, Kommunen und Versorger. Online verfügbar unter https://www.now-gmbh.de/content/5-service/4-publikationen/1-begleitforschung/oeffentliche_ladeinfrastruktur_fuer_staedte__kommunen_und_versorger.pdf, zuletzt geprüft am 22.01.2016.

BMVI – Bundesministerium für Verkehr und digitale Infrastruktur (Hg.) (2015a): Elektromobilität in Flotten – Handlungsleitfaden. Berlin. Online verfügbar unter http://starterset-elektromobilitaet.de/sites/default/files/Dokumente/Elektromobilitaet-in-Flotten_Handlungsleitfaden.pdf, zuletzt geprüft am 23.12.2015.

BMVI – Bundesministerium für Verkehr und digitale Infrastruktur (Hg.) (2015b): Bewertung der Praxistauglichkeit und Umweltwirkungen von Elektrofahrzeugen – Zwischenbericht. Korrigierte Version. Berlin. Online verfügbar unter https://www.now-gmbh.de/content/5-service/4-publikationen/1-begleitforschung/bewertung_praxistauglichkeit_und_umweltwirkungen_von_elektrofahrzeugen.pdf, zuletzt geprüft am 07.12.2015.

BMVI – Bundesministerium für Verkehr und digitale Infrastruktur (Hg.) (2015c): Prozessschritte zur normgerechten Errichtung von Ladesäulen/Wallboxen. Online verfügbar unter https://www.now-gmbh.de/content/5-service/4-publikationen/1-begleitforschung/prozessschritte_zur_normgerechten_errichtung_ladesaeulen.pdf, zuletzt geprüft am 22.01.2016.

BMVI – Bundesministerium für Verkehr und digitale Infrastruktur (Hg.) (2016): Elektromobile Sharing-Angebote – Wer nutzt sie und wie werden sie bewertet?. In Kürze online verfügbar unter https://www.now-gmbh.de/de/service/publikationen.

BMVI – Bundesministerium für Verkehr und digitale Infrastruktur (Hg.) (2017): Carsharing: BMVI gibt Startschuss. Online verfügbar unter: https://www.bmvi.de/SharedDocs/DE/Artikel/LA/carsharinggesetz.html, zuletzt geprüft am 30.10.2017.

Borcherding, A. (2014): Elektromobilität in ländlichen Räumen. Präsentation bei der Fachkonferenz „Elektromobilität in ländlichen Räumen – Hoffnungen, Erfahrungen, Perspektiven" vom 7. Juli 2014 in Erfurt. Online verfügbar unter http://www.emotif.de/index.php?eID=tx_nawsecuredl&u=0&file=fileadmin/EMOTIF/Dokumente/Vortraege_Fachkonferenz/E-Mobilitaet_laendlicher_Raum_Borcherding.pdf&t=1438094191&hash=8088d2d10e277e686259428552284a8b, zuletzt geprüft am 27.07.2015.

Boschmann, E. E., & Kwan, M.-P. (2008): Towards socially sustainable urban transportation – Progress and potentials. International Journal of Sustainable Transportation, 2(3), S. 138–157.

Braun, A.; Koch, A.; Hochschild, V. (2016): Intraregionale Unterschiede in der Carsharing-Nachfrage – Eine GIS-basierte empirische Analyse. In: disP – The Planning Review. Online verfügbar unter: http://www.tandfonline.com/doi/abs/10.1080/02513625.2016.1171051, zuletzt geprüft am 18.04.2016.

Bräuninger, M., Schulze, S., Leschus, L., Perschon, J., Hertel, C., Field, S., Foletta, N. (2012): Wege zum nachhaltigen Stadtverkehr in Entwicklungs- und Schwellenländern. Studie im Auftrag des Umweltbundesamtes. Dessau-Roßlau. Online verfügbar unter https://www.umweltbundesamt.de/sites/default/files/medien/419/publikationen/zusammenfassung.pdf, zuletzt geprüft am 21.05.2016.

Breindl, K. (2014): CarSharing ist auch in kleinen Städten möglich. In: bcs Bundesverband CarSharing (Hg.): Eine Idee setzt sich durch! 25 Jahre CarSharing. Köln.

BusinessTech (Hg.) (2015): Car sharing service to launch in SA. Online verfügbar unter http://businesstech.co.za/news/mobile/88692/car-sharing-service-to-launch-in-sa/, zuletzt geprüft am 21.01.2016.

Cabanatuan, M. (2012): Electrifying Car-sharing. In: SFGate. Online verfügbar unter http://blog.sfgate.com/cityinsider/2012/11/27/electrifying-car-sharing/, zuletzt geprüft am 20.01.2015.

Canzler, W.; Franke, S. (2000): Autofahren zwischen Alltagsnutzung und Routinebruch. Bericht 1 der choice-Forschung. Discussion Paper FS II 00 – 102. Abteilung Organisation und Technikgenese des Forschungsschwerpunktes Technik-Arbeit-Umwelt, Wissenschaftszentrum Berlin für Sozialforschung. Online verfügbar unter http://hdl.handle.net/10419/49783, zuletzt abgerufen am 28.04.2016.

car2go Deutschland GmbH (o.J.): Wieviel kostet car2go? – Sorgenfrei fahren und Freiminuten sammeln. Online verfügbar unter https://www.car2go.com/de/berlin/was-kostet-car2go/, zuletzt geprüft am 10.02.2016.

carsharing-experten.de (2014): car2go Roaming: länderübergreifende Nutzung von car2go in Europa möglich. Online verfügbar unter http://www.carsharing-experten.de/blog/2014/05/06/car2go-roaming-laenderueber-greifende-nutzung-car2go-europa-moeglich.html, zuletzt geprüft am 22.12.2015.

Celsor, C.; Millard-Ball, A. (2007): Where does Carsharing Work? Using Geographic Information Systems to Assess Market Potential. In Transportation Research Record, 1992: 61–69.

Citee Car GmbH (o.J.): CiteeHost. Online verfügbar unter https://www.citeecar.com/Home/What_is_a_Host?L=de_DE&c=0, zuletzt geprüft am 22.12.2015.

Citroen Deutschland GmbH (o.J.): Tarife. Online verfügbar unter https://www.multicity-carsharing.de/tarife/, zuletzt geprüft am 10.02.2016.

City CarShare (o.J.): citycarshare.org, zuletzt geprüft am 20.01.2016.

civity Management Consultants (Hg.)(2014): Urbane Mobilität im Umbruch? – Verkehrliche und ökonomische Bedeutung des FreeFloating-Carsharing. Berlin. Online kostenlos bestellbar unter http://matters.civity.de/, zuletzt geprüft am 23.12.2015.

Copenhagen Capacity (o.J.): Copenhagen includes EVs in car sharing project. Online verfügbar unter http://www.copcap.com/newslist/2015/copenhagen-includes-evs-in-car-sharing-project, zuletzt geprüft am 06.01.2016.

DB AG (2015): Flinkster Registrierung. Online verfügbar unter https://www.flinkster.de/kundenbuchung/process.php?proc=online_anmeldung&start=oa&f=3&start=oa&&f=3, zuletzt geprüft am 22.12.2015.

Deffner, J.; Hefter, T.; Götz, K. (2014): Multioptionalität auf dem Vormarsch? Veränderte Mobilitätswünsche und technische Innovationen als neue Potenziale für einen multimodalen Öffentlichen Verkehr. In: Schwedes, O. (Hg.): Öffentliche Mobilität. Perspektiven für eine nachhaltige Verkehrsentwicklung. Wiesbaden.

Deffner, J.; Klinger, T.; Stein, M.; Kemen, J.; Lanzendorf, M. (2016): Sharing Konzepte für ein multioptionales Mobilitätssystem. Zentrale Ergebnisse und Handlungsempfehlungen für die Region FrankfurtRheinMain. Hessisches Ministerium für Wirtschaft, Energie, Verkehr und Landesentwicklung (Hg.). Wiesbaden.

Diekmann, A.; Preisendörfer, P. (1998): Umweltbewußtsein und Umweltverhalten in Low- und High-Cost-Situationen. Eine empirische Überprüfung der Low-Cost-Hypothese. In: Zeitschrift für Soziologie, 27(6), S. 438–453.

Difu – Service- und Kompetenzzentrum Kommunaler Klimaschutz beim Deutschen Institut für Urbanistik gGmbH (Hg.)(2013): Klimaschutz & Mobilität. Beispiele aus der kommunalen Praxis und Forschung – so lässt sich was bewegen. Online verfügbar unter http://www.difu.de/publikationen/2013/klimaschutz-mobilitaet.html, zuletzt geprüft am 21.01.2016.

Eakins, J. (2013): The Determinants of Household Car Ownership – Empirical Evidence from the Irish Household Budget Survey. Surrey Energy Economics Discussion Paper Series (SEEDS), 144. School of Economics University of Surrey. Surrey.

Eberhardt, S. (1998): Wertorientierte Unternehmungsführung: Der modifizierte Stakeholdervalue-Ansatz. Wiesbaden.

Epprecht, N; von Wirth, T; Stünzi, C.; Blumer, B.Y. (2014): Anticipating transitions beyond the current mobility regimes: How acceptability matters. In: Futures 60: S. 30–40.

Follmer, R.; Gruschwitz, D.; Jesske, B.; Quandt, S.; Lenz, B.; Nobis, C.; Köhler, K.; Mehlin, M. (2008): Mobilität in Deutschland 2008. Abschlussbericht. infas/DLR, im Auftrag des Bundesministeriums für Verkehr, Bau und Stadtentwicklung. Online verfügbar unter http://mobilitaet-in-deutschland.de/pdf/MiD2008_Abschlussbericht_I.pdf, zuletzt geprüft am 25.01.2016.

Forschungsgruppe Stadt | Mobilität | Energie (Hg.)(2015): Toolbox für Elektromobilität in Mittelstädten. Online verfügbar unter http://www.emis-projekt.de/brcms/pdf/EMiS_Toolbox_Elektromobilitaet.pdf, zuletzt geprüft am 15.12.2015.

Franke, S. (2001): Carsharing: vom Ökoprojekt zur Dienstleistung. Berlin.

Fraunhofer-Institut für Arbeitswirtschaft und Organisation IAO (2015): E-Mobilität heute schon wirtschaftlich. Online verfügbar unter https://www.iao.fraunhofer.de/lang-de/ueber-uns/presse-und-medien/1662-e-mobilitaet-heute-schon-wirtschaftlich.html, zuletzt aktualisiert am 19.11.2015, zuletzt geprüft am 19.11.2015.

Frost and Sullivan (2014): Strategic insight of the global carsharing market, Report #ND90-19, June 2014, San Antonio, Texas.

Giddens, A. (1992): Die Konstitution der Gesellschaft. Grundzüge einer Theorie der Strukturierung. Frankfurt/New York.

Gigerenzer, G. (2010): Moral satisficing: rethinking moral behavior as bounded rationality. In: Topics in cognitive science 2 (3), S. 528–554.

Gigerenzer, G. (2011): Rationalität, Heuristiken und Evolution. In: Gerhardt, V.; Lucas, K.; Stock, G. (Hg.): Evolution: Theorie, Formen und Konsequenzen eines Paradigmas in Natur, Technik und Kultur (S. 195–206). Berlin.

Gigerenzer, G., Selten, R. (2001): Bounded Rationality. The Adaptive Toolbox. Cambridge, Massachusetts und London, England.

Gorr, H. (1997): Die Logik der individuellen Verkehrsmittelwahl – Theorie und Realität des Entscheidungsverhaltens im Personenverkehr. Gießen.

Hager, K., Braun, A. & Rid, W. (2016). Entwicklung eines bedarfsgerechten Ladeinfrastrukturkonzeptes: ein kombiniertes Modell aus Geo- und Nutzerdaten. In: Proff, H. (Hg.). Entscheidungen beim Übergang in die Elektromobilität. Technische und betriebswirtschaftliche Aspekte. Springer Verlag.

Hansestadt Rostock, Presse- und Informationsstelle (Hg.)(2015): Elektromobilitätsstrategie der Hansestadt Rostock. Online verfügbar unter http://rathaus.rostock.de/sixcms/media.php/1068/HRO_Elektromobilit%C3%A4ts-Strategie_2015_1.pdf, zuletzt geprüft am 18.12.2015.

Happold Ingenieurbüro GmbH (BuroHappold Engineering) (Hg.)(2014): Charging the City. Praxisleitfaden Integrierte Ladeinfrastruktur. Online verfügbar unter http://www.bemobility.de/file/bemobility-de/2509708/tG24bDdrr6uk_9yzFXSzW6vJC0Q/9069316/data/guidebook.pdf, zuletzt geprüft am 15.12.2015.

Harms, S. (2003): Besitzen oder Teilen – Sozialwissenschaftliche Analyse des Car Sharings. Zürich/Chur.

Harms, S.; Lanzendorf, M.; Prillwitz, J. (2007): Mobilitätsforschung in nachfrageorientierter Perspektive. In: Schöller, O.; Canzler, W.; Knie, A. (Hg.): Handbuch Verkehrspolitik. Wiesbaden.

Heinrichs, H. (2013): Sharing Economy. Im Zeitalter des Homo collaborans. In: Politische Ökologie, 135, S. 99–106.

Heinrichs, H.; Grunenberg, H. (2012): Sharing Economy: Auf dem Weg in eine neue Konsumkultur? Lüneburg. Online verfügbar unter http://www.ssoar.info/ssoar/bitstream/handle/document/42748/ssoar-2012-heinrichs_et_al-Sharing_Economy__Auf_dem.pdf?sequence=1, zuletzt geprüft am 16.03.2017.

Hunger, J. D. & Wheelen, T. L. (1998): Strategic Management. Reading, Massachusetts.

Huwer, U. (2002): Kombinierte Mobilität gestalten: Die Schnittstelle ÖPNV – CarSharing. Online verfügbar unter http://d-nb.info/96728273X/34, zuletzt geprüft am 03.11.2015.

ifmo – Institut für Mobilitätsforschung (2011): Mobilität junger Menschen im Wandel – multimodaler und weiblicher. Institut für Mobilitätsforschung, München. Online verfügbar unter http://www.ifmo.de/tl_files/publications_content/2011/ifmo_2011_Mobilitaet_junger_Menschen_de.pdf, zuletzt geprüft am 25.01.2016.

Imove (2014): Carsharing Nordrhein-Westfalen – Handbuch. Kaiserslautern. Online verfügbar unter http://www.rhein-erft-kreis.de/stepone/data/downloads/9f/8e/00/handbuch_carsharing_nrw_webversion-niedrigaufgeloest.pdf, zuletzt geprüft am 18.06.2015.

InnoZ – Innovationszentrum für Mobilität und gesellschaftlichen Wandel GmbH (2015): BeMobility 2.0 – Rückblick und Kurzfassung der Projektergebnisse. Online verfügbar unter http://www.bemobility.de/bemobility-de/start/service/meldungen/7875172/meldung_bemob20_bilanz.html, zuletzt geprüft am 15.12.2015.

ivm GmbH (Hg.) (2012): Handreichung. Carsharing – Verbesserung der Rahmenbedingungen in der Region Frankfurt RheinMain. Frankfurt/M.. Online verfügbar unter http://www.ivm-rheinmain.de/wp-content/uploads/2013/05/IVM_Carsharing_Handreichung1.pdf, zuletzt geprüft am 22.12.2015.

IZT – IZT-Institut für Zukunftsstudien und Technologiebewertung (2000): Carsharing, Nachhaltige Mobilität durch eigentumslose PKW-Nutzung. Online verfügbar unter https://www.izt.de/fileadmin/publikationen/IZT_WB43.pdf, zuletzt geprüft am 22.12.2015.

JCN Newswire (Hg.)(o.J.): Toyota to Launch Trial Car Sharing Service in Okinawa. Online verfügbar unter http://www.marketwatch.com/story/toyota-to-launch-trial-car-sharing-service-in-okinawa-2015-10-26, zuletzt geprüft am 29.10.2015.

Jungermann, H.; Pfister, H.-R.: Fischer, K. (2013): Die Psychologie der Entscheidung. Eine Einführung. 2. Auflage. Heidelberg.

juris GmbH (o.J.a): ThürStrG – Thüringer Straßengesetz vom 7. Mai 1993, gültig ab 14.05.1993: § 18 – Sondernutzung. Online verfügbar unter http://landesrecht.thueringen.de/jportal/portal/t/1fzi/page/bsthueprod.psml;jsessionid=6209F7C13C1DE2A58098232BF687134A.

jp16?pid=Dokumentanzeige&showdoccase=1&js_peid=Trefferliste&documentnumber=1&
numberofresults=1&fromdoctodoc=yes&doc.id=jlr-StrGTHpP18#focuspoint, zuletzt geprüft
am 17.11.2015.

juris GmbH (o.J.b): ThürStrG – Thüringer Straßengesetz vom 7. Mai 1993, gültig ab 14.05.1993:
§ 8 – Einziehung, Teileinziehung. Online verfügbar unter http://landesrecht.thueringen.de/
jportal/?quelle=jlink&query=StrG+TH&psml=bsthueprod.psml&max=true&aiz=true#jlr-
StrGTHpP8, zuletzt geprüft am 24.01.2016.

Kagerbauer, M.; Schröder, J. O.; Weiß, C.; Vortisch, P. (2015): Intermodale Mobilität. Elektromobile
Fahrzeugkonzepte als Zubringer zum Öffentlichen Verkehr. In: Proff., H. (Hg.): Entscheidun-
gen beim Übergang in die Elektromobilität. Technische und betriebswirtschaftliche Aspekte
(S. 567–584). Wiesbaden.

Kagermeier, A. (Hg.) (2004): Studien zu Mobilitätsforschung, Band 10. Verkehrssystem-
und Mobilitätsmanagement im ländlichen Raum. Mannheim, 2004. Online verfügbar
unter http://www.kagermeier.de/mediapool/15/157354/data/Publikationen_bis_2005/SMV10_
Mobilitaetsmanagement_laendlicher_Raum_gesamt_komp_150dpi.pdf, zuletzt abgerufen am
21.07.2015.

Kahneman, D. (2014): Schnelles Denken, Langsames Denken. München.

Kassel, M. (o.J.): Aufbau eines Netzes von Mobilitätsstationen in Offenburg und Umgebung.
Hg. v. Stadt Offenburg. Online verfügbar unter http://www.offenburg.de/html/media/dl.html?
v=17749, zuletzt geprüft am 18.11.2015.

KBA – Kraftfahrtbundesamt (2015): Bestand an Personenkraftwagen am 1. Januar 2015 gegenüber
1. Januar 2014 nach Segmenten und Modellreihen (Zulassungen ab 1990). Online verfügbar unter http://www.kba.de/SharedDocs/Publikationen/DE/Statistik/Fahrzeuge/FZ/2015/fz12_2015_
pdf.pdf?__blob=publicationFile&v=2, zuletzt geprüft am 22.01.2016.

KfW (o.J.): https://www.kfw.de/Download-Center/F%C3%B6rderprogramme-%28Inlandsf%C3
%B6rderung%29/PDF-Dokumente/6000002220-Merkblatt-240-241.pdf.

KIT – Karlsruher Institut für Technologie (Hg.) (2015): Über 300.000 Kilometer unter Strom.
Physikalisch-technische, ökonomische, ökologische und sozialwissenschaftliche Begleitforschung des Schaufensterprojektes RheinMobil: Grenzüberschreitende, perspektivisch wirtschaftliche elektrische Pendler- und Dienstwagenverkehre im deutsch-französischen Kontext.

Knie, A.; Canzler, W. (2005): Die intermodalen Dienste der Bahn: Wirkungen und Potenziale neuer
Verkehrsdienstleistungen. Gemeinsamer Schlussbericht von DB Rent und WZB. Verbundpro-
jekt Intermodi – Sicherung der Anschluss- und Zugangsmobilität durch neue Angebotsbausteine
im Rahmen der „Forschungsinitiative Schiene".

Koch, H. (2002): User Need Report – Abschlussbericht des „Mobility Services for Urban
Sustainability"-Projekts. Europäische Kommission/Universität Bremen.

Landeshauptstadt München & Senatsverwaltung für Stadtentwicklung und Umwelt Berlin (Hg.)
(2015): Carsharing und Elektromobilität – Ein Praxisleitfaden für Kommunen. Online verfügbar
unter http://www.erneuerbar-mobil.de/de/projekte/foerderung-von-vorhaben-im-bereich-der-
elektromobilitaet-ab-2012/ermittlung-der-umwelt-und-klimafaktoren-der-elektromobilitaet/
dateien-pressematerial-etc/wimobil-carsharing-und-elektromobilitaet-ein-praxisleitfaden-
fuer-kommunen, zuletzt geprüft am 25.01.2016.

Lanzendorf, M.; Tomfort, D. (2012): Warum bewirkt Mobilitätsmanagement Verhaltensänderungen? – Zur Wirkung von Maßnahmen aus der Perspektive der Mobilitätsforschung. In: Reutter,
U.; Stiewe, M. (Hg.): Mobilitätsmanagement. Wissenschaftliche Grundlagen und Wirkungen in
der Praxis. Essen.

Lawinczak, J.; Heinrichs, E. (2008): Carsharing im öffentlichen Straßenraum. Ergebnisbericht zum Arbeitspaket 4 im Forschungs- und Entwicklungsvorhaben „ParkenBerlin". Online verfügbar unter http://www.carsharing.de/images/stories/pdf_dateien/parkenberlin_ap_4_car_sharing.pdf, zuletzt geprüft am 14.01.2016.

Le Vin, S., Zolfaghari, A., Polak, J. (2014): Carsharing: Evolution, Challenges and Opportunities. Centre for Transport Studies, Imperial College London, Scientific Avisory Group Report. Online verfügbar unter http://www.acea.be/uploads/publications/SAG_Report_-_Car_Sharing.pdf, zuletzt geprüft am 13.08.2016.

Le Vine, S.; Zolfaghari, A.; Polak, J. (2014): Carsharing – Evolution, Challenges and Opportunities. ACEA – Association des Contructeurs Européens d'Automobiles – 22th ACEA Scientific advisory group report. Centre for Transport Studies, Imperial College London. London. Online verfügbar unter http://www.acea.be/uploads/publications/SAG_Report_-_Car_Sharing.pdf, zuletzt geprüft am 25.01.2016.

Leipziger Volkszeitung (20.01.2016): Stromlos in Leipzig – jede zweite Ladesäule für E-Autos defekt. Online verfügbar unter http://www.lvz.de/Leipzig/Lokales/Stromlos-in-Leipzig-Jede-zweite-Ladesaeule-fuer-E-Autos-defekt, zuletzt geprüft am 24.02.2016.

Leismann, K.; Schmitt, M.; Rohn, H.; Baedeker, C. (2012): Nutzen statt Besitzen. Auf dem Weg zu einer ressourcenschonenden Konsumkultur. Schriftenreihe Ökologie, 27. Berlin.

LetsGo (o.J.): WHAT IS LETSGO?. Online verfügbar unter https://letsgo.dk/en/, zuletzt geprüft am 06.01.2016.

Lichtenberg, J.; Hanel, F. (2007): Carsharing und ÖPNV: Nutzen für alle? – eine Analyse der Situation in Frankfurt am Main. In Nahverkehr, 25(11): 37–41.

Locomute (Pty) Ltd. (o.J.): https://www.locomute.co.za/, zuletzt geprüft am 21.01.2016.

Loose, W. (2010): Aktueller Stand des Carsharing in Europa. Endbericht D 2.4 Arbeitspaket 2. Online verfügbar unter http://www.carsharing.de/images/stories/pdf_dateien/wp2_endbericht_deutsch_final_4.pdf, zuletzt geprüft am 17.11.2015.

Loose, W.; Glotz-Richter, M. (Hg.) (2012): Carsharing und ÖPNV. Entlastungspotenziale durch vernetzte Angebote. Köln.

Loose, W.; Mohr, M.; Nobis, C. (2006): Assessment of the Future Development of Car Sharing in Germany and Related Opportunities. In Transport Reviews, 26(3): 365–382.

LVB – Leipziger Verkehrsbetriebe GmbH, Stadt Leipzig (2013): Mobilitätsstationen für Leipzig – Pilotprojekt wird vorbereitet (Medieninformation 343-so). Online verfügbar unter http://cdn.leipzig.de/fileadmin/extensions/pressreleases/3AB1C0785F271899C1257B6A0031EAFF/343-so-Mobilit%C3%A4tsstation.pdf, zuletzt geprüft am 18.11.2015.

Maertins, C. (2006): Die Intermodalen Dienste der Bahn: mehr Mobilität und weniger Verkehr? Wirkungen und Potenziale neuer Verkehrsdienstleistungen. Discussion Papers/Wissenschaftszentrum Berlin für Sozialforschung. Berlin.

Martens, K., Sierzchula, W., Pasman, S. (2015): Broadening the market for carshare? Results of a pilot project in the Netherlands, World Transport Policy and Practice, 21(1). Online verfügbar unter https://www.academia.edu/10283525/Broadening_the_Market_for_Carshare_Results_of_a_Pilot_Project_in_the_Netherlands, zuletzt geprüft am 08.11.2015.

Martin, E.; Shaheen S., Lidicker, J. (2010): Carsharing's impact on household vehicle holdings: Results from a North American shared-use vehicle survey. In: Transportation Research Record, No. 2143: 150–158.

Martin, E.; Shaheen, S. (2011): The impact of Carsharing on Public Transit and Non-Motorized Travel: An Exploration of North American Carsharing Survey Data. In: Energies, 4: 2094–2114.

Matthijs, J. (2015): Autopia – Electrical/rural Car sharing. How to make car sharing accesable (sic!) for everyone by sharing local governmental fleets. Präsentation beim Themenfeldtreffen Begleitforschung „Flottenmanagement" der Modellregionen Elektromobilität am 07.07.2015 in Berlin.

Media-Manufaktur GmbH (Hg.)(o.J.): Schwerer Stand für geteilte Stromer – carIT – Vernetztes Auto – Connected Car. Online verfügbar unter http://www.car-it.com/schwerer-stand-fuer-geteilte-stromer/id-0043849, zuletzt geprüft am 30.09.2015.

Meijkamp, R. (2000): Changing consumer behavior through Eco-efficient Services. An empirical study on Car Sharing in the Netherlands. Delft.

Milan, C. (2013): Wirtschaftlichkeit von Elektroautos und Traktionsbatterien. Hamburg.

Mobility Genossenschaft (o.J.): Mobility Genossenschaft. Online verfügbar unter https://www.mobility.ch/de/ueber-mobility/mobility-genossenschaft/ueber-uns/, zuletzt abgerufen am 06.01.2016.

MOONROC Advisory Partners GmbH (2014): Ladeinfrastruktur – vom Pilotbetrieb zum sicheren Geschäftsmodell. Online verfügbar unter http://www.moonroc.de/fileadmin/01_Content/Downloads/2014004_MOONROC_Ladeinfrastruktur.pdf, zuletzt geprüft am 10.02.2016.

Muheim, P. (1998): CarSharing – der Schlüssel zur kombinierten Mobilität. Synthese im Auftrag des Bundesamtes für Energie. Luzern.

Müller-Stewens, G.; Lechner, C. (2011): Strategisches Management. Wie strategische Initiativen zum Wandel führen; der St. Galler General Management Navigator. Stuttgart.

Newsham, J. (2015): After Boston success, Zipcar to expand one-way trips. Online verfügbar unter http://www.betaboston.com/news/2015/09/10/after-boston-success-zipcar-to-expand-one-way-trips/, zuletzt geprüft am 21.01.2016.

Oekonews.at (Hg.)(o.J.): Weitere Gemeinden setzen auf e-Carsharing. Online verfügbar unter http://www.oekonews.at/index.php?mdoc_id=1102257, zuletzt geprüft am 26.10.2015.

Öko-Institut (2004): Bestandsaufnahme und Möglichkeiten der Weiterentwicklung von Carsharing. Online verfügbar unter http://www.oeko.de/oekodoc/247/2004-032-de.pdf, zuletzt geprüft am 20.01.2015.

Ökostadt Tübingen e. V. (o.J.): teilAuto CarSharing Tübingen Reutlingen Neckar-Alb. Tarife. Online verfügbar unter http://www.teilauto-tuebingen.de/tarife/ermaessigter-tarif/, zuletzt geprüft am 09.02.2016.

Ostrom, E. (2011): Was mehr wird, wenn wir teilen. Vom gesellschaftlichen Wert der Gemeingüter. München.

Presse- und Informationsamt der Bundesregierung (2013): Koalitionsvertrag zwischen CDU, CSU und SPD, 18. Legislaturperiode. Online verfügbar unter https://www.bundesregierung.de/Content/DE/_Anlagen/2013/2013-12-17-koalitionsvertrag.pdf;jsessionid=D214009E337EFFB03673077EFD7EC42E.s6t2?__blob=publicationFile&v=2, zuletzt abgerufen am 24.02.2016.

RAL gGmbH (2014): Vergabegrundlage für Umweltzeichen – Carsharing. RAL UZ-100. Online verfügbar unter https://www.blauer-engel.de/de/produktwelt/haushalt-wohnen/car-sharing/car-sharing, zuletzt geprüft am 15.12.2015.

RAL gGmbH (2015): Vergabegrundlage für Umweltzeichen – Carsharing für Fahrzeugflotten mit elektromotorischem Antrieb. RAL UZ-100 b. Online verfügbar unter https://www.blauer-engel.de/sites/default/files/raluz-downloads/vergabegrundlagen_de/UZ-100b.zip, zuletzt geprüft am 24.01.2016.

Rammler, S.; Sauter-Servaes, T. (2013): Innovative Mobilitätsdienstleistungen (=Arbeitspapier 274), Hans Böckler Stiftung. Düsseldorf.

Reining, C. et al. (2014): Elektrofahrzeuge in CarSharing-Flotten – Chance und Herausforderung. In: bcs Bundesverband CarSharing (Hg.)(2014): Eine Idee setzt sich durch! 25 Jahre Car-Sharing. Köln.

Reinke, J. (2012): Koordinationserfordernisse beim Aufbau öffentlicher Ladeinfrastruktur (ÖLI). Präsentation bei der Konferenz „Kommunales Infrastruktur-Management" am 01.06.2012 in Berlin. Online verfügbar unter https://www.kim.tu-berlin.de/fileadmin/fg280/veranstaltungen/kim/konferenz_2012/vortraege/vortrag---reinke.pdf, zuletzt geprüft am 21.10.2015.

Rid, W.; Profeta, A. (2011): Stated Preferences for Sustainable Housing in Germany – A Latent Class Analysis. Journal of Planning Education and Research. Vol. 31/1. pp. 26–46.

Rifkin, J. (2000): Access. Das Verschwinden des Eigentums. Frankfurt.

Röhrleef, M. (2012a): Das integrierte Mobilitätspaket HANNOVERmobil. In: Reutter, U.; Stiewe, M. (Hg.): Mobilitätsmanagement. Wissenschaftliche Grundlagen und Wirkungen in der Praxis. Essen.

Röhrleef, M. (2012b): HANNOVERmobil: Carsharing als Teil eines Mobilitätspaketes. In: Loose, W. & Glotz-Richter, M. (Hg.): Carsharing und ÖPNV – Entlastungspotenziale durch vernetzte Angebote. Köln.

Roland Berger Strategy Consultants GmbH (Hg.) (2014). SHARED MOBILITY – How new businesses are rewriting the rules of the private transportation game. Online verfügbar unter: http://www.rolandberger.com/media/pdf/Roland_Berger_TAB_Shared_Mobility_20140716.pdf, zuletzt geprüft am 26.01.2016.

Rose, J. M.; Masiero, L. (2010): A comparison of the Impacts of Aspects of Prospect Theory on WTP/WTAEstimated in Preference and WTP/WTA Space. In: EJTIR, 10 (4), S. 330–346.

Ryden, C.; Morin, E. (2005): Mobility services for urban sustainability: Environmental assessment. Moses Report WP6, Trivector Traffic AB. Stockholm.

Scheiner, J. (1998): Aktionsraumforschung auf phänomenologischer und handlungstheoretischer Grundlage. In: Geographische Zeitschrift, 86, S. 50–66.

Scherf, C.; Steiner, J.; Wolter, F. (2014): Flexibles e-Carsharing ergänzt den öffentlichen Verkehr. In: Deine Bahn 5/2014 (S. 16–21). Online verfügbar unter http://www.bemobility.de/file/bemobility-de/2568154/tbizOumx_tll_EXU7VCU3RVG_3E/6907024/data/deine_bahn_artikel_mai_2014.pdf, zuletzt abgerufen am 22.07.2015.

Schlansky, A. (2014): Parken und Carsharing. Analyse im Bereich Steintor/Fesenfeld in Bremen. Bremen, April 2014.

Schlosser, C. (2014): Potenziale zur Finanzierung der Elektromobilität im ländlichen Raum. In: Mager, T. (Hg.) (2014): Liegt die Zukunft der Elektromobilität im ländlichen Raum? Köln.

Schot, J.; de la Bruheze, A. A. (2003): The Mediated design of products, consumption and consumers in the twentieth century. In: Nelly Oudshoorn & Trevor Pinch (Hg.): How Users Matter – The Co-Construction of Users and Technologies, vol. 340. Cambridge, Massachusetts, London.

SDOT – Seattle Department of Transportation (2014): 2013 Seattle FreeFloating Car Share Pilot Program Report. Online verfügbar unter https://worldstreets.files.wordpress.com/2014/04/2013_free_floating_car_share_report.pdf, zuletzt geprüft am 17.12.2015.

Senatsverwaltung für Stadtentwicklung und Umwelt Berlin (2015): Carsharing – Eine Übersicht mit Materialsammlung. Carsharing-Angebote aus Sicht der kommunalen Verkehrsplanung. Status quo, Bewertung, Untersuchungs- und Regelungsbedarf 2015. Berlin.

Shaheen, S., Cohen, A. (2007): Worldwide Carsharing growth: an international comparison. In: Transportation Research Record, 1992, S. 81–89.

Shaheen, S.; Chan, N.; Bansal, A., Cohen, A. (2015): Shared Mobility. A Sustainability & Technologies Workshop. Definitions, Industry Developments, and Early Understandings (White Paper). TSRC, UC Berkeley.

Shaheen, S.; Cohen, A. (2013): Carsharing and Personal Vehicle Services: Worldwide Market Developments and Emerging Trends. In: International Journal of Sustainable Transportation, 7-1: 5–34.

Shaheen, S.; Stocker, A. (2015): Information Brief. Carsharing for Business, Zipcar Case Study & Impact Analysis. Online verfügbar unter: http://innovativemobility.org/wp-content/uploads/2015/07/Zipcar_Corporate_Final_v6.pdf, zuletzt geprüft am 07.12.2015.

Simon, H. (2000): Bounded Rationality in Social Sciences: Today and Tomorrow. In: Mind & Society, 1, S. 25–39. Online verfügbar unter: http://innovbfa.viabloga.com/files/Herbert_Simon___Bounded_rationality_in_social_science___2000.pdf, zuletzt geprüft am 07.07.2016.

Sioui, L.; Morency, C.; Trépanier, M. (2013): How Carsharing affects the travel behavior of households: A case study on Montréal, Canada. In: International Journal of Sustainability Transportation 7-1: 52–69.

SL – Stadtverkehr Lübeck, LVG – Lübeck-Travemünder Verkehrsgesellschaft (o.J.): Flyer Neubürger – Grüne Mobilität für neue Bürger. Online verfügbar unter https://www.sv-luebeck.de/de/component/docman/doc_download/28-flyer-neub%C3%BCrger.html, zuletzt geprüft am 21.12.2015.

Stadt Leipzig (2015): Erste Mobilitätsstation in Leipzig eröffnet. Online verfügbar unter http://www.leipzig.de/news/news/erste-mobilitaetsstation-in-leipzig-eroeffnet/, zuletzt geprüft am 18.11.2015.

Stadtteilauto Osnabrück OS GmbH (o.J.): Tarifordnung. Online verfügbar unter http://www.stat-k.de/fileadmin/user_upload/tarifordnung_stadtteilauto.pdf, zuletzt geprüft am 13.01.2016.

Stadtwerke Osnabrück AG & RWTH Aachen (Hg.) (2014): Mobilität in Osnabrück. Herleitung und Entwicklung eines Mobilitätskonzepts aus Sicht von econnect Osnabrück. – unter besonderer Berücksichtigung der Elektromobilität. Köln.

Statistisches Bundesamt (2013a): Gemeindeverzeichnis-Sonderveröffentlichung. Gebietsstand: 31.12.2011. Online verfügbar unter https://www.destatis.de/DE/ZahlenFakten/LaenderRegionen/Regionales/Gemeindeverzeichnis/Administrativ/Aktuell/Zensus_Gemeinden.xls;jsessionid=D23CC519EE504F9E9908068F9F0803AB.cae3?__blob=publicationFile, zuletzt geprüft am 22.01.2016.

Statistisches Bundesamt (2013b): Räumliche Mobilität und regionale Unterschiede – Auszug aus dem Datenreport 2013. Online verfügbar unter https://www.destatis.de/DE/Publikationen/Datenreport/Downloads/Datenreport2013Kap10.pdf?__blob=publicationFile, zuletzt geprüft am 11.02.2016.

Statistisches Bundesamt (2015): Statistisches Jahrbuch – Deutschland und Internationales. Online verfügbar unter https://www.destatis.de/DE/Publikationen/StatistischesJahrbuch/StatistischesJahrbuch2015.pdf?__blob=publicationFile, zuletzt geprüft am 24.01.2016.

Stillwater, T.; Mokhtarian, P.; Shaheen, S. (2009): Carsharing and the Built Environment – Geographic.

Suiker, S.; van den Elshout, J. (2013): Effectmeting introductie Car2Go in Amsterdam. Amsterdam.

Tanner, C. (1998): Die ipsative Handlungstheorie: Eine alternative Sichtweise ökologischen Handelns. In: Umweltpsychologie, 2, S. 34–44. Online verfügbar unter http://www.umps.de/php/artikeldetails.php?id=29, zuletzt geprüft am 06.07.2016.

Team red Deutschland GmbH (2015): Endbericht Evaluation CarSharing (EVA-CS) – Landeshauptstadt München. Berlin. Online verfügbar unter http://www.ris-muenchen.de/RII/RII/DOK/SITZUNGSVORLAGE/3885730.pdf, zuletzt geprüft am 21.01.2016.

Thaler, R.; Sunstein, C. (2008): Nudge. Improving Desicisons About Health, Wealth, and Happiness. New Haven & London.

The Carsharing Association (2013): Communauto takes the leap towards one-way 100 % electric carsharing. http://carsharing.org/2013/05/communauto-one-way/, zuletzt geprüft am 08.02.2016.

The Richmond Standard (o.J.): Car sharing arrives at Atchison Village thanks to grant. Online verfügbar unter http://richmondstandard.com/2015/05/car-sharing-arrives-at-atchison-village-thanks-to-grant/, zuletzt geprüft am 20.01.2016.

Thommen, Jean-Paul; Achleitner, Ann-Kristin (2010): Allgemeine Betriebswirtschaftslehre – Umfassende Einführung aus managementorientierter Sicht. Wiesbaden.

Toyota Deutschland GmbH (o.J.): Toyota weitet Carsharing-Projekt in Tokyo aus. Online verfügbar unter http://www.toyota-media.de/Article/view/2015/10/01/Toyota-weitet-Carsharing-Projekt-in-Tokio-aus/13383?c=technology, zuletzt geprüft am 21.01.2016.

Toyota Motor Corporation (2015): Park24 and Toyota to Trial i-Road Sharing Service in Central Tokyo. Online verfügbar unter http://newsroom.toyota.co.jp/en/detail/6168109, zuletzt geprüft am 21.01.2016.

Tversky, A.; Kahneman, D. (1981): The Framing of Decisions and the Psychology of Choice, In: Science, New Series, 211. S. 453–458.

Verplanken, B., Wood, W. (2006): Interventions to Break and Create Consumer Habits. In: American Marketing Association, 25, S. 90–103.

Verplanken, B.; Aarts, H.; van Knippenberg, A. (1997): Habit, information acquisition, and the process of making travel mode choices. In: European Journal of Social Psychology, 27, S. 539–560.

Vij, A. (2013): Incorporating the Influence of Latent Modal Preferences in Travel Demand Models, Online verfügbar unter http://uctc.net/research/UCTC-DISS-2013-04.pdf, zuletzt geprüft am 11.08.2015.

Voeth, M.; Pölzl, J. & Kienzler, O. (2015): Sharing Economy – Chancen, Herausforderungen und Erfolgsfaktoren für den Wandel vom Produktgeschäft zur interaktiven Dienstleistung am Beispiel des Carsharing. In: Bruhn, Manfred & Hadwich, Karsten (Hg.): Interaktive Wertschöpfung durch Dienstleistungen. Wiesbaden, S. 469–489.

VuMA Arbeitsgemeinschaft (2015): Autofahrer in Deutschland nach selbst gefahrenen Kilometern pro Jahr von 2010 bis 2014 (Personen in Millionen). Online verfügbar unter http://de.statista.com/statistik/daten/studie/183003/umfrage/pkw---gefahrene-kilometer-pro-jahr/, zuletzt geprüft am 18.01.2016.

Wappelhorst, S.; Sauer, M.; Hinkeldein, D.; Bocherding, A.; Glaß, T. (2014): Potential of Electric Carsharing in Urban and Rural Areas. In: Transportation Research Procedia 4, S. 374–386.

Wilbers, K. (2009): Anspruchsgruppen und Interatkionsthemen, in: Dubs, R. et al. (Hg.): Einführung in die Managementlehre – Band 1, 2. Auflage. S. 331–363. Bern.

Wood, W., Neal, D. (2007): A New Look at Habits and the Habit-Goal Interface. In: Psychological Review, 114, S. 843–863.

Wuppertal Institut (2007): Zukunft des Carsharing in Deutschland. Wuppertal. Online verfügbar unter http://epub.wupperinst.org/files/2863/2863_Carsharing.pdf, zuletzt geprüft am 25.01.2016.

Zipcar, Inc. (o.J.): www.zipcar.com.

Zwick, M. (2013a): Umweltbewusstsein oder Lebenslage? Prädeterminanten des Verkehrsverhaltens am Beispiel des Carsharing. In Sonnberger, M., Gallego Carrera, D., Ruddat, M. (Ed.): Teilen statt besitzen. Analysen und Erkenntnisse zu neuen Mobilitätsformen (pp. 91–118). Bremen.

Zwick, M. (2013b): Wege ins Carsharing. In Sonnberger, M., Gallego Carrera, D., Ruddat, M. (Ed.): Teilen statt besitzen. Analysen und Erkenntnisse zu neuen Mobilitätsformen (pp. 71–90). Bremen.

Eigene Quellen – Workshop

FHE/SI – Fachhochschule Erfurt; Städtebau Insitut der Universität Stuttgart (2015a): Workshop zum Thema „(E-)Carsharing – Geschäftsmodelle, Erfolgsfaktoren, Effekte" – Workshop-Protokoll. Oktober 2015. Verfügbar: Auf Anfrage.

Eigene Quellen – Carsharing-Anbieter-Datenbank

FHE/SI – Fachhochschule Erfurt; Städtebau Insitut der Universität Stuttgart (2015b): Datenbank der Carsharing-Anbieter in Deutschland. Recherche-Zeitraum: 06–10/2015.

Eigene Quellen – Interviews

Bantele, P. (2015) (Inhaber Stadtflitzer Carsharing): Interview, geführt von FHE/SI – Fachhochschule Erfurt; Städtebau Institut der Universität Stuttgart am 01.06.2015.

Berding, J. (Wiss. Mitarbeiter, Institut Verkehr und Raum, Fachhochschule Erfurt; Wiss. Begleitforschung Projekt „Werthermobil"); Kill, H. (Professur „Verkehrssystemgestaltung", Fachhochschule Erfurt; Wiss. Begleitforschung Projekt „Werthermobil") (2015): Interview, geführt von FHE/SI – Fachhochschule Erfurt; Städtebau Institut der Universität Stuttgart am 31.05.2015.

Blümel, H. (2015) (Senatsverwaltung für Stadtentwicklung und Umwelt, Stadt Berlin): Interview, geführt von FHE/SI – Fachhochschule Erfurt; Städtebau Institut der Universität Stuttgart am 31.05.2015.

Borcherding, A. (2015) (DB Rent AG): Interview, geführt von FHE/SI – Fachhochschule Erfurt; Städtebau Institut der Universität Stuttgart am 03.06.2015.

Brodscholl. U. (2015) (Teamleiterin Hochschwarzwald Card, Hochschwarzwald Tourismus GmbH): Interview, geführt von FHE/SI – Fachhochschule Erfurt; Städtebau Institut der Universität Stuttgart am 16.06.2015.

Breindl, K. (2015) (Vorstand Vaterstettener Autoteiler e. V. VAT): Interview, geführt von FHE/SI – Fachhochschule Erfurt; Städtebau Institut der Universität Stuttgart am 13.07.2015.

Buttermann, Dr. V.; Schweitzer, M. (2015) (PUR Central Services, Infineon Technologies AG): Interview, geführt von FHE/SI – Fachhochschule Erfurt; Städtebau Institut der Universität Stuttgart am 10.06.2015.

Dalichau, D. (2015) (Wiss. Mitarbeiter, IWAK Frankfurt – Institut für Wirtschaft, Arbeit und Kultur, Zentrum der Goethe-Universität Frankfurt; Wiss. Begleitforschung Projekt „E-Mobilität im Vogelsberg – neue Wege der Mobilität"): Interview, geführt von FHE/SI – Fachhochschule Erfurt; Städtebau Institut der Universität Stuttgart am 14.07.2015.

Glotz-Richter, M. und Karbaumer, R. (2015) (Freie Hansestadt Bremen, Der Senator für Umwelt, Bau und Verkehr, Referat 22 – Immissionsschutz und nachhaltige Mobilität): Interview, geführt von FHE/SI – Fachhochschule Erfurt; Städtebau Institut der Universität Stuttgart am 27.05.2015.

Holtzmeyer, A.; Koller, A. (2015) (Private Carsharing im Lebensgarten Steyerberg, Flecken Steyerberg, Niedersachsen): Interview, geführt von FHE/SI – Fachhochschule Erfurt; Städtebau Institut der Universität Stuttgart am 14.07.2015.

Loserth, O. (2015) (Geschäftsführer, E-Wald GmbH): Interview, geführt von FHE/SI – Fachhochschule Erfurt; Städtebau Insitut der Universität Stuttgart am 24.06.2015.

Krämer, C.; Linke, B. (2015) (Vorstand, Regional versorgt eG): Interview, geführt von FHE/SI – Fachhochschule Erfurt; Städtebau Insitut der Universität Stuttgart am 01.06.2015.

Redlich, C. (Geschäftsleiter Cambio Hamburg CarSharing GmbH) und Tönjes, A. (2015) (Sparda Immobilien GmbH/Sparda-Bank Hamburg eG) (Projekt „Sparda E-Carsharing"): Interview, geführt von FHE/SI – Fachhochschule Erfurt; Städtebau Insitut der Universität Stuttgart am 23.06.2015.

Schultes, B. (2015) (Netzwerk Oberschwaben GmbH, Projektleiter „BodenseEmobil"): Interview, geführt von FHE/SI – Fachhochschule Erfurt; Städtebau Insitut der Universität Stuttgart am 15.06.2015.

Spiekermann, M. (2015) (Projektleiter Move About GmbH): Interview, geführt von FHE/SI – Fachhochschule Erfurt; Städtebau Insitut der Universität Stuttgart am 05.06.2015.

Weber, J. (2015) (Projektmanager BSMF mbH, Projekt „Leben im Westen"): Interview, geführt von FHE/SI – Fachhochschule Erfurt; Städtebau Insitut der Universität Stuttgart am 19.06.2015.

Weidt, H.-J. (2015) (Bürgermeister, Gemeinde Werther, Thüringen; Projekt „Werthermobil"): Interview, geführt von FHE/SI – Fachhochschule Erfurt; Städtebau Insitut der Universität Stuttgart am 25.06.2015.

Weiß, T. (2015) (Klimaschutzbeauftragter der Stadt Kempten): Interview, geführt von FHE/SI – Fachhochschule Erfurt; Städtebau Insitut der Universität Stuttgart am 16.06.2015.

Weiterführende Literatur

cambio Mobilitätsservice GmbH & Co. KG (Hg.) (2015): cambioJournal (31). Online verfügbar unter http://www.cambio-carsharing.de/cms/downloads/31c8b394-ce98-49b7-8b3b-3cc587d277fd/cambioJournal_31_Nov15_A4.pdf, zuletzt geprüft am 30.11.2015.

Cité Lib – SCIC Alpes AutoPartage (Hg.)(o.J.): Roulez avec Cité Lib by Ha:mo et gagnez du temps – Cité Lib. Online verfügbar unter http://citelib.com/citelib-by-hamo-page/, zuletzt geprüft am 29.10.2015.

communauto.com, zuletzt geprüft am 20.01.2016.

Danninger, O. (2014): E-Carsharing in Niederösterreich – „e-mobil in Niederösterreich". Präsentation vom 05.03.2014, Veranstaltung unbekannt. Online verfügbar unter http://www.enu.at/images/doku/20140306_e-mobil_danninger.pdf, zuletzt geprüft am 25.01.2016.

Deutsche Energie-Agentur GmbH (Hg.) (2012): Verkehr. Energie, Klima. Alles Wichtige auf einen Blick. Berlin. Online verfügbar unter http://www.dena.de/fileadmin/user_upload/Projekte/Verkehr/Dokumente/Daten-Fakten-Broschuere.pdf, zuletzt geprüft am 21.05.2016.

Die Welt (2015): Carsharing-Städteranking 2015. Online verfügbar unter http://www.welt.de/motor/news/article142387326/Carsharing-Staedteranking-2015.html, zuletzt geprüft am 08.02.2016.

Doll, C.; Gutmann, M.; Wietschel, M. (2011): Integration von Elektrofahrzeugen in Carsharing-Flotten – Simulation anhand realer Fahrprofile. Karlsruhe. Online verfügbar unter http://carsharing.de/sites/default/files/uploads/alles_ueber_carsharing/pdf/fsem_elektromobilitaet_und_carsharing_fin-2011-05-06_tcm243-90486.pdf, zuletzt geprüft am 03.11.2015.

einzelhandel.de: Handelsverband Deutschland (HDE) – Einzelhändler unterstützen Klimaschutzerklärung. Online verfügbar unter http://www.einzelhandel.de/index.php/presse/aktuellemeldungen/item/126068-einzelh%C3%A4ndler-unterst%C3%BCtzen-klimaschutzerkl%C3%A4rung, zuletzt geprüft am 15.12.2015.

Freie Hansestadt Bremen. Der Senator für Umwelt, Bau und Verkehr. Deputation für Umwelt, Bau, Verkehr, Stadtentwicklung und Energie (S)(2015): Bericht der Verwaltung. Umsetzung des Carsharing Aktionsplans. Online verfügbar unter https://ssl.bremen.de/bauumwelt/sixcms/media.php/13/BdV_S_Carsharing_Endf.20401.pdf, zuletzt geprüft am 17.12.2015.

Gabler Wirtschaftslexikon Kompakt, 11. Aktualisierte Auflage. Wiesbaden, 2013.

Götz, K. (2011): Nachhaltige Mobilität. In: Groß, M. (Hg.): Handbuch Umweltsoziologie. Wiesbaden.

Green-Motors.de: Toyota Carsharing: Cité lib by Ha:mo geht an den Start. Online verfügbar unter http://www.green-motors.de/news/1409182680-toyota-carsharing-cite-lib-by-hamo-geht-an-den-start-video, zuletzt geprüft am 08.12.2015.

Information System-Based Study of One U.S. Operator. In Transportation Research Record, 2110(1): 27–34.

KBA – Kraftfahrtbundesamt (o.J.): Pressemitteilung Nr. 5/2015 – Der Fahrzeugbestand am 1. Januar 2015. Online verfügbar unter http://www.kba.de/SharedDocs/Pressemitteilungen/DE/2015/pm_05_15_Bestand_01_2015_pdf.pdf?__blob=publicationFile&v=4, zuletzt geprüft am 19.01.2016.

Quicar (o.J.a): Das Quicar Preismodell – Auf einen Blick. Online verfügbar unter https://web.quicar.de/navigation_links/das_kostets/pages/auf_einen_blick, zuletzt geprüft am 22.12.2016.

Quicar (o.J.b): web.quicar.de, zuletzt geprüft am 22.01.2016.

Ruhrauto-e.de-1: Innovative Intermodalität im Ruhrgebiet – RUHRAUTOe und Bogestra verknüpfen E-Auto CarSharing mit dem ÖPNV – RUHRAUTOe. Online verfügbar unter http://www.ruhrauto-e.de/news/news/article/innovative-intermodalitaet-im-ruhrgebiet-ruhrautoe-und-bogestra-verknuepfen-e-auto-carsharing-mi/, zuletzt geprüft am 10.12.2015.

Ruhrauto-e.de-2: Standardtarife – RUHRAUTOe. Online verfügbar unter http://www.ruhrauto-e.de/standardtarife/, zuletzt geprüft am 10.12.2015.

Shaheen, S.; Sperling, D. & Wagner, C. (1998): Carsharing in Europe and North America. Past, Present and Future. The University of California, Transportation Center, Bekeley, CA.

Spiegel Online (2015): Autos auf Abruf – Karlsruhe ist Carsharing-Hauptstadt. Online verfügbar unter http://www.spiegel.de/auto/aktuell/carsharing-karlsruhe-im-staedte-ranking-vor-berlin-a-854297.html, zuletzt geprüft am 08.02.2016.

Vol. III – Schwerpunkt: Carsharing-Kunden. Online verfügbar unter https://www.ebs.edu/fileadmin/redakteur/funkt.dept.marketing/Concardis/CS%203%20-%20Nutzer%20-%20Auszug.pdf, zuletzt geprüft am 23.12.2015.

Gabriel, N.; von Nauman, A. (2015) (Geschäftsführer DriveNow GmbH & Co. KG): Interview, geführt von FHE/SI – Fachhochschule Erfurt; Städtebau Institut der Universität Stuttgart am 23.06.2015.

Kempe, H. (2015) (Bürgermeister Markt Emskirchen): Interview, geführt von FHE/SI – Fachhochschule Erfurt; Städtebau Insitut der Universität Stuttgart am 01.07.2015.

Minis, M. (2015) (Geschäftsführer tamyca GmbH): Interview, geführt von FHE/SI – Fachhochschule Erfurt; Städtebau Insitut der Universität Stuttgart am 28.05.2015.

Schoch, A. (2015) (Stellv. kfm. Werkleiter, Stadtwerke Metzingen): Interview, geführt von FHE/SI – Fachhochschule Erfurt; Städtebau Insitut der Universität Stuttgart am 03.06.2015.

Steuer, S. (2015) (Stadtplanungsamt Stadt Fellbach): Interview, geführt von FHE/SI – Fachhochschule Erfurt; Städtebau Insitut der Universität Stuttgart am 09.07.2015.

Sachverzeichnis

A

Abrechnungsmodus, 56, 60, 70, 71
Aktivierung, 49
Akzeptanz, 49, 51, 53, 94, 149
Angebotsraum, 16, 57, 69, 105
Anwohnerfahrzeug, 99
Anwohnerparkfläche, 99
Arealgebundenes Carsharing, 56
Auslastung, 23, 28, 32, 38, 41, 75, 76, 89, 95, 150
Auslastungsoptimierung, 151
Ausnahmegenehmigung, 99

B

Batteriemietraten, 100, 152
Beschaffungsinitiative, 47, 80
Beschaffungskosten, 91, 92, 96, 103, 152
Bezahlsystem, 46, 150
Buchungsform, 61, 70, 89
Buchungssystem, 40, 75, 88, 150
Buchungstool, 96, 100
Buchungs-App, 100
Bürgerbus, 41, 42
Bürgerbusverein, 31

C

Carsharing-Fahrzeugdichte, 26
Carsharing-Gesetz, 50, 76, 84
Carsharing-Markt, 2, 49
Carsharing-Nutzer, 8, 23, 24, 28, 43, 44, 49, 51, 53
Corporate-Carsharing, 13, 15, 16, 22, 27, 28, 38, 59, 62, 76, 79, 150, 151

D

Deckungsbeitrag, 99
Dellenrisiko, 105

E

E-Carsharing-Anbieter, 19, 65, 69–71, 92, 97, 98, 107, 150
Echtzeit-Informationsanwendung, 150
Ehrenamtliches Engagement, 59, 98
Einstiegsbarriere, 24
Elektromobilitätsgesetz, 76
Energiegewinnung, 41
Energieversorgung, 41
Entscheidungsmodell, 9
Experten-Workshop, 13, 18, 19, 21, 56, 62, 73

F

Fahrzeugbuchung, 27, 61, 86, 99, 151
Fahrzeugmiete, 2, 23, 54
Fahrzeugstandort, 105
Fixkosten, 48, 96, 97, 100, 103, 152
Flottengröße, 64–66, 70, 76, 150, 151
Flottenmanagement, 3, 13, 83, 96
Förderprogramm, 50, 77, 81, 98, 102
FreeFloating, 2, 15, 23, 25, 31, 33–35, 53, 54, 56, 57, 61, 63, 64, 70, 74, 84, 88, 93, 150
FreeFloating-Anbieter, 92
FreeFloating-Carsharing-Nutzer, 51
Fuhrpark, 26, 48, 77
Fuhrparkdienstleister, 99
Fuhrparkplanung, 99

G

Genossenschaftliches Carsharing, 39
Gesamtfahrzeugbestand, 5, 21, 23, 33, 52, 150
Gesamtverkehrskonzept, 77
Gesellschaftliche Wandlungsprozesse, 8
Gewaltschaden, 105, 152
Gewinnerzielungsabsicht, 64, 65

Grundgebühr, 60, 71, 76, 93, 94, 151
Gütesiegel, 76, 151

H
Hemmschwelle, 25–27, 76, 150

I
Imagewirkung, 26
Infrastrukturnutzungsgebühren, 99
Innenstadtmautkosten, 99
Input-Markt, 49, 50
Instandhaltung, 98, 100
Instandhaltungsarbeiten, 100
Instandhaltungskosten, 5, 100
Intermodale Mobilitäts-Plattform, 30

J
Joint Venture, 25, 47

K
Kannibalisierung, 32, 33
Kannibalisierungseffekt, 33
Kilometerbegrenzung, 60, 105
Kilometerleasingvertrag, 105
Kollaborativer Konsum, 8
Kommunalverwaltung, 50, 85
Kooperationsmodell, 38, 150
Kostendeckung, 94, 95, 152
Kraftstoffkosten, 100, 152
Kurzparkbereich, 99

L
Ladeinfrastruktur, 35, 41, 50, 73, 74, 77, 87–89,
    92, 96–98, 100, 151
Ladeinfrastrukturkosten, 92, 98
Ladeinfrastrukturnetz, 92, 98
Ladesäule, 39, 87, 97–99
Ladezustand, 88
Ländliche Kommune, 149
Ländlicher Raum, 15, 37, 39, 41, 48, 68, 150,
    151
Leasing, 4, 95, 105
Leasing-Rückgabekosten, 105
Leasing-Vertrag, 105
Lokale Identifikation, 40

M
Marketingmaßnahme, 105
Marktabdeckung, 150
Marktwachstumspotenzial, 62

Mautsystem, 99
Mietrate, 100
Mindestdeckungsbeiträge, 95
Mindestumsatzvereinbarungen, 152
Mischkosten, 96, 100, 152
Mischparkzone, 99
MIV-Personenkilometer, 7, 24
Mobilitätsbedarf, 48
Mobilitätsmanagement, 4, 152
Mobilitätsroutine, 5, 9, 24–26, 150
Mobilitätsstation, 31, 47, 48, 86, 87, 99
Multioptionales Mobilitätssystem, 8
Multiplikator, 4, 5, 18, 49, 50, 152

N
Niederschwelliger Einstieg, 76
Nudges, 11
Nutzerkommunikation, 78
Nutzungsanreiz, 24
Nutzungsentgelt, 92–94, 152
Nutzungsgebühr, 31, 60, 96, 100

P
Parkausweis, 99
Parklizenzgebiet, 99
Peer-to-peer-Angebote, 54
Professionalisierung, 2, 46, 64, 150

Q
Quartierstypologie, 92

R
Rechtsform, 2, 56, 58, 59, 63, 65, 67, 68, 150
Regenerative Energie, 150
Registrierungspauschale, 31, 76, 93, 94
Reichweite, 51, 77, 88, 89, 93
Reichweitenangst, 77
Reparatur, 100
Restwert, 105
Restwertleasingvertrag, 105
Risikominimierung, 92, 94, 152

S
Sensibilisierung, 24
Servicekosten, 100
Sondernutzungsgenehmigung, 85, 99
Sponsoring, 60, 92, 95
Städtischer Raum, 41, 68, 69, 98, 149–151
Stationsbasiertes Carsharing, 63, 64

Stationsgebundenes Carsharing, 21, 33, 54, 70, 74, 99, 150
Stellplatzablöse, 48
Stellplatzmiete, 99
Streckentarif, 151
Stromkosten, 100

T
Technische Innovationen, 8
Ticketing, 31, 60
Tourismus, 38, 40
Tourismusförderung, 38

U
Umsteigepunkt, 99
Umweltbilanz, 1, 34, 41
Umweltverbund, 8, 25, 28, 31, 32, 34, 87, 150
Unfallrisiko, 105

V
Vandalismus, 105
Vehicle-to-grid, 41
Verhaltensroutine, 9
Verkehrsmittelwahlentscheidung, 8, 9

Verknüpfung des (E-)Carsharing mit ÖV-Angeboten, 151
Vernetzung von Carsharing mit dem ÖPNV, 3
Vernetzung von Carsharing und ÖV, 30
Vernetzung von ÖPNV und Carsharing, 30
Vernetzung von ÖV und (E-)Carsharing, 87
Versorgungssicherung, 40, 41
Vertragswerkstätten, 100

W
Wartung, 100
Werkstattkostenschwankung, 100
Wettbewerbsvorteil, 35
Wiedervermarktung, 95
Wirtschaftlichkeit, 1, 4, 5, 28, 38, 56, 73, 88, 92, 97, 151, 152
Wirtschaftlichkeitsanalyse, 149
Wirtschaftlichkeitsaspekt, 149
Wirtschaftlichkeitsberechnung, 92
Wohnbauunternehmen, 35
World-Café, 18

Z
Zeittarif, 60, 93, 105